S. Lie, E. Study, F. Engel

Beiträge zur Theorie der Differentialinvarianten

Herausgegeben und mit einem Anhang versehen von
G. Czichowski und B. Fritzsche

Der vorliegende Band der Reihe „TEUBNER-ARCHIV zur Mathematik" enthält Arbeiten von S. Lie, E. Study und F. Engel, einen biographischen Anhang sowie einen mathematischen Kommentar. Die hier wiedergegebenen Beiträge gehören zur Theorie der Differentialinvarianten, die mit dem Ursprung der Lie-Theorie eng verbunden ist und zu der auch Study und Engel Ergebnisse erzielt haben.
Die Arbeiten geben dem Leser einen interessanten Einblick in die Entstehungszeit fundamentaler Liescher Ideen, die zu den wesentlichen Grundlagen der modernen Mathematik zählen. Sie vermitteln durch ihren kritischen Stil zugleich Eindrücke vom wissenschaftlichen Meinungsstreit jener Zeit.

B. G. Teubner Verlagsgesellschaft
Stuttgart · Leipzig 1993

Verlag und Herausgeber danken Frau T. Modalsli und Frau K. Karlsen von der Universitätsbibliothek Oslo (Handschriftensammlung) und Frau I. Letzel von der Universitätsbibliothek Leipzig (Außenstelle im Fachbereich Mathematik) sowie dem Archiv der Universität Leipzig und dem Zentralen Staatsarchiv Dresden für vielfältige Unterstützung.

Der Abdruck der Reproduktion des Ölgemäldes auf der Seite 4 und der Archivalien auf den Seiten 68–69, 218–219, 222–223 erfolgte mit freundlicher Genehmigung der Universität Oslo.

Der Abdruck der Seiten 110–147 erfolgte mit freundlicher Genehmigung der Sächsischen Akademie der Wissenschaften zu Leipzig, der Abdruck der Archivalien auf den Seiten 148, 151–154 mit freundlicher Genehmigung des Archivs der Universität Leipzig.

Der Abdruck der Archivalien auf den Seiten 149–150 erfolgte mit freundlicher Genehmigung des Zentralen Staatsarchivs Dresden.

Die Deutsche Bibliothek – CIP-Einheitsaufnahme

Beiträge zur Theorie der Differentialinvarianten /
S. Lie ; E. Study ; F. Engel.
Hrsg. und mit einem Anh. vers. von G. Czichowski und B. Fritzsche. –
Stuttgart ; Leipzig : Teubner, 1993
    (Teubner-Archiv zur Mathematik ; Bd. 17)

NE: Lie, Sophus; Study, Eduard; Engel, Friedrich; Czichowski, Günter
    [Hrsg.]; GT

TEUBNER-ARCHIV zur Mathematik · Band 17
ISBN 978-3-8154-2035-5   ISBN 978-3-663-01390-7 (eBook)
DOI 10.1007/978-3-663-01390-7

Vorwort

In diesem Monat feiern wir den 150. Geburtstag von SOPHUS LIE, einem der größten Mathematiker des vorigen Jahrhunderts. Es ist daher sehr zu begrüßen, daß der Teubner-Verlag, einer langen Traditionslinie bei der Veröffentlichung von LIES Werken folgend, in seine Reihe „TEUBNER-ARCHIV zur Mathematik" Arbeiten von SOPHUS LIE und seinen Zeitgenossen EDUARD STUDY und FRIEDRICH ENGEL aufgenommen hat. Ausgewählt wurden Beiträge zur Theorie der Differentialinvarianten. Zum einen ist dies ein Gebiet, auf dem alle drei tätig gewesen sind und das als Ausgangspunkt großer Liescher Ideen zur Anwendung gruppentheoretischer Methoden in der Analysis betrachtet werden kann, obwohl es nur einen Ausschnitt aus LIES Schaffen darstellt. Zum anderen vermitteln die hier vorgestellten Arbeiten durch ihren kritischen Stil und durch den Streit um unterschiedliche mathematische Auffassungen interessante Einblicke in das mathematische Geschehen jener Zeit. Neben der Würdigung dieser drei namhaften Mathematiker stellt der vorliegende Band den Ursprung der Lieschen Theorie, ihre weitere Entwicklung und spätere Ausprägung dar.

Wir danken dem Teubner-Verlag und insbesondere Herrn J. WEISS für das freundliche Entgegenkommen und die gute Zusammenarbeit.

Greifswald und Leipzig, Dezember 1992
GÜNTER CZICHOWSKI
BERND FRITZSCHE

Sophus Lie
Ölgemälde von Erik Theodor Werenskiold aus dem Jahre 1902; im Besitz der Universität Oslo (Katalognummer 818)

Inhalt

Sophus Lie

SOPHUS LIE

GESAMMELTE ABHANDLUNGEN

AUF GRUND EINER BEWILLIGUNG AUS DEM
NORWEGISCHEN FORSCHUNGSFONDS VON 1919
MIT UNTERSTÜTZUNG DER
VIDENSKAPSSELSKAP ZU KRISTIANIA
UND DER
AKADEMIE DER WISSENSCHAFTEN ZU LEIPZIG
HERAUSGEGEBEN VON DEM
NORWEGISCHEN MATHEMATISCHEN VEREIN

DURCH

FRIEDRICH ENGEL
PROFESSOR AN DER UNIVERSITÄT
GIESSEN

POUL HEEGAARD
PROFESSOR AN DER UNIVERSITÄT
KRISTIANIA

FÜNFTER BAND

LEIPZIG
B. G. TEUBNER
1924

KRISTIANIA
H. ASCHEHOUG & CO.
1924

I.

Über Gruppen von Transformationen. [529]

Von Sophus Lie in Christiania
(Korrespondierendem Mitgliede.)

Göttinger Nachrichten 1874, Nr. 22 vom 3. Dezember, S. 529—542.

Der Begriff einer Gruppe von Transformationen, welcher zunächst in der Zahlentheorie und in der Substitutionstheorie seine Ausbildung fand, ist in neuerer Zeit verschiedentlich auch für geometrische, resp. allgemeine analytische Untersuchungen verwendet worden. Man sagt von einer Schar von Transformationen:

$$x_i' = f_i(x_1, \ldots, x_n, \alpha_1, \ldots, \alpha_r)$$

(wo die x die ursprünglichen, die x' die neuen Variabeln und die α Parameter bedeuten, die im folgenden stets kontinuierlich veränderlich gedacht werden), daß sie eine r-gliedrige Gruppe bilden, wenn irgend zwei Transformationen der Schar zusammengesetzt wieder [530] eine der Schar angehörige Transformation ergeben, wenn also aus den Gleichungen:

$$x_i' = f_i(x_1, \ldots, x_n, \alpha_1, \ldots, \alpha_r)$$

und:

$$x_i'' = f_i(x_1', \ldots, x_n', \beta_1, \ldots, \beta_r)$$

hervorgeht:

$$x_i'' = f_i(x_1, \ldots, x_n, \gamma_1, \ldots, \gamma_r),$$

unter den γ Größen verstanden, die nur von den α, β abhängen.

Ich habe mir nun — allgemein ausgedrückt — die Aufgabe gestellt, alle Transformationsgruppen zu bestimmen, und erlaube mir, im folgenden die verhältnismäßig sehr einfachen Resultate anzugeben, zu denen ich bis jetzt gelangt bin.

Dabei muß von vorneherein ein Begriff eingeführt werden, durch den die genannte Fragestellung erst präzisiert wird, der Begriff der Ähnlichkeit zweier Transformationsgruppen.

Man nennt zwei Transformationsgruppen ähnlich, wenn die eine durch Einführung eines anderen Koordinatensystems auf die analytische Form der anderen gebracht werden kann. Die Gruppe:

$$x_i' = f_i(x_1, \ldots, x_n, \alpha_1, \ldots, \alpha_r)$$

ist also ähnlich mit jeder, die sich unter folgender Form schreiben läßt:

$$y_i' = \Phi_i[f_1(\varphi_1, \ldots, \varphi_n, \alpha_1, \ldots, \alpha_r), \ldots, f_n(\varphi_1, \ldots, \alpha_r)],$$

wo die φ irgendwelche Funktionen der neuen Variablen y, die Φ die [531 inversen Funktionen bedeuten, — eine Definition, welche die übrigens evidente Behauptung impliziert, daß eben die Transformationen der y wieder eine Gruppe bilden. Ähnliche Transformationsgruppen gelten im folgenden als durchaus gleichberechtigt, und in diesem Sinne ist das oben aufgestellte Problem zu verstehen.

1. Ich beginne damit, die Theorie für den Fall nur einer Veränderlichen x zu entwickeln, und frage zunächst, welche eingliedrigen Gruppen:

$$x' = f(x, \alpha)$$

existieren.

Man überzeugt sich, daß jede solche Gruppe für einen besonderen Wert des Parameters $\alpha = \alpha^0$ eine identische Transformation enthalten muß, — so daß also für jedes x

$$x = f(x, \alpha^0)$$

—, und erhält so, indem man α den Wert $\alpha^0 + d\alpha$ beilegt, die unendlich kleine Transformation:

$$x' = x + \frac{\partial f}{\partial \alpha} \cdot d\alpha \qquad (\alpha = \alpha^0),$$

die wir auch so schreiben werden:

$$dx = X \cdot d\alpha,$$

wo $X \left(= \frac{\partial f}{\partial \alpha} \text{ für } \alpha = \alpha^0 \right)$ eine Funktion von x allein bezeichnet. Indem man sich sodann diese infinitesimale Transformation unendlich oft wiederholt und so die ganze Gruppe erzeugt denkt, erkennt [532 man, daß sich die Gruppe bei zweckmäßiger Wahl der Variabeln in der Form schreiben läßt:

$$x' = x + \alpha.$$

Von eingliedrigen Gruppen gibt es bei einer Variabeln also nur einen Typus, den Typus der Translation.

2. Sei jetzt:

$$x' = f(x, \alpha_1, \alpha_2)$$

eine zweigliedrige Gruppe. Dieselbe wird, nach analogen Schlüssen, eine einfach unendliche Zahl infinitesimaler Transformationen enthalten, die sich aus zweien derselben:

$$d_1 x = \frac{\partial f}{\partial \alpha_1} \cdot d\alpha_1, \qquad d_2 x = \frac{\partial f}{\partial \alpha_2} \cdot d\alpha_2 \qquad (\alpha_1 = \alpha_1^0, \alpha_2 = \alpha_2^0)$$

linear zusammensetzen lassen:

$$dx = \left(\lambda_1 \frac{\partial f}{\partial \alpha_1} + \lambda_2 \frac{\partial f}{\partial \alpha_2}\right) dt \qquad (\alpha_1 = \alpha_1^0,\ \alpha_2 = \alpha_2^0).$$

Sollen aber umgekehrt zwei unendlich kleine Transformationen:

$$d_1 x = X_1 d\alpha_1, \quad d_2 x = X_2 d\alpha_2,$$

— die sofort zu den einfach unendlich vielen, unendlich kleinen Transformationen:

$$dx = (\lambda_1 X_1 + \lambda_2 X_2) dt \qquad\qquad [533$$

Anlaß geben —, durch ihre Zusammensetzung eine nur zweigliedrige Gruppe erzeugen, so muß man folgende Forderung stellen. Man muß die Transformationen unter Berücksichtigung von Größen zweiter Ordnung anschreiben, was die Form ergibt:

$$\varDelta_1 x = X_1 d\alpha_1 + \frac{1}{2} X_1 \cdot \frac{dX_1}{dx} \cdot d\alpha_1^2$$

$$\varDelta_2 x = X_2 d\alpha_2 + \frac{1}{2} X_2 \cdot \frac{dX_2}{dx} \cdot d\alpha_2^2,$$

und verlangen, daß diese beiden Transformationen, zusammengesetzt, bis auf Größen höherer Ordnung irgendeine andere der einfach unendlich vielen infinitesimalen Transformationen ergeben, also etwa diese:

$$\varDelta x = (\lambda_1 X_1 + \lambda_2 X_2) dt + \frac{1}{2} (\lambda_1 X_1 + \lambda_2 X_2) \frac{d(\lambda_1 X_1 + \lambda_2 X_2)}{dx} \cdot dt^2.$$

Man kommt so[1]) auf die eine Bedingung (die sich weiterhin auch als hinreichend erweist):

$$X_1 \frac{dX_2}{dx} - X_2 \frac{dX_1}{dx} = \mu_1 X_1 + \mu_2 X_2,$$

wo jedenfalls eine der beiden Konstanten μ nicht verschwindet, da sonst X_1 und X_2 nur um einen konstanten Faktor verschieden, d. h. die [534 beiden gegebenen unendlich kleinen Transformationen identisch wären.

Dagegen kann man immer annehmen, daß die beiden infinitesimalen Transformationen, von denen man ausgeht, so unter den einfach unendlich vielen ausgesucht sind, daß etwa $\mu_2 = 0$. Wählt man dann die Koordinatenbestimmung in der Art, daß die aus:

$$d_1 x = X_1 d\alpha_1$$

hervorgehende einfach unendliche Gruppe die Gestalt der Translation annimmt:

$$x' = x + \alpha_1,$$

also:

$$d_1 x = d\alpha_1, \qquad X_1 = 1,$$

____

1) Die weiter unten bei zwei Variabeln angeführte ähnliche Bedingung wird in ganz entsprechender Weise abgeleitet.

1*

so kommt:

$$\frac{dX_2}{dx} = \mu_1, \qquad X_2 = \mu_1 x + C.$$

Die ganze zweifach unendliche Gruppe nimmt auf diese Art schließlich die Form an:

$$x' = \gamma x + \delta,$$

wo γ, δ die beiden Parameter sind. Das heißt:

Von zweigliedrigen Gruppen gibt es bei einer Variabeln auch nur einen Typus, der durch diejenigen linearen Transformationen repräsentiert wird, welche durch Verknüpfung der Translationen mit den Ähnlichkeitstransformationen entstehen.

Zugleich mag man bemerken, daß in dieser zweigliedrigen die eingliedrige der Translationen eine gewisse ausgezeichnete Rolle spielt, [535 deren Eigenart durch Koordinatentransformation durchaus unzerstörbar ist.

3. In ähnlicher Weise bestimmt man alle dreigliedrigen Gruppen. Sollen die unendlich kleinen Transformationen:

$$d_1 x = X_1 d\alpha_1, \quad d_2 x = X_2 d\alpha_2, \quad d_3 x = X_3 d\alpha_3$$

eine dreigliedrige Gruppe erzeugen, so müssen die verschiedenen Ausdrücke

$$X_i \frac{dX_k}{dx} - X_k \frac{dX_i}{dx}$$

lineare Kombinationen von X_1, X_2, X_3 sein. Nun kann man aber unbeschadet der Allgemeinheit annehmen, daß die ersten beiden Transformationen für sich eine zweigliedrige Gruppe erzeugen. Denn in der gesuchten dreigliedrigen Gruppe ist jedenfalls eine zweigliedrige Untergruppe enthalten; man braucht ja nur diejenigen ∞^2 Transformationen der gesuchten Gruppe zusammenzufassen, welche einen beliebig angenommenen Wert x_0 (einen beliebigen Punkt) ungeändert lassen. Wählt man dann die Koordinatenbestimmung so, daß diese zweigliedrige Gruppe in der angegebenen einfachen Form erscheint, so zeigt sich, daß die dreigliedrige Gruppe durch die Gesamtheit der linearen Transformationen dargestellt ist:

$$x' = \frac{\alpha x + \beta}{\gamma x + \delta}.$$

Geht man dann endlich zu viergliedrigen Gruppen über, so zeigt ein [536 ganz ähnliches Räsonnement, daß solche Gruppen überhaupt nicht existieren. Wir kommen also schließlich zu dem einfachen Resultate:

Soll eine Gruppe von Transformationen einer Veränderlichen nur eine endliche Zahl von Parametern enthalten, so kann diese Zahl nicht größer sein als drei, und es ist die Gruppe alsdann entweder mit der Gruppe aller linearen Transformationen oder mit einer in dieser enthaltenen Untergruppe ähnlich.

4. Bei zwei Veränderlichen wird die Sache bedeutend komplizierter. Ich lasse dabei zunächst auch noch eine Erweiterung der Fragestellung eintreten, für die bei nur einer Veränderlichen noch keine Gelegenheit ist. Statt nämlich nur solche Transformationen zu betrachten, welche x_1' und x_2' durch Funktionen von x_1 und x_2 ausdrücken — sogenannte Punkttransformationen —, betrachte ich überhaupt Berührungstransformationen, d. h. derartige Transformationen, die x_1', x_2' und $p' = \dfrac{dx_1'}{dx_2'}$ durch x_1, x_2 und $p = \dfrac{dx_1}{dx_2}$ ausdrücken[1]). Schreibt man statt p homogen $p_1 : p_2$, so habe ich in einer demnächst in den Mathematischen Annalen (Bd. 8) erscheinenden Arbeit[2]) gezeigt, [537 daß sich jede unendlich kleine Berührungstransformation mit Hilfe einer in den p homogenen Funktion erster Ordnung

$$H(x_1,\ x_2,\ p_1,\ p_2)$$

darstellt. Die unendlich kleinen Veränderungen, welche ein Wertsystem x_1, x_2, p_1, p_2 vermöge der Berührungstransformation erfährt, lassen sich nämlich in dieser Form schreiben:

$$\frac{dx_1}{\dfrac{\partial H}{\partial p_1}} = \frac{dx_2}{\dfrac{\partial H}{\partial p_2}} = -\frac{dp_1}{\dfrac{\partial H}{\partial x_1}} = -\frac{dp_2}{\dfrac{\partial H}{\partial x_2}} = dt.$$

Soll nun eine Anzahl r solcher infinitesimaler Transformationen, die bzw. durch die Funktionen:

$$H_1,\ H_2,\ \ldots,\ H_r$$

charakterisiert sein mögen, zu einer r-gliedrigen Gruppe Anlaß geben, so zeigt sich als notwendig und hinreichend, daß die Ausdrücke:

$$\left(\frac{\partial H_i}{\partial x_1}\cdot\frac{\partial H_k}{\partial p_1} - \frac{\partial H_k}{\partial x_1}\cdot\frac{\partial H_i}{\partial p_1}\right) + \left(\frac{\partial H_i}{\partial x_2}\cdot\frac{\partial H_k}{\partial p_2} - \frac{\partial H_k}{\partial x_2}\cdot\frac{\partial H_i}{\partial p_2}\right),$$

die man in der Theorie der partiellen Differentialgleichungen erster

---

1) Man kann dieselben, wenn man will, als Punkttransformationen der drei Variabeln x_1, x_2, p betrachten, welche die besondere Eigenschaft haben, die Gleichung $dx_1 - p\,dx_2 = 0$ in sich überzuführen.

2) [Vgl. dort Heft 2 (1874), S. 239, d. Ausg. Bd. IV, Abh. I, § 6.]

Ordnung gewöhnlich einfach mit $(H_i H_k)$ bezeichnet, sich linear aus den H selbst zusammensetzen lassen müssen.   [538

Ich beschränke mich nun darauf, die Resultate anzugeben, wie ich sie auf Grund dieser analytischen Formulierung, teilweise unter Zuhilfenahme geometrischer Betrachtung, auf ziemlich mühsamem Wege gefunden habe.

Gruppen von Berührungstransformationen von zwei Variabeln lassen entweder (I) eine Differentialgleichung zweiter Ordnung ungeändert[1]) oder zum mindesten (II) eine Differentialgleichung dritter Ordnung.

Im letzteren Falle sind sie durch die bekannten Transformationen ersetzbar, welche Kreise in Kreise überführen. Die Gesamtheit dieser Transformationen bildet eine zehngliedrige Gruppe, in der dann weiter sieben- und sechsgliedrige Untergruppen enthalten sind, während neun- und achtgliedrige Untergruppen nicht existieren. Man kann die zehngliedrige Gruppe, indem man x_1, x_2 und p_1, p_2 als Koordinaten eines Punktes im Raume ansieht, in die Gruppe derjenigen Kollineationen des Raumes überführen, die einen linearen Komplex in sich transformieren.[2])

In dem Falle I, in welchem eine Differentialgleichung der zweiten Ordnung ungeändert bleibt, kann man durch geschickte Wahl der Variabeln (durch geeignete Berührungstransformation) die ganze [539 Gruppe in eine Gruppe von Punkttransformationen verwandeln. Wenn dies geschehen ist, so treten noch folgende Möglichkeiten auf:

1. Es bleiben zwei einfach unendliche Kurvensysteme der Ebene bei allen Transformationen ungeändert, wie das z. B. bei den konformen Transformationen der Fall ist. Dann kann jedes Kurvensystem, als Mannigfaltigkeit erster Stufe, nach dem früher Auseinandergesetzten durch eine ein-, zwei-, dreigliedrige Gruppe transformiert werden. Die Transformation des einen Systems ist von der des anderen unabhängig und bestimmt mit ihr zusammen in jedem Falle die Transformation der Ebene vollständig. Das einfachste Gegenbild sind diejenigen Kollineationen des Raumes, welche ein Hyperboloid in sich überführen, ohne seine beiden Systeme Erzeugender zu vertauschen —

---

1) Deutet man eine solche Differentialgleichung geometrisch in der Ebene, so heißt dies, daß ihre Integralkurven vermöge der betreffenden Transformationen immer wieder in Integralkurven übergehen.

2) Vergleiche meine Abhandlung im fünften Bande der Math. Ann. [1872, d. Ausg. Bd. II, Abh. I]. Dort werden alle Berührungstransformationen des Raumes, welche Kugeln in Kugeln überführen, in die Gesamtheit der räumlichen Kollineationen verwandelt.

oder auch diejenigen Kollineationen der Ebene, welche zwei Punkte ungeändert lassen.

2. Es bleibt nur ein einfach unendliches Kurvensystem ungeändert. Dann gibt es eine allerdings unendliche Zahl verschiedener Typen, die man aber nach einem Index, der alle ganzzahligen Werte durchläuft, in übersichtlicher Weise ordnen kann.

3. Es bleibt kein Kurvensystem ungeändert. Dann hat man es mit einer Gruppe zu tun, welche durch die achtfach unendlich vielen Kollineationen der Ebene, oder durch eine sechsgliedrige, oder durch eine fünfgliedrige in diesen enthaltene Untergruppe typisch repräsentiert wird. Eine siebengliedrige Gruppe dieser Art existiert nicht.

Soviel für zwei Variable. Für mehr Variable beschränke ich [540 mich auf die Andeutung, daß erstens die analytische Grundlage der Theorie ganz ähnlich ist, daß ferner von r-gliedrigen Gruppen auch immer in einem gewissen Sinne nur eine begrenzte Anzahl von Typen existiert. Für alle Typen kann man Beispiele konstruieren, indem man Gruppen aus den Kollineationen eines hinlänglich ausgedehnten Raumes bildet.

5. Was nun die Wichtigkeit dieser Untersuchungen für andere mathematische Disziplinen angeht, so mag zunächst folgende Bemerkung ihre Stelle finden.

Nach den Entwickelungen von Klein (vergl. dessen Programm: Vergleichende Betrachtungen usw., Erlangen 1872) hängt die Art der (geometrischen) Behandlungsweise, welche man einer Mannigfaltigkeit zuteil werden lassen kann, jedesmal von einer zugrundeliegenden Transformationsgruppe ab. Wenn also alle Gruppen, die man bei einer Veränderlichen konstruieren kann, auf die lineare Gruppe zurückkommen, so heißt dies, daß jede Behandlungsweise des binären Gebietes, die man ersinnen könnte, in die gewöhnliche lineare Invariantentheorie eingeschlossen ist. Wenn ferner bei zwei Variabeln gewisse ausgezeichnete Gruppen durch die Kreistransformationen und die Kollineationen typisch repräsentiert sind, so weist dies den metrischen und den projektivischen Untersuchungen der Ebene eine ausgezeichnete Stellung zu unter allen möglichen Untersuchungsarten, denen man die Ebene unterwerfen kann.

Aber besonders möchte ich die Beziehungen hervorheben, in [541 denen diese Betrachtungen zur Lehre von den Differentialgleichungen stehen.

Hat man eine Differentialgleichung beliebiger Ordnung zwischen zwei Variabeln, so kann dieselbe Berührungstransformationen in sich selbst zulassen, die dann notwendig eine der aufgezählten Gruppen bilden. Es kann darauf eine Klassifikation dieser Gleichungen gegründet werden, und bei denjenigen Gleichungen, die überhaupt Transformationen in sich zulassen, ergibt sich daraus eine rationelle Theorie ihrer Integration. Eine solche besondere Klasse bilden z. B. die linearen Gleichungen, zusammen mit allen denjenigen, die durch Berührungstransformation auf sie zurückgeführt werden können. — Für die Differentialgleichungen erster Ordnung ist diese Klassifikation freilich ohne Wert, da sie unterschiedslos unbegrenzt viele Transformationen von der unter I, 2 aufgezählten Art in sich gestatten[1]).

Für partielle Differentialgleichungen beliebiger Ordnung zwischen beliebig vielen Variabeln gelten ähnliche Betrachtungen, und es ist hiermit eine fruchtbare Untersuchungsrichtung angedeutet. Die Bestimmung der Berührungstransformationen, welche eine partielle [542 Differentialgleichung erster Ordnung in sich überführen, deckt sich geradezu mit deren Integration.

---

1) Dagegen mag folgender Satz hier eine Stelle finden: Kennt man bei einer Differentialgleichung erster Ordnung zwischen zwei Variabeln eine unendlich kleine Berührungstransformation, welche die Gleichung in sich überführt, so kann man den Multiplikator der Gleichung angeben und die Gleichung integrieren. Es ist dieser Satz eine Ausdehnung eines in einer früheren Arbeit von Klein und mir (Math. Annalen Bd. IV, S. 83 [1871, d. Ausg. Bd. I, Abh. XIV, § 7]) angegebenen Theorems.

II.
Über Differentialinvarianten. [537

Math. Ann. Bd. XXIV, Heft 4, S. 537—578. Ausgeg. 15. 12. 1884.

In der nachstehenden kurzgefaßten Abhandlung beschäftige ich mich überhaupt mit kontinuierlichen Transformationsgruppen, die unendlich viele Parameter enthalten, und skizziere eine allgemeine Invariantentheorie derselben, deren Hauptsatz ich der Gesellschaft der Wissenschaften in Christiania im Jahre 1883 mitgeteilt habe [d. Ausg. Bd. III, Abh. XLI, S. 559, Nr. V].

Gleichzeitig erlaube ich mir, einerseits einige ältere Untersuchungen über kontinuierliche Gruppen mit einer begrenzten Anzahl von Parametern zu resumieren, andererseits einige teilweise allgemeine, teilweise persönliche Bemerkungen über die Beziehungen meiner vieljährigen Arbeiten über Differentialgleichungen zu den Untersuchungen anderer Forscher hinzuzufügen. Sind meine Zitate unvollständig, was wohl zu befürchten ist, so werde ich jede etwaige Berichtigung in späteren Publikationen verwerten.

Obwohl ich im folgenden sehr häufig meine eigenen älteren Arbeiten zitiere, bemerke ich doch ausdrücklich, daß der Leser, außer der allgemeinen Theorie der (linearen) partiellen Differentialgleichungen 1. O. und dem Begriffe Berührungstransformation nur noch die Elemente meiner Theorie der Transformationsgruppen (Math. Ann. Bd. XVI [hier Abh. I]) zu kennen braucht, um die nachstehende Arbeit verstehen zu können.

Einleitende Bemerkungen.

1. Schon bei meinen ersten Untersuchungen über Differentialgleichungen, welche bis in die Jahre 1869—72 zurückgehen, war eine konsequente Anwendung aller Punkttransformationen respektive aller Berührungstransformationen das zu Grunde liegende Prinzip.

Ich versuchte, eine allgemeine Transformationstheorie zu entwickeln und für die Theorie der Differentialgleichungen zu verwerten. Ich fragte einerseits nach den Kriterien, vermöge deren sich entscheiden läßt, ob gewisse vorgelegte Differentialgleichungen oder andere analytische Ausdrücke sich durch zweckmäßige Transformationen auf [538 gegebene Formen bringen lassen, und versuchte andererseits, wenn die

—16—

gestellte Aufgabe möglich war, alle Berührungs- oder Punkttransformationen zu finden, die eine solche Umformung leisten. In sehr vielen von meinen analytischen Arbeiten beschäftigte ich mich mit derartigen Problemen.

Mein erster Schritt auf diesem Wege war die rationelle Begründung des Begriffs Berührungstransformation und der zweite war die prinzipielle Einführung des Begriffs infinitesimale Transformation. Ich beabsichtigte zunächst die Begründung einer Invariantentheorie der Berührungstransformationen, das heißt, die Entwickelung des Studiums solcher Eigenschaften der Differentialgleichungen, welche bei allen Berührungstransformationen (oder Punkttransformationen) ungeändert bleiben. In diesem Sinne gab ich insbesondere eine rationelle Begründung der allgemeinen Theorie der partiellen Differentialgleichungen erster Ordnung.[1])

Ein weiterer Schritt zur Durchführung meines allgemeinen Programms war die Begründung einer allgemeinen Theorie der kontinuierlichen Transformationsgruppen mit einer begrenzten Anzahl von Parametern und die allgemeine Verwertung dieses Begriffs für die Theorie der Differentialgleichungen.

Meine Untersuchungen über derartige Gruppen, die endliche kontinuierliche Gruppen heißen mögen, habe ich in großer Ausdehnung, wenn auch lange noch nicht vollständig in norwegischen Zeitschriften veröffentlicht (teilweise auch in den Gött. Nachr., Dezbr. 1874, in den Math. Ann. Bd. XI, S. 487 und Bd. XVI [d. Ausg. Bd. V, Abh. I; Bd. IV, Abh. III, Abschn. II; Bd. VI, Abh. I] und ich hoffe, sie bald in ausführlicher Darstellung einem größeren Publikum vorlegen zu können.

Endlich entwickelte ich neuerdings[2]) die ersten Prinzipien einer allgemeinen Theorie der kontinuierlichen Gruppen mit unendlich vielen Parametern. Es zeigt sich, daß es möglich ist, alle derartigen Gruppen, die unendliche kontinuierliche Gruppen heißen mögen, durch zweckmäßige analytische Umformungen auf gewisse einfache kanonische Formen zu bringen. Bei dem allgemeinen Studium der Differentialgleichungen werden auch die unendlichen kontinuierlichen Gruppen eine fundamentale Rolle spielen.

---

1) Man sehe die Abhandlungen der Gesellschaft der Wissenschaften zu Christiania 1871, 1872, 1873, 1874 und 1875, wie auch Math. Ann. Bd. VIII (Begründung einer Invariantentheorie der Berührungstransformationen, 1874), Bd. IX und Bd. XI; Göttinger Nachrichten von 1872 [d. Ausg. Bd. I, Abh. XI, XII; Bd. III, Abh. I, II, V—X, XII, XV, XVI; Bd. IV, Abh. I—III; Bd. III, Abh. III, IV].

2) Ges. d. Wiss. zu Christiania 1883, Nr. 12 [d. Ausg. Bd. V, Abh. XIII].

2. Sind die Größen $x_1, \ldots, x_n, z_1, \ldots, z_q$ mit den neuen Variabeln: $x_1', \ldots, x_n', z_1', \ldots, z_q'$ durch gewisse Transformationsgleichungen, die eine Gruppe bilden, verknüpft, und faßt man dabei $z_1, \ldots, z_q$ als [539 Funktionen von $x_1, \ldots, x_n$ und dementsprechend $z_1', \ldots, z_q'$ als Funktionen von $x_1', \ldots, x_n'$ auf, so sind die Differentialquotienten der z_i nach den x_k gewisse Funktionen von x_k', z_i' und den Differentialquotienten der Größen z_i' nach den x_k'.

Unter diesen Voraussetzungen nenne ich eine Funktion:

$$\Omega\left(x_1, \ldots, x_n, z_1, \ldots, z_q, \frac{\partial z_1}{\partial x_1}, \ldots, \frac{\partial^2 z_i}{\partial x_k \partial x_m}, \ldots\right)$$

eine Differentialinvariante der betreffenden Gruppe, wenn sie bei Einführung der akzentuierten Buchstaben ihre Form behält, wenn also die Gleichung:

$$\Omega\left(x_1, \ldots, z_q, \frac{\partial z_1}{\partial x_1}, \ldots, \frac{\partial^2 z_i}{\partial x_k \partial x_m}, \ldots\right) = \Omega\left(x_1', \ldots, z_q', \frac{\partial z_1'}{\partial x_1'}, \ldots, \frac{\partial^2 z_i'}{\partial x_k' \partial x_m'}, \ldots\right)$$

stattfindet.

In der vorliegenden Note begründe ich ein allgemeines fundamentales Theorem, das für spezielle Fälle schon früher aufgestellt worden ist. Dasselbe kann folgendermaßen formuliert werden:

Jede unendliche (wie endliche) kontinuierliche Gruppe bestimmt eine unendliche Reihe von Differentialinvarianten, die sich als Lösungen vollständiger Systeme definieren lassen.

Dieser Satz ist für Gruppen mit einer begrenzten Anzahl von Parametern sozusagen unmittelbar evident. Ich habe ihn auch für diesen speziellen Fall längst gekannt und schon 1872[1]) und 1874 sowie bei späteren Gelegenheiten, wenn auch nur andeutungsweise, berührt. In präziserer Form teilte ich denselben der Gesellschaft der Wissenschaften zu Christiania im Juli 1882 mit [d. Ausg. Bd. V, Abh. VIII, S. 236, Nr. 3].

Für Gruppen mit unendlich vielen Parametern liegt der betreffende Satz, der als speziellen Fall die von Gauß und seinen Nachfolgern[2]) gegebene Deformationstheorie der Flächen und so weiter umfaßt, etwas tiefer. Für einen speziellen Fall, der sich auf die Gruppe aller Berührungstransformationen oder Punkttransformationen bezog, deutete

---

1) Ges. d. Wiss. zu Christiania 1872: Zur Theorie der Differentialprobleme; Gött. Nachr., Dez. 1874 [d. Ausg. Bd. III, Abh. V; Bd. V, Abh. I].

2) Ich denke hier an die bekannten Untersuchungen, die von Minding, Beltrami, Christoffel, Lipschitz und Weingarten herrühren. Meine Theorien stehen im übrigen selbstverständlicherweise in genauester Beziehung zu der von Cayley, Sylvester, Aronhold, Clebsch, Gordan und so weiter begründeten allgemeinen Invariantentheorie der linearen Transformationen.

ich ihn allerdings schon im Jahre 1872 (Gött. Nachr. Nr. 25, S. 478—479 [d. Ausg. Bd. III, Abh. IV, S. 19 f.]) an. Daß derselbe sich auf alle unendlichen kontinuierlichen Gruppen ausdehnt, teilte ich der Ges. d. Wiss. zu Christiania im Nov. 1883 ausdrücklich mit [d. Ausg. Bd. III, Abh. XLI, S. 559, Nr. V].

§ 1. Funktionen und Gleichungen, die eine kontinuierliche endliche Gruppe gestatten. [540

In diesem ersten Paragraphen resumiere ich einige ältere Untersuchungen über Funktionen von $x_1, \ldots, x_n$, die eine endliche kontinuierliche Gruppe gestatten. Gleichzeitig erlaube ich mir, ausführlich auf die Beziehungen zwischen Kleins und meinen alten Untersuchungen auf diesem Gebiete einzugehen.

3. In den Jahren 1869—70 nahm ich bei liniengeometrischen Untersuchungen über denjenigen Linienkomplex, dessen Gerade ein Tetraeder nach konstantem Doppelverhältnisse schneiden, meinen Ausgangspunkt in der Bemerkung, daß dieses Geradensystem dreifach unendlich viele vertauschbare lineare Transformationen gestattet. Ich betrachtete die von Komplexgeraden umhüllten Kurven und studierte eine umfassende Kategorie von Berührungstransformationen, welche alle solche Kurven in gleichartige überführten.

Hiermit verband sich die Untersuchung einer merkwürdigen partiellen Differentialgleichung zweiter Ordnung. Die Integralflächen derselben sind dadurch charakterisiert, daß in jedem ihrer Punkte die Haupttangenten zu den beiden unserem Komplexe angehörigen Tangenten harmonisch liegen. Diese partielle Differentialgleichung gestattet eine sehr interessante unendliche Gruppe von Berührungstransformationen, mit deren Eigenschaften ich mich eingehend beschäftigte. Ich integrierte nicht allein die besprochene Gleichung zweiter Ordnung, sondern insbesondere auch diejenige partielle Differentialgleichung erster Ordnung, welche ein singuläres erstes Integral jener Gleichung darstellt. Die hierbei benutzte bemerkenswerte neue Methode zeigte sich einer großen Verallgemeinerung fähig.

Alle diese Untersuchungen[1]), die nur äußerst unvollständig publiziert worden sind, setzte ich sukzessiv meinem damaligen Studiengenossen.

---

1) Ein Résumé von einigen meiner Resultate gab ich im Wintersemester 1869—70 in einem Seminarvortrage bei Prof. Kummer: andererseits auch in denen Göttinger Nachr. (Januar 1870). — Man sehe auch Ges. d. Wiss. zu Christiania 1872 (Kurzes Résumé ...) und Archiv for Math. og Naturv., Christiania 1877, Bd. II (Synthetisch-analytische Untersuchungen über Minimalflächen, § 1). [D. Ausg. Bd. I, Abh. V; Bd. III, Abh. I und Bd. I, Abh. XVII, § 1.]

meinem Freunde Felix Klein auseinander, der schon zu dieser Zeit Plückers Nachlaß herausgegeben und dabei unter anderm auf interessante Untersuchungen über gewisse diskontinuierliche projektivische Gruppen, die in der Liniengeometrie eine wichtige Rolle spielen, geführt worden war.

Klein interessierte sich lebhaft für meine gruppentheoretischen Studien, die von seinen eigenen insofern prinzipiell verschieden [541 waren, als ich kontinuierliche, er dagegen diskontinuierliche Gruppen betrachtete. Er munterte mich energisch in meinen Untersuchungen auf und nahm auch tätigen Anteil an denselben. Wir publizierten einige gemeinsame Noten über diejenigen Kurven in der Ebene und im Raume, welche unendlich viele lineare Transformationen gestatten, und zugleich über diejenigen Flächen, welche zweifach unendlich viele vertauschbare lineare Transformationen zulassen.[1]) Es war unsere Absicht, diese wichtigen, wenn auch speziellen Untersuchungen weiter zu verfolgen. Vorläufig wurden jedoch unsere Interessen in andere Richtungen gezogen.

Ich entdeckte eine merkwürdige Berührungstransformation, die gerade Linien in Kugeln umwandelte, und transformierte hierdurch mit einem Schlage die Plückersche Liniengeometrie in eine neue Kugelgeometrie. Hierbei ergab sich unter anderm, daß die Gruppe aller projektivischen Transformationen des Raumes sich in die Gruppe aller derjenigen Berührungstransformationen, die Kugeln in Kugeln überführen, umwandeln läßt.[2])

---

1) Sur une certaine famille de courbes et de surfaces par F. Klein et S. Lie, Comptes Rendus 1870; Über diejenigen ebenen Kurven und so weiter, Math. Ann. Bd. IV (1871). [D. Ausg. Bd. I, Abh. VI und XIV.]

2) Die im Texte besprochene Gruppe erhielt neuerdings durch Stephanos schöne Entdeckungen auf dem Gebiete des Quaternionenkalkuls ein neues und erhöhtes Interesse (Math. Ann. Bd. XXII, S. 589).

Bei dieser Gelegenheit erlaube ich mir, an zwei alte, von mir herrührende Bemerkungen zu erinnern. Die im Texte besprochene Gruppe von Kugeltransformationen läßt sich auffassen als die Gruppe aller konformen Punkttransformationen eines vierfach ausgedehnten Raumes (Math. Ann. Bd. V, S. 186, Gött. Nachr. 1871, S. 207—208, 200—203 [d. Ausg. Bd. II, Abh. I, Schluß von § 13; Bd. I, Abh. XIII]. Die Gruppe aller projektivischen Transformationen des Raumes, die eine gewisse Gerade invariant lassen, läßt sich umwandeln in die Gruppe aller Berührungstransformationen, welche Kugeln in Kugeln, parallele Ebenen in parallele Ebenen überführen (Math. Ann. Bd. V, S. 186; Gött. Nachr. 1871, S. 200). Diese letzte Gruppe, auf die ich speziell die Aufmerksamkeit gelenkt hatte, ist neuerdings von Laguerre und Stephanos, andererseits auch von Darboux studiert worden. Ich hatte ausdrücklich bemerkt, daß alle Flächen mit gemeinsamem sphärischen Bilde in ebensolche Flächen übergingen, wie auch, daß das neue sphärische Bild durch eine konforme Transformation der Bildkugel hervorging·

7*

Klein andererseits entwickelte umfassende geometrische und metaphysische Ideen, besonders in seiner 1872 erschienenen, tiefgehenden Programmschrift: Vergleichende Betrachtungen über neuere geometrische Forschungen (Erlangen, Deichert), deren fundamentale Bedeutung mit jedem Jahre in immer weiteren Kreisen erkannt wird.

Bei gegenwärtiger Gelegenheit beschränke ich mich darauf, eine Stelle (S. 40) aus dieser Abhandlung zu zitieren, in welcher ein von uns beiden gestelltes allgemeines Problem mit folgenden Worten besprochen wird:

„Bei der Behandlung einer Mannigfaltigkeit unter Zugrunde- [542 legung einer Gruppe, fragen wir (das heißt Klein und Lie) ... zunächst ... nach den Gebilden, die durch alle Transformationen der Gruppe ungeändert bleiben. Aber es gibt Gebilde, welche nicht alle, aber einige Transformationen der Gruppe zulassen ....“

4. Die allgemeine analytische Erledigung dieser Frage, die insbesondere für eine synthetische Auffassung gar keine prinzipielle Schwierigkeit bietet, liegt in einigen von mir 1874 entwickelten Theorien[1]), die hier kurz reproduziert werden sollen.

Eine infinitesimale Transformation zwischen x_1, x_2, ..., x_n, welche diesen Größen die Inkremente:

$$\delta x_k = \xi_k(x_1, x_2, \ldots, x_n)\,\delta t^2)$$

erteilt, bezeichne ich mit dem Symbol:

$$Bf = \xi_1 \frac{\partial f}{\partial x_1} + \cdots + \xi_n \frac{\partial f}{\partial x_n}.$$

Dieselbe gibt der Funktion $\Omega(x_1, \ldots, x_n)$ das Inkrement $B\Omega \cdot \delta t$.

Daher gestattet Ω **die infinitesimale Transformation** Bf, **wenn** $B\Omega$ **identisch verschwindet.** (Ges. d. Wiss. zu Christiania; Nov. 1874: Zur Theorie des Integrabilitätsfaktors S. 244; Verallgemeinerung und neue Verwertung der Jacobischen Multiplikatortheorie S. 256; Math. Ann. Bd. XI, S. 535 [d. Ausg. Bd. III, Abh. XIII, S. 177f.; Abh. XIV, S. 188f.; Bd. IV, Abh. III, § 15, Nr. 38]).

Eine Gleichung: $\Phi = 0$ läßt die infinitesimale Transformation Bf zu, wenn die Gleichung eine Folge von: $\Phi = 0$ allein ist. Dementsprechend gestattet ein Gleichungssystem:

$$\Phi_1 = 0, \quad \Phi_2 = 0, \quad \ldots, \quad \Phi_q = 0$$

---

1) Man sehe auch Verhandlungen der Ges. d. Wiss. zu Christiania 1872: Zur Theorie der Differentialprobleme, S. 132 [d. Ausg. Bd. III, Abh. V].

2) Es wird im folgenden vorausgesetzt, daß die ξ_k gewöhnliche Potenzreihen der x_k sind. Ich sehe also von solchen Wertsystemen x_k ab, für welche diese Forderung nicht erfüllt ist.

die infinitesimale Transformation Bf, wenn die Ausdrücke $B\Phi_k$ sämtlich vermöge der Relationen: $\Phi_i = 0$ verschwinden.

Für diese Auffassung, die meinen Arbeiten über die allgemeine Transformationstheorie zu Grunde liegt, deckt sich die Aufsuchung der gemeinsamen Lösungen f_k von gegebenen linearen partiellen Differentialgleichungen:

$$B_1 f = 0, \quad B_2 f = 0, \quad \ldots, \quad B_r f = 0$$

mit der Bestimmung aller Funktionen, welche die infinitesimalen Transformationen $B_k f$ gestatten. Die allgemeine Erledigung dieses letzten Problems liegt daher nach mir geradezu in der Ja- [543 cobi-Clebschschen Theorie der vollständigen Systeme.

Bilden also: $B_1 f = 0, \ldots, B_q f = 0$ ein vollständiges System und sind $f_1, f_2, \ldots, f_{n-q}$ ein System von Lösungen derselben, so ist:

$$\Omega(f_1, f_2, \ldots, f_{n-q})$$

die allgemeine Form einer Funktion, welche die infinitesimalen Transformationen $B_k f$ gestattet.

Wenn eine Gleichung: $\Phi = 0$ die Gleichungen: $B_k \Phi = 0$ unseres vollständigen Systems erfüllt, so hat sie im allgemeinen die Form:

$$\Phi(f_1, f_2, \ldots, f_{n-q}) = 0.$$

Ist dies nicht der Fall, so muß Φ bekanntlich eine solche Form besitzen, daß die Unabhängigkeit der Gleichungen: $B_k f = 0$ durch: $\Phi = 0$ aufgehoben wird. Man findet daher alle derartigen Gleichungen: $\Phi = 0$ durch Determinantenbildung, wobei jedoch zu bemerken ist, daß man im allgemeinen nachträglich verifizieren muß, ob die in dieser Weise gefundenen Gleichungen wirklich die Relationen: $B_k f = 0$ befriedigen. In ähnlicher Weise findet man ebenfalls das allgemeinste Gleichungssystem: $\Phi_k = 0$, welches die Gleichungen: $B_i \Phi_k = 0$ erfüllt.

Eine kontinuierliche Gruppe von Transformationen zwischen x_1, $\ldots, x_n$ mit r Parametern enthält ∞^{r-1} infinitesimale Transformationen. Unter denselben lassen sich immer r, etwa $B_1 f, B_2 f, \ldots, B_r f$ auswählen, aus denen sich die übrigen linear zusammensetzen, so daß also ihr allgemeines Symbol das folgende wird:

$$c_1 B_1 f + c_2 B_2 f + \cdots + c_r B_r f \qquad (c_k = \text{Const.})$$

Dabei bestehen die charakteristischen Relationen[1]):

(A) $$B_i(B_k(f)) - B_k(B_i(f)) = \Sigma c_{iks} B_s f.$$

---

1) Im Archiv for Math. og Naturv. Bd. I, S. 178—181, 1876 [d. Ausg. Bd. V, Abh. III, S. 63—65] zeigte ich, daß die Auffindung aller Untergruppen einer vorgelegten Gruppe sich durch algebraische Operationen erledigen läßt, und sich überdies auf die Diskussion einer linearen Gruppe reduziert.

Ein Beweis meiner alten Formel (A), die auch in dieser Arbeit eine fundamentale Rolle spielt, folgt später, nämlich in § 3 [S. 114 f.].

Jede endliche Transformation der Gruppe wird erzeugt durch unendlichmalige Wiederholung einer gewissen infinitesimalen Transformation $\Sigma c_k \cdot B_k f$ der Gruppe. Daher sind diejenigen Funktionen Ω oder diejenigen Gleichungen: $\Phi = 0$, welche unsere Gruppe gestatten, wiederum definiert durch die Gleichungen:

$$B_1 f = 0, \quad B_2 f = 0, \quad \ldots, \quad B_r f = 0,$$

die immer ein vollständiges System:

$$B_1 f = 0, \quad \ldots, \quad B_q f = 0 \quad (q \leqq r)$$

bestimmen. Man sehe Gött. Nachr. Dez. 1874; Math. Ann. Bd. XVI, [544 S. 462; Archiv for Math. og Natur. Bd. I, S. 163—165, 1876; Bd. III, S. 118 im Anfange des Jahres 1878. [D. Ausg. Bd. V, Abh. I; Bd. VI, Abh. I, S. 23f.; Bd. V, Abh. III, S. 51—53; Abh. IV, S. 97f.]

In der zuletzt zitierten Arbeit betrachtete ich eine ganz beliebige Gruppe: $B_1 f, \ldots, B_q f, \ldots, B_r f$ und benutzte die zugehörigen Invarianten, also die Lösungen: $f_1, \ldots, f_{n-q}$ des vollständigen Systems: $B_1 f = 0, \; B_2 f = 0, \; \ldots, \; B_q f = 0$ bei der Behandlung eines schwierigen Problems, das ich in der nachstehenden Arbeit [hier Abh. III, S. 165 ff.] wieder aufnehmen werde.[1] Man sehe auch meine vierte Abhandlung über Transformationsgruppen in meinem Archiv Bd. III, S. 379, 1878 [D. Ausg. Bd. V, Abh. V, S. 138 ff.].

Jede endliche Transformation der Gruppe: $B_1 f, \ldots, B_r f$ wird erhalten durch unendlichmalige Wiederholung einer infinitesimalen Transformation: $c_1 B_1 f + \cdots + c_r B_r f$, das heißt, durch Integration der linearen partiellen Differentialgleichung:

$$c_1 B_1 f + \cdots + c_r B_r f + \frac{\partial f}{\partial t} = 0$$

---

1) Ich werde annehmen, daß die Gleichungen: $B_1 f = 0, \ldots, B_r f = 0$, die sich im allgemeinen auf $q \leq r$ Gleichungen reduzieren, für diejenigen speziellen Wertsysteme, für welche gewisse bekannte Determinanten: $\Phi_1, \Phi_2, \ldots, \Phi_s$ verschwinden, sich auf $q - m$ Gleichungen: $B_k f = 0$ reduzieren. Dann ist es jedenfalls sicher, daß unsere Gruppe das Gleichungssystem: $\Phi_k = 0$ invariant läßt (Math. Ann. Bd. XVI, S. 474—478; Archiv for Math. og Naturv., 1883, S. 195 [d. Ausg. Bd. VI, Abh. I, S. 35—40; Bd. V, Abh. X, S. 245 f.]. Gibt es unter den Relationen: $\Phi_k = 0$ weniger als $n - q + m$ unabhängige, so gibt es offenbar invariante Gleichungssysteme, die außer den Relationen: $\Phi_k = 0$ noch gewisse hinzutretende Gleichungen enthalten.

Wenn daher ein Gleichungssystem unsere Gruppe gestattet, so läßt es sich im allgemeinen ausdrücken durch gewisse endliche Relationen zwischen den Invarianten f_k des Textes. Ist dies nicht möglich, so umfaßt es jedenfalls ein Gleichungssystem: $\Phi_k = 0$ von der früher betrachteten Art, wozu unter den angegebenen Bedingungen noch weitere, leicht definierbare Relationen hinzutreten können.

mit den arbiträren Konstanten c_1, c_2, ..., c_r (man sehe zum Beispiel Math. Ann. Bd. XVI, S. 464 [hier Abh. I, S. 25]). **Kennt man daher die endlichen Transformationen einer vorgelegten Gruppe $B_k f$, so verlangt die Auffindung der früher besprochenen Größen f_1, f_2, ..., f_{n-q} nur sogenannte ausführbare Operationen**[1]), deren Durchführung jedoch unter Umständen Schwierigkeiten darbieten kann.

5. Klein und ich hatten, wie schon gesagt, 1870 alle Flächen mit ∞^2 vertauschbaren linearen Transformationen in sich bestimmt. Im Jahre 1882 beschäftigte sich Poincaré (Journal de l'école polytechnique t. 31), dessen Arbeiten über diskontinuierliche Gruppen [545 von so glänzendem Erfolge gekrönt worden sind, beiläufig mit der Frage nach allen Flächen, die mehrere infinitesimale lineare Transformationen gestatten, und erledigte dieses Problem unter gewissen beschränkenden Voraussetzungen.

Einige Monate später gab ich[2]) eine, wenn ich nicht irre, erschöpfende Bestimmung aller nicht geradlinigen Flächen, die eine lineare Gruppe gestatten. Dabei war für mich die Hauptsache die von Poincaré nicht berührte Frage nach allen linearen Gruppen, deren Transformationen dadurch definiert sind, daß sie eine Fläche (oder Kurve) invariant lassen.[3]) In einer späteren Arbeit (Comptes

---

1) Der Schluß im Texte beruht darauf, daß die Integration des vollständigen Systems: $B_1 f = 0$, ..., $B_q f = 0$ immer geleistet werden kann, sobald jede der q Gleichungen: $B_i f = 0$ integriert ist.

2) Archiv for Math. og Naturv. 1882, S. 179—193 [d. Ausg. Bd. V, Abh. VII, S. 224—234]. In einer Schlußnote [a. a. O. S. 234] fügte ich einige allgemeine Bemerkungen über beliebige Gruppen und ihre Differentialinvarianten hinzu. Dieselben präzisieren einen im nächsten Paragraphen [S. 105, Z. 19—11 v. u., 106, Z. 1, 2] zitierten Passus aus meiner 1872 publizierten Note: Zur Theorie der Differentialprobleme. Ges. d. Wiss. zu Christiania 1872, S. 132 [d. Ausg. Bd. III, Abh. V].

Hier möge die Bemerkung hinzugefügt werden, daß die Cayleysche Linienfläche 3. O. neben den Flächen zweiten Grades die einzige nicht developpable Regelfläche darstellt, die mehr als zwei infinitesimale lineare Transformationen zuläßt. Die Cayleysche Regelfläche gestattet außer den beiden von Klein und mir entdeckten permutablen infinitesimalen Transformationen noch eine dritte derartige Transformation. Die Fläche zweiten Grades läßt bekanntlich sechs solche Transformationen zu.

3) Bei derselben Gelegenheit machte ich die für Linien- und Kugelgeometrie interessante Bemerkung, daß die gerade Linie und die Kugel die einzigen Figuren im Raume sind, welche durch Ausführung aller Bewegungen und Ähnlichkeitstransformationen ∞^4 und nur ∞^4 verschiedene Lagen annehmen. Hierin liegt, daß die Plückersche Liniengeometrie und meine Kugelgeometrie nach der Natur der Sache eine ausgezeichnete Stellung einnehmen.

Rendus 1883) hat sich wiederum Poincaré mit ähnlichen Untersuchungen in einem n-fach ausgedehnten Raume beschäftigt.

An dieser Stelle gedenke ich noch einiger von Picard skizzierten, sehr bemerkenswerten Untersuchungen über gewöhnliche lineare Differentialgleichungen, die sich auf eine Diskussion der Untergruppen in der allgemeinen projektivischen Gruppe einer n-fach ausgedehnten Mannigfaltigkeit beziehen (Comptes Rendus 1883).

6. Zur Illustration der vorangehenden allgemeinen Betrachtungen werde ich kurz andeuten, in welchem Verhältnis sie zu der alten, von Cayley, Sylvester und ihren Nachfolgern begründeten Invariantentheorie stehen.

In die binäre Form:

$$a_n x^n + a_{n-1} x^{n-1} y + \cdots + a_1 x y^{n-1} + a y^n = F$$

führe ich neue Variabeln x_1, y_1 ein durch die lineare Substitution:

(A) $$x = l x_1 + m y_1, \quad y = n x_1 + p y_1.$$

Dann erhält F die analoge Form: [546

$$F = b_n x_1^n + b_{n-1} x_1^{n-1} y_1 + \cdots + b_1 x_1 y_1^{n-1} + b y_1^n,$$

und dabei sind die neuen Koeffizienten b_k gewisse Funktionen von l, m, n, p und den a_i:

(B) $$b_k = \Pi_k(a, a_1, \ldots, a_n; l, m, n, p).$$

Die Gleichungen (B) bestimmen eine Gruppe, und wenn eine Funktion der a_k diese Gruppe gestattet, so ist sie eine absolute Invariante von F gegenüber der linearen Gruppe (A).

Um diese Invarianten zu berechnen, bilde ich also die infinitesimalen Transformationen der Gruppe: $b_k = \Pi_k$, was keine Schwierigkeit bietet, und erhalte hierdurch ein zuerst von Cayley aufgestelltes vollständiges System, dessen Lösungen die gesuchten Invarianten sind.

Bemerkt man, daß die vereinigten Gleichungen (A) und (B) wiederum eine Gruppe bilden, und sucht man die bei dieser Gruppe invarianten Funktionen von x, y und den a_k, so erhält man die Kovarianten der Form F.

Für diesen speziellen Fall deckt sich also meine Theorie mit der Grundlage der alten Invariantentheorie (insbesondere der binären Formen).

§ 2. Differentialinvarianten der kontinuierlichen, endlichen Gruppen.

Die allgemeine Betrachtung von Differentialgleichungen, die eine kontinuierliche Gruppe gestatten, gehört, soviel ich weiß, mir.

7. In fast allen meinen Arbeiten aus den Jahren 1871 und 1872 gab ich Andeutungen über die Verwertung von bekannten infinitesimalen Transformationen, welche gegebene Differentialgleichungen in sich überführen. Ich setzte voraus, daß die bekannten Transformationen eine Gruppe bestimmten; und zwar gingen meine ersten Bestrebungen darauf hinaus, für den Fall, daß nicht allein die infinitesimalen sondern zugleich die endlichen Transformationen der Gruppe bekannt waren[1]), durch Einführung zweckmäßiger Koordinaten eine Reduktion des Problems zu erreichen. Da ich indes bald bemerkte, daß schon die bloße Berücksichtigung der infinitesimalen Transformationen eine so große Erniedrigung in der Ordnung der betreffenden Integrationen herbeiführte, als mir überhaupt zu erreichen möglich war, so beschränkte ich mich in meinen fortgesetzten eingehenden Arbeiten auf den Fall, daß nur die infinitesimalen und [547 nicht zugleich die endlichen Transformationen der Gruppe bekannt waren. Es entging aber keineswegs meiner Aufmerksamkeit, daß man, wenn auch die endlichen Transformationen gegeben waren, durch passende Wahl der Variabeln eine gewisse formelle Vereinfachung erreichen konnte. Erst 1882 nahm ich die Voraussetzung, daß auch die endlichen Transformationen der betreffenden Gruppe gegeben waren, wieder auf und zeigte jetzt eingehend, welcher Vorteil sich hieraus gewinnen ließ.

Ein kurzgefaßtes Programm für meine gesamten späteren Arbeiten auf diesem Gebiete gab ich in der Note: Zur Theorie der Differentialprobleme (Ges. d. Wiss. zu Christiania 1872 [d. Ausg. Bd. III, Abh. V, S. 27, Z. 15—5 v. u.]) in den folgenden Worten:

„Es ist mir gelungen, meine Arbeiten über partielle Gleichungen mit infinitesimalen Transformationen nach verschiedenen Seiten hin zu erweitern, insbesondere auch auf das Pfaffsche Problem und simultane Systeme gewöhnlicher Gleichungen auszudehnen. Ich betrachte sowohl permutable Transformationen als auch solche, die eine Gruppe bilden. Es gelingt entweder, eine Zahl Integrale sogleich aufzustellen, oder auch das Problem in einfachere zu zerlegen. Vereinfachungen anderer Art treten ein, wenn gewisse Differentialgleichungen sich integrieren lassen, welche in gewissem Sinne den betreffenden Transformationen zugeordnet sind.[2])

---

1) Die Voraussetzung, daß nicht allein gewisse infinitesimale sondern zugleich die entsprechenden endlichen Transformationen bekannt sind, deckt sich mit der Annahme, daß die von den infinitesima'en Transformationen beschriebenen Bahnkurven bekannt sind.

2) In meiner später eingeführten Terminologie ließe sich der Text präziser folgendermaßen redigieren: „Vereinfachungen anderer Art treten ein, wenn die den bekannten infinitesimalen Transformationen $B_k f$ entsprechenden Gleichungen: $B_k f = 0$ sich integrieren lassen, anders ausgesprochen, wenn die endlichen Gleichungen der Gruppe bekannt sind. Dann ist es nämlich möglich, zweckmäßige neue Variabeln einzuführen."

Unter diese Betrachtungen subsumieren sich viele alte wie neue Theorien."

Im Dezember 1874 gab ich in den Göttinger Nachrichten [d. Ausg. Bd. V, Abh. I] · eine merkwürdige und fundamentale Reduktion aller endlichen kontinuierlichen Gruppen von Berührungstransformationen einer Ebene auf gewisse kanonische Formen. Ich beschäftigte mich gleichzeitig eingehend mit den zu einer jeden Gruppe gehörigen invarianten Differentialgleichungen erster, zweiter und dritter Ordnung. Meine Klassifikation aller dieser Gruppen war auf die Betrachtung der invarianten Differentialgleichungen von der niedrigsten Ordnung begründet. Die Bedeutung dieser Untersuchungen für die allgemeine Theorie der Differentialgleichungen kündigte ich am Schlusse der zitierten Note [a. a. O. S. 7, Z. 7 v. u. — 8, Z. 14] mit den folgenden Worten an:

„Aber besonders möchte ich die Beziehungen hervorheben, in denen diese Betrachtungen zur Lehre von den Differentialgleichun- [548 gen stehen.

„Hat man eine Differentialgleichung beliebiger Ordnung zwischen zwei Variabeln, so kann dieselbe Berührungstransformationen in sich selbst zulassen, die dann notwendig eine der aufgezählten Gruppen bilden. Es kann darauf eine Klassifikation dieser Gleichungen gegründet werden, und bei denjenigen Gleichungen, die überhaupt Transformationen in sich zulassen, ergibt sich daraus eine rationelle Theorie ihrer Integration. Eine solche besondere Klasse bilden zum Beispiel die linearen Gleichungen zusammen mit allen denjenigen, die durch Berührungstransformation auf sie zurückgeführt werden können...

„Für partielle Differentialgleichungen beliebiger Ordnung zwischen beliebig vielen Variabeln gelten ähnliche Betrachtungen, und es ist hiermit eine fruchtbare Untersuchungsrichtung angedeutet. Die Bestimmung der Berührungstransformationen, welche eine partielle Differentialgleichung erster Ordnung in sich überführen, deckt sich geradezu mit deren Integration."

Auch bei vielen anderen Gelegenheiten habe ich stark hervorgehoben, daß meine Theorie der Transformationsgruppen wichtige neue Gesichtspunkte für die allgemeine Theorie der Differentialgleichungen liefert. Man sehe zum Beispiel Archiv for Math. og Naturv. Bd. I, S. 153 [d. Ausg. Bd. V, Abh. III, S. 42, Z. 10—6 v. u.], wo ich mich folgendermaßen ausdrückte: „Weitere Abhandlungen werden ... im Anschlusse an die dargestellten Theorien neue Gesichtspunkte für die allgemeine Theorie der Differentialgleichungen entwickeln" (1876). Siehe ebenfalls S. 19 desselben Bandes; wie auch Math. Ann. Bd. XVI, S. 441

und S. 525—528, und so weiter [d. Ausg. Bd. V, Abh. II, S. 9; Bd. VI, Abh. I, S. 1 und S. 90—94].

In den Abhandlungen der Gesellschaft der Wissenschaften zu Christiania für den Nov. 1874 [d. Ausg. Bd. III, Abh. XIII, XIV] (vgl. auch Math. Ann. Bd. XI, S. 487 usf. [d. Ausg. Bd. IV, Abh. III, Abschn. II]) entwickelte ich eingehend die Grundzüge einer allgemeinen Integrationstheorie eines vollständigen Systems:

$$A_1 f = 0, \ldots, A_q f = 0 \quad (x_1, \ldots, x_n),$$

das eine Anzahl bekannter infinitesimaler Transformationen gestattet. Ich erlaube mir folgendes aus dem Anfange und dem Schlusse dieser Arbeit [d. Ausg. Bd. III, Abh. XIV, S. 188, Z. 12—17, 20—23, S. 204, Z. 8f., S. 205, Z. 7—5 v. u.] zu zitieren:

„Es gelingt mir, eine rationelle Theorie zu entwickeln, die aller Wahrscheinlichkeit nach das Größtmögliche leistet. Bei einer späteren Gelegenheit werde ich die Frage, ob es möglich ist, einen noch größeren Vorteil aus den bekannten Transformationen zu ziehen, näher präzisieren und, wenn nicht erledigen, jedenfalls ihrer Lösung näher bringen. ... Eigentlich spielt auch diejenige Theorie der Transformationsgruppen, die ich in neuester Zeit andeutungsweise entwickelt habe, eine fun- [549 damentale Rolle; freilich tritt das in dieser vorläufigen Arbeit nicht klar hervor. . . . .

. . . .

„Für den Augenblick muß ich mich damit begnügen, die Grundprinzipien darzulegen und einige Fälle durchzuführen. ... Ein besonderes Interesse bietet die Anwendung dieser Theorien auf Differentialgleichungen beliebiger Ordnung zwischen zwei Variabeln, welche gewisse infinitesimale Berührungstransformationen gestatten.“

8. Die von mir in der erstgenannten Arbeit zwar angekündigte, nicht aber durchgeführte Klassifikation beruhte nun eben auf dem Satze, daß jede endliche kontinuierliche Gruppe unendlich viele Differentialinvarianten bestimmt, die sich als Lösungen von vollständigen Systemen definieren lassen, zusammen mit der Bemerkung, daß diese Invarianten berechnet werden können, wenn die endlichen Gleichungen der Gruppe bekannt sind. 1874 hatte ich indes keineswegs die zur vollständigen Durchführung dieser Klassifikation im einzelnen erforderlichen Rechnungen durchgeführt und noch weniger publiziert.[1])

---

1) Siehe meine 1882 und 1883 publizierten Arbeiten über Gleichungen:

$$f(x, y, y', \ldots, y^{(m)}) = 0,$$

die eine kontinuierliche Gruppe gestatten. (Archiv for Math. og Naturv. Bd. VII, VIII, 1882, 1883) d. Ausg. Bd. V, Abh. IX, X, XI, XIV].

Inzwischen trat Halphen mit einigen schönen, wenn auch auf den ersten Anblick speziellen Arbeiten[1]) hervor, die zu meinen allgemeinen Untersuchungen in genauer Beziehung standen. Er unternahm nämlich das Studium der Differentialinvarianten der projektivischen Gruppe der Ebene (oder einer n-fach ausgedehnten Mannigfaltigkeit) und beschäftigte sich gleichzeitig mit der Integrationstheorie gewöhnlicher Differentialgleichungen, die eine derartige Gruppe gestatten. Dabei machte er aufmerksam auf die Beziehungen seiner Untersuchungen zu Kleins und meinen alten Arbeiten über Kurven, die unendlich viele lineare Transformationen gestatten. Dagegen scheint er meine anderen, viel weiter reichenden Arbeiten auf diesem Gebiete nicht gekannt zu haben.

Es fällt mir selbstverständlich nicht ein, das große Verdienst von Halphens ausgezeichneten Untersuchungen in dieser Richtung, oder gar das seiner neueren hierher gehörigen, tiefen Arbeiten auf dem Gebiete der linearen Differentialgleichungen zu leugnen. Im Gegenteil, ich zolle ihm die größte Anerkennung. Man gestatte mir aber auch, geltend zu machen, daß seine älteren hier besprochenen Arbeiten in einem nicht unwesentlichen Maße ihren Ursprung in allgemeinen [550 Ideen nehmen, welche nach meiner Meinung von mir zuerst entwickelt worden sind.

9. Ich betrachte eine ganz beliebige endliche kontinuierliche Gruppe in den Variabeln:

$$x,\ y,\ z,\ \ldots,\ u,\ v,\ w,\ \ldots$$

Enthalten die betreffenden Transformationsgleichungen:

$$(1) \quad \begin{cases} x' = F(x,\ y,\ z,\ \ldots,\ u,\ v,\ w,\ \ldots,\ a_1,\ a_2,\ \ldots,\ a_r), \\[1ex] u' = f(x,\ y,\ z,\ \ldots,\ u,\ v,\ w,\ \ldots,\ a_1,\ a_2,\ \ldots,\ a_r), \end{cases}$$

r wesentliche Parameter, so enthält unsere Gruppe r unabhängige infinitesimale Transformationen, die ich mit dem gemeinsamen Symbole:

$$Bf = X\frac{\partial f}{\partial x} + Y\frac{\partial f}{\partial y} + Z\frac{\partial f}{\partial z} + \cdots + U\frac{\partial f}{\partial u} + V\frac{\partial f}{\partial v} + W\frac{\partial f}{\partial w} + \cdots$$

bezeichne. Betrachte ich nun etwa $u,\ v,\ w,\ \ldots$ als gegebene aber ganz beliebige Funktionen von $x,\ y,\ z,\ \ldots$, so werden $u',\ v',\ w',\ \ldots$ gewisse Funktionen von $x',\ y',\ z',\ \ldots$. Setze ich daher überhaupt:

$$\frac{\partial^{m+n+p+\cdots} F}{\partial x^m \partial y^n \partial z^p \ldots} = F_{m,n,p,\ldots}, \qquad \frac{\partial^{m+n+p+\cdots} F'}{\partial x'^m \partial y'^n \partial z'^p \ldots} = F'_{m,n,p,\ldots},$$

---

1) Comptes Rendus, Bd. 81, S. 1053, 1875; Journal de mathématiques, November 1876; Thèse, Paris 1878; Sur les invariants différentiels des courbes gauches, Journal de l'école polytechnique 1880.

so bestimmen die Transformationsgleichungen (1) nicht allein die Größen: x', y', z', . . ., u', v', w', . . ., sondern zugleich die Differentialquotienten erster, zweiter, . . ., N-ter Ordnung:

$$u'_{m,n,p,\ldots}, \qquad v'_{m,n,p,\ldots}, \qquad w'_{m,n,p,\ldots}, \qquad \ldots$$

als Funktionen von:

$$x,\ y,\ z,\ \ldots,\ u,\ v,\ w,\ \ldots,\ u_{m,n,p,\ldots},\ v_{m,n,p,\ldots},\ w_{m,n,p,\ldots},\ \ldots,$$

wobei die Summe: $m + n + p + \cdots$ alle möglichen Werte, die N nicht übersteigen, anzunehmen hat.

Dieses Abhängigkeitsverhältnis drückt sich aus durch gewisse Relationen:

$$(2) \qquad \left\{ \; u'_{m,n,p,\ldots} = \Phi(x,\ y,\ z,\ \ldots,\ u,\ v,\ w,\ \ldots,\ u_{m,n,p,\ldots},\ \ldots), \right.$$

die nach der Natur der Sache mit (1) zusammen eine Gruppe mit den r Parametern a_1, . . ., a_r bilden.

Die Ausdrücke für die infinitesimalen Transformationen dieser Gruppe berechnet man folgendermaßen.

Bei der infinitesimalen Transformation Bf erhalten x, y, z, . . ., u, v, w, . . . die Inkremente:

$$\delta x = X\delta t, \quad \delta y = Y\delta t, \quad \ldots, \quad \delta u = U\delta t, \quad \delta v = V\delta t, \quad \ldots.$$

Setzen wir daher:
[551

$$du = \frac{\partial u}{\partial x}\, dx + \frac{\partial u}{\partial y}\, dy + \frac{\partial u}{\partial z}\, dz + \cdots,$$

denken uns diese Gleichung variiert und die obenstehenden Werte der Größen δx, . . ., δw eingeführt, so kommt die Relation:

$$\frac{\delta\, du}{\delta t} = dU = \frac{\partial u}{\partial x}\, dX + \frac{\partial u}{\partial y}\, dY + \frac{\partial u}{\partial z}\, dZ + \cdots +$$

$$+ \frac{\delta}{\delta t}\frac{\partial u}{\partial x}\cdot dx + \frac{\delta}{\delta t}\frac{\partial u}{\partial y}\cdot dy + \frac{\delta}{\delta t}\frac{\partial u}{\partial z}\cdot dz + \cdots,$$

die sich in die folgenden zerlegt:

$$\frac{\delta}{\delta t}\frac{\partial u}{\partial x} = \frac{dU}{dx} - \frac{\partial u}{\partial x}\frac{dX}{dx} - \frac{\partial u}{\partial y}\frac{dY}{dx} - \frac{\partial u}{\partial z}\frac{dZ}{dx} - \cdots,$$

$$\frac{\delta}{\delta t}\frac{\partial u}{\partial y} = \frac{dU}{dy} - \frac{\partial u}{\partial x}\frac{dX}{dy} - \frac{\partial u}{\partial y}\frac{dY}{dy} - \frac{\partial u}{\partial z}\frac{dZ}{dy} - \cdots,$$

$$\frac{\delta}{\delta t}\frac{\partial u}{\partial z} = \frac{dU}{dz} - \frac{\partial u}{\partial x}\frac{dX}{dz} - \frac{\partial u}{\partial y}\frac{dY}{dz} - \frac{\partial u}{\partial z}\frac{dZ}{dz} - \cdots,$$

Bei der Benutzung dieser von Poisson herrührenden Formeln muß man sich erinnern, daß U, X, Y, Z, ... von x, y, z, ..., u, v, w, ... abhängen, und daß u, v, w, ... als Funktionen von x, y, z, ... aufzufassen sind.

In entsprechender Weise berechnet man sukzessiv die Inkremente aller Größen:

$$u_{m,n,p,\ldots}, \quad v_{m,n,p,\ldots}, \quad w_{m,n,p,\ldots}, \quad \ldots$$

bei der infinitesimalen Transformation Bf. Bezeichnen wir diese Inkremente mit:

$$U_{(m,n,p,\ldots)} \cdot \delta t, \quad V_{(m,n,p,\ldots)} \cdot \delta t, \quad W_{(m,n,p,\ldots)} \cdot \delta t, \quad \ldots,$$

so ist:

$$Bf = X \frac{\partial f}{\partial x} + Y \frac{\partial f}{\partial y} + Z \frac{\partial f}{\partial z} + \cdots + U \frac{\partial f}{\partial u} + V \frac{\partial f}{\partial v} + W \frac{\partial f}{\partial w} + \cdots +$$

$$+ \Sigma U_{(m,n,p,\ldots)} \frac{\partial f}{\partial u_{m,n,p}\ldots} + \Sigma V_{(m,n,p,\ldots)} \frac{\partial f}{\partial v_{m,n,p,\ldots}} +$$

$$+ \Sigma W_{(m,n,p,\ldots)} \frac{\partial f}{\partial w_{m,n,p,\ldots}} + \cdots \qquad (m+n+p+\cdots \leqq N)$$

der gesuchte Ausdruck für die infinitesimalen Transformationen Bf der Gruppe (1), (2).

Denken wir uns jetzt die Zahl N jedenfalls so groß gewählt, daß die Ausdrücke Bf mehr als r Differentialquotienten von f enthalten, und wenden das in Nummer 4 gesagte auf die Gruppe Bf an[1]), so [552 erhalten wir unmittelbar den Satz:

Satz 1. *Jede endliche kontinuierliche Gruppe von Transformationen besitzt eine unendliche Reihe von Differentialinvarianten, die als Lösungen vollständiger Systeme definiert werden können.*

Kennt man die endlichen Gleichungen der Gruppe, so findet man die Ausdrücke von beliebig vielen Differentialinvarianten durch ausführbare Operationen.

---

1) Ich füge hier die Bemerkung hinzu, daß man, wenn r infinitesimale Transformationen:

$$B_k f = X_k \frac{\partial f}{\partial x} + Y_k \frac{\partial f}{\partial y} + \cdots + W_k \frac{\partial f}{\partial w} + \cdots$$

durch die Relationen:

$$B_i (B_k(f)) - B_k (B_i(f)) = \Sigma c_{iks} B_s f$$

verknüpft sind, auf direktem Wege beweisen kann, daß auch die r entsprechenden infinitesimalen Transformationen: $B_1 f$, $B_2 f$, ..., $B_r f$ durch genau dieselben Gleichungen:

$$B_i (B_k(f)) - B_k (B_i(f)) = \Sigma c_{iks} B_s f$$

verbunden sind.

Jedenfalls werden die bei unserer Gruppe (1), (2) *invarianten Systeme von Differentialgleichungen nach den früher angegebenen Regeln gefunden.*

In früheren Arbeiten (Archiv for Math. og Naturv. Bd. VIII, S. 187, 249, 371 [d. Ausg. Bd. V, Abh. X, XI, XIV]) habe ich den Fall, daß die infinitesimalen Transformationen unserer Gruppe die Form:

$$X(x, u)\,\frac{\partial f}{\partial x} + U(x, u)\,\frac{\partial f}{\partial u}$$

besitzen, und daß u als Funktion von x aufgefaßt wird, erschöpfend behandelt. In der letzten dieser drei Abhandlungen habe ich mich eingehend mit den Differentialinvarianten einer Gruppe beschäftigt, deren infinitesimale Transformationen:

$$U(u, v)\,\frac{\partial f}{\partial u} + V(u, v)\,\frac{\partial f}{\partial v}$$

die unabhängigen Variabeln x, y gar nicht, sondern nur die abhängigen Variabeln u, v enthalten. Die betreffenden Invarianten sind Funktionen von:

$$u,\ v,\ \frac{\partial u}{\partial x},\ \frac{\partial u}{\partial y},\ \frac{\partial v}{\partial x},\ \frac{\partial v}{\partial y},\ \cdots$$

Differentiiert man eine solche Invariante nach x oder nach y, so erhält man, wie leicht einzusehen, neue Invarianten.

Ebenso ist es im allgemeinen Falle, wenn hinlänglich viele Differentialinvarianten berechnet sind, möglich, aus denselben durch Differentiation (genauer durch Bildung des Quotienten zweier Funktionaldeterminanten) neue Invarianten herzuleiten. Die endlichen Glei- [553 chungen der betreffenden Gruppe brauchen dabei nicht bekannt zu sein, doch gehe ich hierauf an dieser Stelle nicht näher ein.

§ 3. Differentialinvarianten der unendlichen kontinuierlichen Gruppen.

10. Eine kontinuierliche Schar von Transformationen bildet, sage ich, eine unendliche kontinuierliche Gruppe,

wenn 1. die Sukzession zweier Transformationen der Schar mit einer einzigen Transformation der Schar äquivalent ist,

wenn 2. jede endliche Transformation der Schar durch unendlichmalige Wiederholung einer bestimmten infinitesimalen Transformation der Schar erzeugt werden kann,

wenn 3. die Schar unendlichviele unabhängige infinitesimale Transformationen enthält.*1)

r infinitesimale Transformationen:

$$B_i f = \xi_{i1}\,\frac{\partial f}{\partial x_1} + \xi_{i2}\,\frac{\partial f}{\partial x_2} + \cdots + \xi_{in}\,\frac{\partial f}{\partial x_n} \qquad (i = 1, 2, \ldots, r)$$

heißen dabei unabhängig, wenn sie keiner linearen Relation von der Form:

$$c_1 B_1 f + c_2 B_2 f + \cdots + c_r B_r f = 0$$

mit konstanten Koeffizienten genügen.

Wir beschränken uns auf den Fall, daß, wenn:

$$Bf = \xi_1 \frac{\partial f}{\partial x_1} + \xi_2 \frac{\partial f}{\partial x_2} + \cdots + \xi_n \frac{\partial f}{\partial x_n}$$

das allgemeine Symbol der infinitesimalen Transformationen einer Gruppe ist, sich die ξ_i als Funktionen von x_1, x_2, ..., x_n aus gewissen partiellen Differentialgleichungen:

$$\Omega_i \left(x_1, \ldots, x_n, \xi_1, \ldots, \xi_n, \frac{\partial \xi_1}{\partial x_1}, \ldots \right) = 0$$

bestimmen. Diese Gleichungen müssen linear sein. Denn zwei beliebige infinitesimale Transformationen: $B_1 f$, $B_2 f$ einer Gruppe liefern mit den arbiträren Konstanten c_1, c_2 multipliziert und addiert eine allgemeinere in der Gruppe enthaltene infinitesimale Transformation, nämlich: $c_1 B_1 f + c_2 B_2 f$.

Ich nenne diese linearen partiellen Differentialgleichungen:

$$0 = \Sigma f_i \xi_i + \Sigma g_{ik} \frac{\partial \xi_i}{\partial x_k} + \Sigma h_{ikj} \frac{\partial^2 \xi_i}{\partial x_k \partial x_j} + \cdots$$

die Definitionsgleichungen unserer Gruppe.

Das einfachste Beispiel einer unendlichen Gruppe ist der In- [554 begriff aller Punkttransformationen oder Berührungstransformationen eines n-fach ausgedehnten Raumes. Betrachtet man den Inbegriff aller Punkttransformationen der Mannigfaltigkeit: x_1, x_2, ..., x_n, so reduzieren sich die Definitionsgleichungen für die infinitesimalen Transformationen: $Bf = \Sigma \xi_k f_{x_k}$ dieser Gruppe auf die identische Gleichung: $0 = 0$.

Ein zweites Beispiel ist der Inbegriff aller Berührungstransformationen, welche eine vorgelegte partielle Differentialgleichung erster Ordnung in sich überführen.[1])

---

1) Sind u_1, u_2, ..., u_r Funktionen von x_1, ..., x_n, p_1, ..., p_n, die paarweise Relationen von der Form: $(u_i, u_k) = f_{ik}(u_1, \ldots, u_r)$ erfüllen, und bezeichnet Ω eine arbiträre Funktion der u_k, so bestimmen alle infinitesimalen Transformationen, deren gemeinsames Symbol: $Bf = (\Omega, f)$ ist, eine unendliche Gruppe. Aus diesem Grunde habe ich dem Inbegriffe der Größen u_k längst den Namen Gruppe beigelegt. (Ges. d. Wiss. zu Christiania 1872, S. 134; 1873, S. 18 u. 59; Math. Ann. Bd. VIII, S. 248 und 286 [d. Ausg. Bd. III, Abh. VI, S. 29; VII, S. 34; VIII, S. 71; Bd. IV, Abh. I, § 9, Nr. 21; § 21, Nr. 44]).

Die linearen partiellen Differentialgleichungen: $(u_1, v) = 0$, ..., $(u_r, v) = 0$ bilden nach mir ein vollständiges System, dessen Lösungen v_1, v_2, ..., v_{2n-r} eine neue Gruppe (die Polargruppe) bilden. Fasse ich die (u_k, f) als Symbole von

Ein drittes Beispiel ist der Inbegriff aller Punkttransformationen, die eine vorgelegte lineare partielle Differentialgleichung beliebiger Ordnung in sich überführen.

Als ein viertes Beispiel nenne ich endlich den Inbegriff aller Punkttransformationen, welche die nichtlineare Gleichung zweiter Ordnung: $s = e^{kz}$ in sich transformieren. —

Mit den soeben genannten (wie auch mit einigen anderen speziellen) unendlichen Gruppen habe ich mich längst eingehend beschäftigt.

Im Jahre 1872 gab ich einige kurze Andeutungen über die Existenz von Invarianten einer partiellen Differentialgleichung beliebiger Ordnung gegenüber allen Berührungs- oder Punkttransformationen (Gött. Nachr. 1872, Nr. 25, S. 478—479. Ges. d. Wiss. zu Christiania 1872, Zur Theorie der Diffpr., S. 132) [d. Ausg. Bd. III, Abh. IV, S. 19 f.; Abh. V, S. 27]. Es dauerte indes lange Zeit, bis es mir gelang, eine allgemeine Theorie der unendlichen kontinuierlichen Gruppen zu begründen (man sehe insbesondere: Abhandlungen der Ges. d. Wiss. zu Christiania 1883, Nr. 12 [d. Ausg. Bd. V, Abh. XIII]). Indem ich [555 im Übrigen auf die soeben zitierte wie auf meine älteren Arbeiten verweise, beschränke ich mich hier auf nachstehende Bemerkungen, die für das Folgende genügen.

Ich denke mir eine beliebige endliche oder unendliche kontinuierliche Transformationsgruppe der Mannigfaltigkeit: $x_1, x_2, \ldots, x_n$ vorgelegt. Sind:

$$Bf = \xi_1 \frac{\partial f}{\partial x_1} + \xi_2 \frac{\partial f}{\partial x_2} + \cdots + \xi_n \frac{\partial f}{\partial x_n},$$

$$Cf = \eta_1 \frac{\partial f}{\partial x_1} + \eta_2 \frac{\partial f}{\partial x_2} + \cdots + \eta_n \frac{\partial f}{\partial x_n}$$

zwei gegebene infinitesimale Transformationen dieser Gruppe, so ist es auf verschiedene Weisen möglich, neue infinitesimale Transformationen, die ebenfalls in der Gruppe enthalten sind, zu konstruieren.

Bei der infinitesimalen Transformation Bf geht das Wertsystem x über in das benachbarte Wertsystem:

$$x_i + Bx_i \delta t = x_i + \xi_i \cdot \delta t.$$

---

infinitesimalen Transformationen auf, so sind die v_i die zugehörigen Invarianten. Man kann aber sowohl die u_k als auch die v_i als Symbole von infinitesimalen Transformationen betrachten; alsdann ist jede Transformation der einen Gruppe mit jeder Transformation der andern Gruppe vertauschbar. In meinen alten synthetischen Untersuchungen über derartige Gruppen benutzte ich häufig diese beiden Auffassungen. Evident, aber wichtig ist der Satz:

Ist die Gruppe $u_1, \ldots, u_r$ vorgelegt und dabei eine jede der Gleichungen $u_k = Const.$ integrabel, so können die v_k immer angegeben werden.

Dieses seinerseits wird durch Anwendung von Cf in das neue Wertsystem:

$$x_i + \xi_i \cdot \delta t + C(x_i + \xi_i \cdot \delta t)\delta\tau$$

übergeführt. Durch sukzessive Anwendung von Bf und Cf geht daher das Wertsystem x_i, wenn wir von infinitesimalen Größen zweiter Ordnung absehen, in das Wertsystem:

$$x_i + \xi_i \cdot \delta t + \eta_i \cdot \delta\tau$$

über. Also gehört jede infinitesimale Transformation, welche den Größen x_i die Inkremente:

$$\delta x_i = \xi_i \cdot \delta t + \eta_i \cdot \delta\tau$$

erteilt, unserer Gruppe an.

Diesen Satz, den wir schon oben als selbstverständlich erwähnt haben, formulieren wir folgendermaßen:

Satz 2. *Enthält eine kontinuierliche Gruppe die beiden infinitesimalen Transformationen: Bf und Cf, so enthält sie ebenfalls die Transformation: $c_1 Bf + c_2 Cf$ mit der arbiträren Konstanten $c_1 : c_2$.*

Wir können indes auch anders verfahren.

Zuerst führen wir das Wertsystem x_i durch Anwendung von Bf nach der neuen Lage:

$$x_i' = x_i + \delta t \cdot \xi_i + \tfrac{1}{2}\delta t^2 \cdot B\xi_i,$$

bei deren Berechnung wir erst von infinitesimalen Größen dritter Ordnung abgesehen haben. Danach bringen wir das Wertsystem x_i' durch Anwendung von Cf in die Lage:

$$\begin{aligned}
x_i'' = {}& x_i + \delta t \cdot \xi_i + \tfrac{1}{2}\delta t^2 \cdot B\xi_i \\
& + \delta\tau \cdot \eta_i + \delta t \cdot \delta\tau \cdot C\xi_i \\
& + \tfrac{1}{2}\delta\tau^2 \cdot C\eta_i.
\end{aligned} \qquad [556$$

Andererseits nehmen wir wiederum das Wertsystem x_i und bringen dasselbe zuerst durch Anwendung von Cf in die Lage:

$$(x_i)' = x_i + \delta\tau \cdot \eta_i + \tfrac{1}{2}\delta\tau^2 \cdot C\eta_i$$

und dann $(x_i)'$ durch Anwendung von Bf in die Lage:

$$\begin{aligned}
(x_i)'' = {}& x_i + \delta\tau \cdot \eta_i + \tfrac{1}{2}\delta\tau^2 \cdot C\eta_i \\
& + \delta t \cdot \xi_i + \delta t \cdot \delta\tau \cdot B\eta_i \\
& + \tfrac{1}{2}\delta t^2 \cdot B\xi_i.
\end{aligned}$$

Es ist nun klar, daß diejenige infinitesimale Transformation, welche das Wertsystem x_i'' nach $(x_i)''$ bringt, unserer Gruppe angehört. Da aber:

$$(x_i)'' - x_i'' = \delta t \cdot \delta \tau (B \eta_i - C \xi_i)$$

ist, erhalten wir folgenden Fundamentalsatz, den ich 1872 entdeckt habe:

Satz 3. *Enthält eine kontinuierliche Gruppe die beiden infinitesimalen Transformationen:*

$$Bf = \Sigma \xi_\varkappa \frac{\partial f}{\partial x_\varkappa} \quad und: \quad Cf = \Sigma \eta_\varkappa \frac{\partial f}{\partial x_\varkappa},$$

so enthält sie ebenfalls die infinitesimale Transformation:

$$\sum_i (B \eta_i - C \xi_i) \frac{\partial f}{\partial x_i},$$

deren Symbol bekanntlich auf die beiden äquivalenten Formen:

$$B(C(f)) - C(B(f)) = (B, C)$$

gebracht werden kann[1]).

Verlangt man insbesondere, daß die beiden infinitesimalen Transformationen Bf und Cf vertauschbar sein sollen, präziser ausgedrückt, daß jede durch unendlichmalige Wiederholung von Bf erzeugte [557 endliche Transformation mit allen durch Wiederholung von Cf erzeugten endlichen Transformationen vertauschbar sein soll, so ergibt sich zunächst das identische Verschwinden der Größe (BC) als eine notwendige Bedingung. Dieselbe ist überdies hinreichend, weil Bf und Cf unter dieser Voraussetzung immer durch Einführung neuer Variabeln $y_\varkappa$ entweder auf die Form:

$$Bf = \frac{\partial f}{\partial y_1}, \qquad Cf = \frac{\partial f}{\partial y_2},$$

oder auf die Form:

$$Bf = \frac{\partial f}{\partial y_1}, \qquad Cf = y_2 \frac{\partial f}{\partial y_1}$$

gebracht werden können. (Siehe z. B. Ges. d. Wiss. zu Christiania 1872; Mein Archiv Bd. III, S. 100—105; Bd. VII, S. 180 [d. Ausg. Bd. III, Abh. I, S. 2, *595*; Bd. V, Abh. IV, S. 83—87; Abh. VII, S. 225]).

---

1) Aus dem Satze des Textes fließt, wie ich längst bemerkt habe, unter anderm das wichtige Korollar: Gestattet ein System von Differentialgleichungen die beiden Transformationen Bf und Cf, so gestattet es ebenfalls die Transformation: $B(C(f)) - C(B(f))$. Partikularisiert man diesen Satz noch weiter, indem man annimmt, daß unser Gleichungssystem nur aus einer einzigen partiellen Differentialgleichung erster Ordnung besteht, so erhält man das sogenannte Poisson-Jacobische Theorem.

8*

Hiermit haben wir also meinen alten Satz:

Satz 4. *Die beiden infinitesimalen Transformationen Bf und Cf sind vertauschbar, wenn der Ausdruck (B, C) identisch gleich Null ist.*

Die Methode, welche uns die Sätze 2 und 3 geliefert hat, läßt sich, wie man ohne Schwierigkeit erkennt, verallgemeinern. Man erhält hierdurch neue Methoden zur Konstruktion von beliebig vielen infinitesimalen Transformationen einer jeden Gruppe, die Bf und Cf enthält. Es läßt sich indes nachweisen (Archiv for Math. og. Naturv. Bd. III, S. 100 [d. Ausg. Bd. V, Abh. IV, S. 84]), daß alle Methoden, die man in dieser Weise findet, nur auf eine wiederholte Anwendung des Satzes 3 hinauskommen. Aus diesem Satze folgt offenbar, daß die Ausdrücke $((B, C), B)$ und $((B, C), C)$ Symbole von infinitesimalen Transformationen unserer Gruppe darstellen[1]).

11. Indem wir jetzt dazu übergehen, allgemein die Existenz von Differentialinvarianten einer ganz beliebigen unendlichen Gruppe nachzuweisen, werden wir, um das Verständnis der allgemeinen Theorie [558 möglichst zu erleichtern, mit der detaillierten Diskussion von zwei einfachen Beispielen beginnen.

Wir betrachten alle infinitesimalen Transformationen von der Form:

$$Bf = X(x)\frac{\partial f}{\partial x} + yX'\frac{\partial f}{\partial y} + zX'\frac{\partial f}{\partial z},$$

und interpretieren dabei X als eine arbiträre Funktion von x, X' als ihren Differentialquotienten. Unter allen hierdurch definierten Transformationen wählen wir zwei aus:

$$B_1 f = X_1\frac{\partial f}{\partial x} + yX_1'\frac{\partial f}{\partial y} + zX_1'\frac{\partial f}{\partial z},$$

$$B_2 f = X_2\frac{\partial f}{\partial x} + yX_2'\frac{\partial f}{\partial y} + zX_2'\frac{\partial f}{\partial z},$$

---

1) Hier mögen noch die folgenden Bemerkungen, die indes in dieser Abhandlung nicht angewandt werden, ihren Platz finden. Es sei eine kontinuierliche Schar von infinitesimalen Transformationen Bf vorgelegt, unter denen ich zwei beliebige, etwa $B_1 f$ und $B_2 f$, wähle. Gehören dabei die beiden infinitesimalen Transformationen: (B_1, B_2) und $c_1 B_1 + c_2 B_2$ jedesmal unserer Schar an, so liegt es äußerst nahe, zu vermuten, daß es eine kontinuierliche Gruppe gibt, deren infinitesimale Transformationen eben die vorgelegte Schar bilden.

Enthält die Schar nur eine begrenzte Zahl unabhängiger Transformationen, so kann die Richtigkeit dieser Vermutung ohne große Schwierigkeit nachgewiesen werden. (Siehe Archiv for Math. og Nat. Bd. III, S. 100 [d. Ausg. Bd. V, Abh. IV, S. 84, Theorem I]).

Enthält dagegen unsere Schar unendlich viele unabhängige infinitesimale Transformationen, so ist die Entscheidung der gestellten Frage nicht so einfach. Allerdings glaube ich, die allgemeine Gültigkeit des betreffenden Satzes nachgewiesen zu haben, und jedenfalls besteht er für infinitesimale Punkttransformationen oder Berührungstransformationen einer Ebene.

und bilden den Ausdruck:

$$(B_1 B_2) = (X_1 X_2' - X_2 X_1') \frac{\partial f}{\partial x} + y (X_1 X_2'' - X_2 X_1'') \frac{\partial f}{\partial y} +$$
$$+ z (X_1 X_2'' - X_2 X_1'') \frac{\partial f}{\partial z},$$

welcher durch die Substitution:

$$X_1 X_2' - X_2 X_1' = \xi(x)$$

die Form:

$$(B_1 B_2) = \xi \frac{\partial f}{\partial x} + y \xi' \frac{\partial f}{\partial y} + z \xi' \frac{\partial f}{\partial z}$$

annimmt.

Es liegt daher nahe, zu vermuten, daß es eine unendliche Gruppe gibt, deren infinitesimale Transformationen eben die Schar Bf bilden.

Um dies am einfachsten zu beweisen, verifiziert man zunächst, daß die Transformationsgleichungen:

$$x_1 = F(x), \quad y_1 = y F'(x), \quad z_1 = z F'(x)$$

mit der arbiträren Funktion $F(x)$ eine unendliche Gruppe bilden. Setzt man hiernach:

$$F(x) = x + X(x)\delta t,$$

so erkennt man, daß diese Gruppe wirklich alle infinitesimalen Transformationen von der Form:

$$x_1 = x + X \delta t, \quad y_1 = y + y X' \delta t, \quad z_1 = z + z X' \delta t,$$

das heißt alle infinitesimalen Transformationen Bf und keine weiteren umfaßt.

Es ist leicht zu erkennen, daß diese unendliche Gruppe nicht allein Differentialinvarianten, sondern sogar invariante Funktionen von x, y, z allein bestimmt. Läßt man nämlich in der Gleichung:

$$X \frac{\partial f}{\partial x} + y \cdot X' \frac{\partial f}{\partial y} + z \cdot X' \frac{\partial f}{\partial z} = 0$$

die Größe X sukzessiv beliebig viele Funktionen von x bezeichnen, [559 so ist der Inbegriff von allen in dieser Weise erhaltenen Gleichungen äquivalent mit den beiden:

$$\frac{\partial f}{\partial x} = 0, \quad y \frac{\partial f}{\partial y} + z \frac{\partial f}{\partial z} = 0.$$

Diese bilden ein vollständiges System mit der Lösung $y : z$; daher ist diese Größe eine Invariante unserer unendlichen Gruppe, wie man übrigens unmittelbar verifizieren kann.

Bei der Bildung von Differentialinvarianten können wir auf verschiedene Weisen verfahren. Wir können nämlich zu den Größen

x, y, z beliebig viele weitere α, β, γ, ... hinzufügen, welche bei der Gruppe invariant bleiben. Dann steht es uns frei, welche unter allen diesen Größen wir als unabhängige und welche wir als abhängige Variable betrachten wollen.

Zunächst seien x, y, z Funktionen einer einzigen bei der Gruppe invarianten Größe α. Dann erhalten wir die Transformationsgleichungen:

$$(3) \qquad \alpha_1 = \alpha, \quad x_1 = F(x), \quad y_1 = yF'(x), \quad z_1 = zF'(x).$$

Setzen wir noch:

$$\frac{dx}{d\alpha} = x', \quad \frac{dy}{d\alpha} = y', \quad \frac{dz}{d\alpha} = z', \quad \frac{dx_1}{d\alpha} = x'_1, \ldots,$$

so drückt sich das Abhängigkeitsverhältnis zwischen den Differentialquotienten erster Ordnung folgendermaßen aus:

$$(4) \quad x'_1 = F'(x)x'; \quad y'_1 = y'F'(x) + yF''(x)x'; \quad z'_1 = z'F'(x) + zF''(x)x'.$$

Es liegt in der Natur der Sache und kann auch ohne weiteres verifiziert werden, daß die Gleichungen (3) und (4) eine unendliche Gruppe bestimmen. Man erkennt durch die Substitution:

$$F(x) = x + X(x)\delta t,$$

daß ihre infinitesimalen Transformationen die Form:

$$\delta x = X\delta t, \quad \delta y = yX'\delta t, \quad \delta z = zX'\delta t, \quad \delta x' = X'x'\delta t,$$

$$\delta y' = (y'X' + yX''x')\delta t, \quad \delta z' = (z'X' + zX''x')\delta t$$

besitzen, und folglich mit dem Symbole:

$$B'f = X\frac{\partial f}{\partial x} + yX'\frac{\partial f}{\partial y} + zX'\frac{\partial f}{\partial z} + X'x'\frac{\partial f}{\partial x'} +$$

$$+ (y'X' + yx'X'')\frac{\partial f}{\partial y'} + (z'X' + zx'X'')\frac{\partial f}{\partial z'}$$

bezeichnet werden können. Gibt man X zwei partikuläre Werte X_1 und X_2 und bezeichnet die beiden entsprechenden infinitesimalen Transformationen mit B'_1f und B'_2f, so ist es a priori gewiß und kann überdies leicht verifiziert werden, daß auch die infinitesimale Trans- [560 formation (B'_1, B'_2) die Form $B'f$ besitzt.

Hieraus folgt ohne weiteres, daß der Inbegriff aller möglichen Gleichungen von der Form: $B'f = 0$, der sich übrigens durch die drei Relationen:

$$\frac{\partial f}{\partial x} = 0, \quad y\frac{\partial f}{\partial y} + z\frac{\partial f}{\partial z} + x'\frac{\partial f}{\partial x'} + y'\frac{\partial f}{\partial y'} + z'\frac{\partial f}{\partial z'} = 0, \quad y\frac{\partial f}{\partial y'} + z\frac{\partial f}{\partial z'} = 0$$

ausdrücken läßt, ein vollständiges System bilden muß. Die Lösungen dieses vollständigen Systems:

$$(5) \qquad \frac{z}{y}, \ \frac{x'}{y} \quad \text{und:} \quad \frac{yz' - zy'}{y^2} = \frac{d}{d\alpha}\left(\frac{z}{y}\right)$$

sind Invarianten der Gruppe (3), (4) und gleichzeitig Differentialinvarianten der Gruppe (3).

Wünscht man, indem man fortwährend x, y, z als Funktionen von α betrachtet, noch weitere Differentialinvarianten, und zwar solche zweiter Ordnung zu berechnen, so bilde man die Formeln:

$$x_1'' = F'x'' + F''x'^2, \quad .\ y_1'' = y''F' + 2y'F''x' + yF'''x'^2 + yF''x'',$$
$$z_1'' = z''F' + 2z'F''x' + zF'''x'^2 + zF''x''.$$

Dieselben bestimmen mit (3), (4) vereinigt eine unendliche Gruppe von Transformationen der Größen:

$$x,\ y,\ z,\ x',\ y',\ z',\ x'',\ y'',\ z''.$$

Setzt man sodann: $F(x) = x + X(x)\delta t$, so findet man den allgemeinen Ausdruck für die infinitesimalen Transformationen $B''f$ dieser Gruppe und erkennt, daß diese die Form:

$$B''f = XAf + X'A'f + X''A''f + X'''A'''f$$

besitzen. Dabei bezeichnen: $Af, A'f, A''f, A'''f$ determinierte Größen, die von der Form der arbiträren Funktion X vollständig unabhängig sind. Also müssen alle möglichen Gleichungen von der Form: $B''f = 0$ die sich überdies auf die vier Gleichungen:

$$Af = 0, \quad A'f = 0, \quad A''f = 0, \quad A'''f = 0$$

reduzieren, ein vollständiges System mit fünf Lösungen bilden.

Unter diesen Lösungen finden sich drei (siehe (5)) von nullter oder erster Ordnung; die beiden übrigen sind die gesuchten Invarianten zweiter Ordnung. Es ist klar, daß man in dieser Weise beliebig viele Differentialinvarianten finden kann.

Zu der unendlichen Gruppe:

$$(3) \qquad x_1 = F(x), \quad y_1 = yF', \quad z_1 = zF'$$

mit den infinitesimalen Transformationen:

$$Bf = X\frac{\partial f}{\partial x} + yX'\frac{\partial f}{\partial y} + zX'\frac{\partial f}{\partial z} \qquad [561$$

gehören indes, wie wir jetzt in Übereinstimmung mit unseren früheren Andeutungen zeigen werden, noch mehrere andere Reihen von Differentialinvarianten.

Zum Beispiel können wir die Größen y und z als Funktionen von x betrachten, und dementsprechend:

$$\frac{dy}{dx} = y', \quad \frac{dz}{dx} = z', \quad \text{und so weiter}$$

setzen. Dann wird:

$$y_1' = y' + y\frac{F''}{F'}, \quad z_1' = z' + z\frac{F''}{F'},$$

und diese Gleichungen bilden mit (3) vereinigt eine Gruppe, deren infinitesimale Transformationen das gemeinsame Symbol:

$$B'f = X\frac{\partial f}{\partial x} + yX'\frac{\partial f}{\partial y} + zX'\frac{\partial f}{\partial z} + yX''\frac{\partial f}{\partial y'} + zX''\frac{\partial f}{\partial z'}$$

besitzen. Der Inbegriff aller Gleichungen: $B'f = 0$ bildet das vollständige System:

$$\frac{\partial f}{\partial x} = 0, \quad y\frac{\partial f}{\partial y} + z\frac{\partial f}{\partial z} = 0, \quad y\frac{\partial f}{\partial y'} + z\frac{\partial f}{\partial z'} = 0$$

mit den Lösungen:

$$\frac{y}{z}, \quad \frac{zy' - yz'}{y},$$

welche Differentialinvarianten erster Ordnung darstellen. In entsprechender Weise fände man Invarianten höherer Ordnung.

Um eine dritte Reihe Invarianten unserer Gruppe zu finden, könnte man eine bei der Gruppe invariante Größe α einführen und als Funktion von x, y, z auffassen. Dann erhielte man zwei wesentliche Differentialinvarianten erster Ordnung, und so weiter.

Es ist indes wohl zu bemerken, daß gewisse Invarianten gleichzeitig mehreren Reihen angehören können. Zum Beispiel umfaßt unsere erste Reihe alle Invarianten der zweiten.

12. Alle infinitesimalen Transformationen:

$$Bf = X(\mathrm{x}, \mathrm{y})\frac{\partial f}{\partial \mathrm{x}} + Y(\mathrm{x}, \mathrm{y})\frac{\partial f}{\partial \mathrm{y}},$$

welche der Relation:

$$\frac{\partial X}{\partial \mathrm{x}} + \frac{\partial Y}{\partial \mathrm{y}} = 0$$

genügen, erzeugen eine unendliche Gruppe. Ihre Transformationen sind dadurch charakterisiert, daß sie alle Flächenräume der Cartesischen Ebene x, y invariant lassen[1]).

---

1) **Möbius** hat sich gelegentlich mit der im Texte besprochenen unendlichen Gruppe beschäftigt (Crelles Journal Bd. XII).

Um Differentialinvarianten dieser unendlichen Gruppe zu finden, führen wir zwei neue Größen x, y ein, die bei unserer Gruppe [562 nicht transformiert werden, betrachten x, y als Funktionen von x, y und setzen:

$$\frac{\partial \mathrm{x}}{\partial x} = \mathrm{x}', \quad \frac{\partial \mathrm{x}}{\partial y} = x_{,}, \quad \frac{\partial \mathrm{y}}{\partial x} = \mathrm{y}', \quad \frac{\partial \mathrm{y}}{\partial y} = y_{,}, \ldots$$

Sodann bilden wir, um die Inkremente von x', $\mathrm{x}_{,}$, y', $\mathrm{y}_{,}$, … bei der infinitesimalen Transformation Bf zu berechnen, die Gleichungen:

$$\delta(d\mathrm{x} - \mathrm{x}'dx - \mathrm{x}_{,}dy) = 0, \quad \delta(d\mathrm{y} - \mathrm{y}'dx - \mathrm{y}_{,}dy) = 0.$$

Dieselben liefern uns, wenn wir zur Abkürzung:

$$\frac{\partial F}{\partial \mathrm{x}} = F_{\mathrm{x}}, \quad \frac{\partial F}{\partial \mathrm{y}} = F_{\mathrm{y}}$$

setzen, die Werte:

$$\delta \mathrm{x}' = (X_{\mathrm{x}}\mathrm{x}' + X_{\mathrm{y}}\mathrm{y}')\delta t, \quad \delta \mathrm{x}_{,} = (X_{\mathrm{x}}\mathrm{x}_{,} + X_{\mathrm{y}}\mathrm{y}_{,})\delta t,$$

$$\delta \mathrm{y}' = (Y_{\mathrm{x}}\mathrm{x}' + Y_{\mathrm{y}}\mathrm{y}')\delta t, \quad \delta \mathrm{y}_{,} = (Y_{\mathrm{x}}\mathrm{x}_{,} + Y_{\mathrm{y}}\mathrm{y}_{,})\delta t.$$

Daher können wir sagen, daß die Größen: x, y, x$'$, x$_{,}$, y$'$, y$_{,}$ durch eine unendliche Gruppe mit den infinitesimalen Transformationen:

$$X\frac{\partial f}{\partial \mathrm{x}} + Y\frac{\partial f}{\partial \mathrm{y}} + (X_{\mathrm{x}}\mathrm{x}' + X_{\mathrm{y}}\mathrm{y}')\frac{\partial f}{\partial \mathrm{x}'} + (X_{\mathrm{x}}\mathrm{x}_{,} + X_{\mathrm{y}}\mathrm{y}_{,})\frac{\partial f}{\partial \mathrm{x}_{,}} +$$

$$+ (Y_{\mathrm{x}}\mathrm{x}' + Y_{\mathrm{y}}\mathrm{y}')\frac{\partial f}{\partial \mathrm{y}'} + (Y_{\mathrm{x}}\mathrm{x}_{,} + Y_{\mathrm{y}}\mathrm{y}_{,})\frac{\partial f}{\partial \mathrm{y}_{,}} = B'f$$

transformiert werden. Dabei hat man sich zu erinnern, daß X und Y nur der Relation: $X_{\mathrm{x}} + Y_{\mathrm{y}} = 0$ unterworfen sind. Gibt es nun Funktionen von x, y und ihren Differentialquotienten erster Ordnung, welche diese Gruppe gestatten, so müssen sie alle Gleichungen von der Form: $B'f = 0$, oder was auf dasselbe hinauskommt, sie müssen die fünf Gleichungen:

$$(6) \quad \begin{cases} \dfrac{\partial f}{\partial \mathrm{x}} = 0, \ \dfrac{\partial f}{\partial \mathrm{y}} = 0, \quad \mathrm{x}'\dfrac{\partial f}{\partial \mathrm{x}'} + \mathrm{x}_{,}\dfrac{\partial f}{\partial \mathrm{x}_{,}} - \mathrm{y}'\dfrac{\partial f}{\partial \mathrm{y}'} - \mathrm{y}_{,}\dfrac{\partial f}{\partial \mathrm{y}_{,}} = 0, \\[2ex] \qquad \mathrm{y}'\dfrac{\partial f}{\partial \mathrm{x}'} + \mathrm{y}_{,}\dfrac{\partial f}{\partial \mathrm{x}_{,}} = 0, \quad \mathrm{x}'\dfrac{\partial f}{\partial \mathrm{y}'} + \mathrm{x}_{,}\dfrac{\partial f}{\partial \mathrm{y}_{,}} = 0 \end{cases}$$

erfüllen.

Daß diese fünf Gleichungen ein vollständiges System bilden, kann direkt in der bekannten Weise verifiziert werden. Es läßt sich übrigens auch in der folgenden rationellen Weise einsehen.

Da X und Y durch die Gleichung: $X_{\mathrm{x}} + Y_{\mathrm{y}} = 0$ verknüpft sind, so gibt es eine Funktion von x und y, deren Differentialquotienten erster Ordnung bezüglich X und $-Y$ sind. Nehmen wir daher zwei beliebige infinitesimale Transformationen Bf, so besitzen dieselben jedenfalls die Form:

$$B_1 f = \frac{\partial U}{\partial y}\frac{\partial f}{\partial x} - \frac{\partial U}{\partial x}\frac{\partial f}{\partial y}, \qquad B_2 f = \frac{\partial V}{\partial y}\frac{\partial f}{\partial x} - \frac{\partial V}{\partial x}\frac{\partial f}{\partial y}. \qquad [563$$

Durch direkte Berechnung erhält man die Formel:

$$(B_1, B_2) = \frac{\partial(U_y V_x - U_x V_y)}{\partial y}\frac{\partial f}{\partial x} - \frac{\partial(U_y V_x - U_x V_y)}{\partial x}\frac{\partial f}{\partial y},$$

so daß (B_1, B_2) wirklich in Übereinstimmung mit unserem Satze 3 die allgemeine Form Bf besitzt. Setzt man sodann im allgemeinen Ausdrucke der infinitesimalen Transformation $B'f$ zuerst: $X = U_y$, $Y = -U_x$, darnach: $X = V_y$, $Y = -V_x$, so erhält man die beiden Ausdrücke $B_1'f$, $B_2'f$ und verifiziert ohne Schwierigkeit, daß (B_1', B_2') die Form $B'f$ besitzt. Hieraus folgt, daß die fünf Gleichungen (6), auf welche sich der Inbegriff aller Gleichungen: $B'f = 0$ reduziert, ein vollständiges System bilden. Die Lösung dieses Gleichungssystems, nämlich:

$$I = x'y_i - x_i y$$

ist somit die einzige Differentialinvariante erster Ordnung unserer Gruppe.

Da die unabhängigen Variabeln x, y von unserer Gruppe gar nicht transformiert werden, so ist es klar, daß alle Differentialquotienten von I nach x und y selbst Invarianten sind, und da diese Differentialquotienten der Natur der Sache nach durch keine Relation verknüpft sein können, erkennen wir, daß unsere Gruppe (jedenfalls) zwei Differentialinvarianten zweiter Ordnung, drei dritter Ordnung, und überhaupt n Invarianten n-ter Ordnung besitzt.

Daß es soviele Invarianten zweiter, dritter, ..., n-ter Ordnung gibt, ließe sich auch durch Aufstellung ihrer Definitionsgleichungen erkennen. Die Größen x, y mit ihren vier Differentialquotienten erster Ordnung und sechs Differentialquotienten zweiter Ordnung werden nämlich durch eine unendliche Gruppe transformiert, deren infinitesimale Transformationen die Form:

$$B''f = X\frac{\partial f}{\partial x} + Y\frac{\partial f}{\partial y} + X_x A_1 f + X_y A_2 f + Y_x A_3 f + Y_y A_4 f +$$

$$+ X_{xx} A_5 f + X_{yx} A_6 f + X_{yy} A_7 f + Y_{xx} A_8 f + Y_{xy} A_9 f + Y_{yy} A_{10} f$$

besitzen. Dabei sind die $A_\varkappa f$ determinierte Ausdrücke, die von der Form der arbiträren Funktionen: X, Y vollständig unabhängig sind. Der Inbegriff aller Gleichungen: $B''f = 0$ reduziert sich vermöge der Relationen:

$$X_x + Y_y = 0, \quad X_{xx} + Y_{xy} = 0, \quad X_{xy} + Y_{yy} = 0$$

auf die neun Gleichungen:

$$\frac{\partial f}{\partial \mathrm{x}} = 0, \quad \frac{\partial f}{\partial \mathrm{y}} = 0, \quad A_1 f - A_4 f = 0, \quad A_2 f = 0, \quad A_3 f = 0, \qquad [564$$

$$A_5 f - A_9 f = 0, \quad A_6 f - A_{10} f = 0, \quad A_7 f = 0, \quad A_8 f = 0,$$

die ein vollständiges System mit drei Lösungen bilden. Unter denselben ist eine von der ersten Ordnung, nämlich J, während die beiden übrigen von der zweiten Ordnung sind. Durch ein analoges Räsonnement könnten wir die Existenz von drei Invarianten dritter Ordnung und so weiter erkennen.

Unsere unendliche Gruppe bestimmt indes noch andere Reihen von Invarianten, wie hier kurz angedeutet werden mag.

Neben x und y, die bei unserer Gruppe transformiert werden, führen wir drei weitere bei der Gruppe invariante Größen x, y, z ein und betrachten x, y als Funktionen von x, y, z. Dann werden x, y zusammen mit ihren Differentialquotienten durch eine unendliche Gruppe transformiert. Man findet drei Invarianten erster Ordnung:

$$\frac{\partial \mathrm{x}}{\partial x}\frac{\partial \mathrm{y}}{\partial y} - \frac{\partial \mathrm{x}}{\partial y}\frac{\partial \mathrm{y}}{\partial x}, \quad \frac{\partial \mathrm{x}}{\partial x}\frac{\partial \mathrm{y}}{\partial z} - \frac{\partial \mathrm{x}}{\partial z}\frac{\partial \mathrm{y}}{\partial x}, \quad \frac{\partial \mathrm{x}}{\partial y}\frac{\partial \mathrm{y}}{\partial z} - \frac{\partial \mathrm{x}}{\partial z}\frac{\partial \mathrm{y}}{\partial y},$$

acht wesentliche Invarianten zweiter Ordnung, und so weiter.

13. Jetzt wollen wir versuchen, die allgemeine Existenz von Differentialinvarianten einer jeden unendlichen Gruppe nachzuweisen.

Wir denken uns die Variabeln: x, y, . . ., u, v, . . . durch eine unendliche Gruppe:

$$x_1 = F(x, y, \ldots, u, v, \ldots),$$
$$y_1 = \Phi(x, y, \ldots, u, v, \ldots),$$

transformiert. Nehmen wir gewisse weitere bei der Gruppe invariante Größen: z, w, . . . an, so können wir offenbar behaupten, daß auch die vereinigten Gleichungen:

$$\text{(A)} \qquad x_1 = F, \quad y_1 = \Phi, \ldots, z_1 = z, \quad w_1 = w, \quad \ldots$$

eine unendliche Gruppe bilden. Die infinitesimalen Transformationen dieser neuen Gruppe haben die Form:

$$Bf = X\frac{\partial f}{\partial x} + Y\frac{\partial f}{\partial y} + Z\frac{\partial f}{\partial z} + \cdots + U\frac{\partial f}{\partial u} + V\frac{\partial f}{\partial v} + W\frac{\partial f}{\partial w} + \cdots.$$

Dabei sind die Größen Z und W gleich Null, während $X, Y, \ldots, U, V, \ldots$ nur von den $x, y, \ldots, u, v, \ldots$ abhängen und als ihre Funktionen durch die Definitionsgleichungen der Gruppe:

$$\text{(7)} \qquad 0 = A_i X + B_i Y + \cdots + L_i X_x + M_i X_y + \cdots$$

bestimmt sind.

Betrachten wir $u, v, w, \ldots$ wie in Nummer 9 als Funktionen von $x, y, z, \ldots$ und setzen wir:

$$\frac{\partial^{m+n+p+\cdots} F}{\partial x^m \, \partial y^n \, \partial z^p \ldots} = F_{m, n, p, \ldots}, \qquad [565.$$

so werden auch jetzt die Differentialquotienten:

$$u_{m, n, p, \ldots}, \quad v_{m, n, p, \ldots}, \quad w_{m, n, p, \ldots}, \ldots$$

durch die Formeln (A) transformiert.

Es ist zunächst klar, daß die Größen: $x, y, z, \ldots, u, v, w, \ldots$ und die zugehörigen Differentialquotienten erster Ordnung durch eine gewisse unendliche Gruppe transformiert werden. Man findet die infinitesimalen Transformationen $B'f$ derselben, wenn man in der Formel:

$$B'f = Bf + \sum_{m+n+p+\cdots=1} \frac{\delta u_{m, n, p, \ldots}}{\delta t} \cdot \frac{\partial f}{\partial u_{m, n, p, \ldots}} +$$

$$+ \sum_{m+n+p+\cdots=1} \frac{\delta v_{m, n, p, \ldots}}{\delta t} \cdot \frac{\partial f}{\partial v_{m, n, p, \ldots}} + \cdots$$

die Werte der Inkremente:

$$\delta u_{m, n, p, \ldots}, \quad \delta v_{m, n, p, \ldots}, \quad \delta w_{m, n, p, \ldots}, \ldots$$

einführt.

Diese Inkremente, welche nach den Regeln der Variationsrechnung berechnet werden, sind offenbar lineare Funktionen von den Größen $X, Y, \ldots, U, V, \ldots$ und ihren Differentialquotienten erster Ordnung nach $x, y, \ldots, u, v, \ldots$.

Es ist ferner klar, daß die Größen: $x, y, z, \ldots, u, v, w, \ldots$ und die zugehörigen Differentialquotienten erster und zweiter Ordnung durch eine unendliche Gruppe transformiert werden. Die infinitesimalen Transformationen $B''f$ derselben stellen sich dar in der Form:

$$B''f = B'f + \sum_{m+n+p+\cdots=2} \frac{\delta u_{m, n, p, \ldots}}{\delta t} \cdot \frac{\partial f}{\partial u_{m, n, p, \ldots}} +$$

$$+ \sum_{m+n+p+\cdots=2} \frac{\delta v_{m, n, p, \ldots}}{\delta t} \cdot \frac{\partial f}{\partial v_{m, n, p, \ldots}} + \cdots,$$

wo die Inkremente $\delta u_{m, n, p, \ldots}, \ldots$ sich bei der Berechnung als lineare Funktionen von $X, Y, \ldots, U, V, \ldots$ und ihren Differentialquotienten erster und zweiter Ordnung nach $x, y, \ldots, u, v, \ldots$ ergeben.

In entsprechender Weise kann man die allgemeinen Ausdrücke der Größen: $B^{(3)}f, B^{(4)}f, \ldots, B^{(q)}f$ bilden. Unter allen Umständen sind die $B^{(q)}f$ die infinitesimalen Transformationen einer unendlichen Gruppe zwischen: $x, y, z, \ldots, u, v, w, \ldots$ und den entsprechenden Differentialquotienten erster, zweiter, $\ldots$, q-ter Ordnung.

Diese $B^{(q)}f$ haben die Form:

$$B^{(q)}f = X\frac{\partial f}{\partial x} + Y\frac{\partial f}{\partial y} + \cdots + U\frac{\partial f}{\partial u} + V\frac{\partial f}{\partial v} + \cdots + \qquad\text{[566}$$
$$+ X_x A_1 f + X_y A_2 f + X_u A_3 f + X_v A_4 f + \cdots +$$
$$+ V_x C_1 f + V_y C_2 f + V_u C_3 f + V_v C_4 f + \cdots +$$
$$+ X_{xx} D_1 f + \cdots.$$

Die Größen: $A_x f$, $C_x f$, $D_x f$, $\ldots$ aber sind von der Form der Funktionen: X, Y, $\ldots$, U, V, $\ldots$ vollständig unabhängig. Der angegebene Ausdruck von $B^{(q)}f$ läßt sich vereinfachen. Vermöge der Definitionsgleichungen (7) und der aus ihnen durch Differentiation hervorgehenden Relationen können nämlich gewisse von den Größen:

$$\text{(a)}\qquad\qquad X,\ Y,\ \ldots,\ U,\ V,\ \ldots,\ X_x,\ \ldots,\ X_{xx},\ \ldots$$

aus dem Ausdrucke $B^{(q)}f$ weggeschafft werden. Und zwar kann man im allgemeinen erreichen, daß die Anzahl (ν) der in $B^{(q)}f$ zurückgebliebenen Größen (a) kleiner ausfällt als die Anzahl (μ) der Größen x, y, z, $\ldots$, u, v, w, $\ldots$ und der entsprechenden Differentialquotienten erster, zweiter, $\ldots$, q-ter Ordnung.

Daß dies immer möglich ist, beruht darauf, daß man einerseits die Zahl q beliebig groß wählen kann, andererseits darauf, daß es in jedem einzelnen Falle uns frei steht, wieviele bei der Gruppe invariante Größen z, w, $\ldots$ wir einführen wollen.

Setzen wir voraus, daß $\nu < \mu$ ist, so ist der Inbegriff aller Gleichungen von der Form: $B^{(q)}f = 0$ äquivalent mit ν linearen partiellen Differentialgleichungen erster Ordnung mit μ unabhängigen Variabeln. Dabei ist es sicher, daß diese ν Gleichungen ein vollständiges System mit (jedenfalls) $\mu - \nu$ Lösungen bilden: in allen Fällen eine einfache Konsequenz des Satzes 3. Die besprochenen Lösungen sind nach dem vorangehenden Differentialinvarianten q-ter Ordnung unserer Gruppe. Hiermit ist also das angekündigte Theorem erwiesen:

Theorem. *Jede unendliche kontinuierliche Gruppe bestimmt eine unendliche Reihe von Differentialinvarianten, die als Lösungen von vollständigen Systemen definiert werden können.*

Gestattet ein System von Differentialgleichungen q-ter Ordnung unsere unendliche Gruppe, so läßt sich dasselbe im allgemeinen in der Form von endlichen Relationen zwischen den Differentialinvarianten q-ter oder niedrigerer Ordnung darstellen. Ist dies nicht der Fall, so können diese Differentialgleichungen in jedem einzelnen Falle durch einfache Betrachtungen (siehe S. 544 [hier S. 102]) bestimmt werden. Hierauf gehe ich indes bei dieser Gelegenheit nicht näher ein. Dagegen bemerke ich ausdrücklich, daß man, wenn hinlänglich viele Differentialinvarianten gefunden sind, beliebig viele weitere durch Differentiation berechnen kann. Die neuen Invarianten werden gebildet durch Division von Funktionaldeterminanten.

Wir gehen dazu über, die vorangehende Theorie durch eine [567 große Anzahl Beispiele zu illustrieren.

14. Ich betrachte eine beliebige vorgelegte Differentialgleichung zweiter Ordnung:

$$y'' = \Phi(x, y, y').$$

Führe ich nun statt y und x neue Variabeln y_1, x_1 ein durch die Substitutionen:

$$(8) \qquad y_1 = Y(x, y), \quad x_1 = X(x, y),$$

so wird:

$$(9) \qquad y_1' = \frac{Y_x + Y_y y'}{X_x + X_y y'}$$

und:

$$y_1'' = \frac{A y'' + B y'^3 + C y'^2 + D y' + E}{(X_x + X_y y')^3}.$$

A, B, C, D, E bezeichnen gewisse Funktionen von x, y, deren Ausdrücke wir nicht hinzuschreiben brauchen.

In den neuen Variabeln x_1, y_1 erhält somit die Gleichung: $y'' - \Phi = 0$ die Form: $y_1'' - \Phi_1 = 0$, wo:

$$(10) \qquad \Phi_1 = \frac{A\Phi + B y'^3 + C y'^2 + D y' + E}{(X_x + X_y y')^3}$$

ist.

Es ist nun selbstverständlich, daß die Gleichungen (8), (9), (10) eine unendliche Gruppe von Transformationen zwischen den Größen x, y, y', Φ bestimmen, und zwar denke ich mir hierbei zunächst x, y, y' und Φ als vier unabhängige Größen. Diese Gruppe besitzt nach unserem allgemeinen Theoreme mehrere Reihen von unendlich vielen Differentialinvarianten. Es liegt indes in der Natur der Sache, daß wir jetzt nur solche Invarianten zu berücksichtigen brauchen, welche der Annahme entsprechen, daß Φ als Funktion von x, y und y' aufgefaßt wird.

Wir berechnen zuerst den Ausdruck für die infinitesimalen Transformationen Af unserer Gruppe. Setzen wir:

$$\delta x = \xi(x, y)\,\delta t, \quad \delta y = \eta(x, y)\,\delta t,$$

so wird:

$$(11) \quad \begin{cases} \dfrac{\delta y'}{\delta t} = \eta_x + y'(\eta_y - \xi_x) - y'^2 \xi_y = \zeta, \\[2ex] \dfrac{\delta \Phi}{\delta t} = (\eta_y - 2\xi_x - 3y'\xi_y)\Phi - y'^3 \xi_{yy} + y'^2(\eta_{yy} - 2\xi_{xy}) + \\[1ex] \qquad\qquad + y'(2\eta_{xy} - \xi_{xx}) + \eta_{xx} = \varphi \end{cases}$$

und:

$$Bf = \xi \frac{\partial f}{\partial x} + \eta \frac{\partial f}{\partial y} + \zeta \frac{\partial f}{\partial y'} + \varphi \frac{\partial f}{\partial \Phi}.$$

Nunmehr berechnen wir nach den Regeln der Variationsrech- [568 nung die Inkremente der Größen: Φ_x, Φ_y, $\Phi_{y'}$ und setzen:

$$B'f = Bf + \frac{\delta \Phi_x}{\delta t} \frac{\partial f}{\partial \Phi_x} + \frac{\delta \Phi_y}{\delta t} \frac{\partial f}{\partial \Phi_y} + \frac{\delta \Phi_{y'}}{\delta t} \frac{\partial f}{\partial \Phi_{y'}}.$$

Dabei bemerken wir, daß $B'f$ in bezug auf ξ, η und die Differentialquotienten erster, zweiter, dritter Ordnung von ξ, η linear und homogen ist. Ferner ermöglichen es die Definitionsgleichungen (11) unserer Gruppe, die Größen ζ und φ aus den Ausdrücken Bf und $B'f$ wegzuschaffen. In ganz analoger Weise berechnen wir die Ausdrücke $B''f, \ldots, B^{(q)}f$ und erkennen hierdurch wie früher die allgemeine Existenz von Differentialinvarianten unserer Gruppe.

Jede gewöhnliche Differentialgleichung zweiter Ordnung:

$$y'' - \Phi(x, y, y') = 0$$

bestimmt daher beliebig viele Ausdrücke:

$$\Omega(y', \Phi, \Phi_x, \Phi_y, \Phi_{y'}, \Phi_{xx}, \ldots),$$

die sich gegenüber allen Punkttransformationen als Invarianten verhalten.

Wir werden andeuten, wie man Kovarianten der Gleichung:

$$y'' - \Phi(x, y, y') = 0$$

gegenüber allen Punkttransformationen finden kann.

Man setzt:

$$B'f + \frac{\delta y'''}{\delta t} \frac{\partial f}{\partial y'''} = C'f,$$

berechnet $\delta y'''$ in gewöhnlicher Weise als ein lineare Funktion von ξ, η und ihren Differentialquotienten erster, zweiter und dritter Ordnung. Darnach ersetzt man in dem gefundenen Ausdrucke die Größe y'' durch Φ. Alsdann sind die $C'f$ die infinitesimalen Transformationen einer unendlichen Gruppe.

Nunmehr setzt man:

$$B''f + \frac{\delta y'''}{\delta t} \frac{\partial f}{\partial y'''} + \frac{\delta y^{(4)}}{\delta t} \frac{\partial f}{\partial y^{(4)}} = C''f.$$

und ersetzt wiederum überall y'' durch Φ. Dann sind auch die $C''f$ die infinitesimalen Transformationen einer unendlichen Gruppe. Berechnet man in entsprechender Weise die Ausdrücke: $C^{(3)}f, \ldots, C^{(q)}f$

und wählt q hinlänglich groß, so bestimmen die Gleichungen: $C^{(q)}f = 0$ ein vollständiges System. Die Lösungen desselben besitzen die Form:

$$W(y', y''', \ldots, y^{(q+2)}, \Phi, \Phi_x, \Phi_y, \Phi_{y'}, \Phi_{xx}, \ldots)$$

und verhalten sich gegenüber allen Punkttransformationen invariant[1])

Es ist klar, daß man in ganz analoger Weise Invarianten oder [569 Kovarianten der Gleichung: $y'' - \Phi = 0$ gegenüber einer ganz beliebigen unendlichen (oder endlichen) Gruppe von Punkttransformationen berechnen kann.

15. Wir betrachten jetzt einen Ausdruck von der Form $W(x, y, y')$ und werden zeigen, daß derselbe Invarianten (und Kovarianten) gegenüber allen Punkttransformationen besitzt.

Bei der infinitesimalen Punkttransformation:

$$\xi(x, y)\frac{\partial f}{\partial x} + \eta(x, y)\frac{\partial f}{\partial y}$$

erhält y', wie wir wissen, das Inkrement:

$$\frac{\delta y'}{\delta t} = \eta_x + (\eta_y - \xi_x)y' - \xi_y y'^2 = \zeta.$$

Daher sind die Ausdrücke:

$$B'f = \xi\frac{\partial f}{\partial x} + \eta\frac{\partial f}{\partial y} + \zeta\frac{\partial f}{\partial y'}$$

die infinitesimalen Transformationen der unendlichen Gruppe:

$$(12) \qquad y_1 = Y(x, y), \quad x_1 = X(x, y), \quad y_1' = \frac{Y_x + Y_y y'}{X_x + X_y y'}.$$

Führt man nun in $W(x, y, y')$ die neuen Variabeln x_1, y_1, y_1' ein, so erhält W allerdings eine neue Form $W_1(x_1, y_1, y_1')$. Doch besteht die Gleichung:

$$W(x, y, y') = W_1(x_1, y_1, y_1'),$$

und daher muß W als eine bei der Gruppe (12) invariante Größe betrachtet werden.

Dagegen ändern die Differentialquotienten von W nach x, y, y' bei jeder Transformation (12) nicht allein ihre Form, sondern zugleich ihren Zahlenwert. Man berechnet die Inkremente:

$$\delta W_x, \; \delta W_y, \; \delta W_{y'}, \; \delta W_{xx}, \ldots$$

----

1) Es mag übrigens bemerkt werden, daß es bei der Berechnung von Kovarianten der Gleichung: $y'' - \Phi = 0$ nicht notwendig ist, die Größe y'' wegzuschaffen.

wie gewöhnlich und erkennt somit die Existenz von Invarianten:

$$\Omega(y', \ W_x, \ W_y, \ W_{y'}, \ldots)$$

und von Kovarianten:

$$\Phi(y', y'', y''', \ldots, \ W_x, \ W_y, \ W_{y'}, \ldots),$$

die wie immer als Lösungen von vollständigen Systemen definiert sind.

16. Ich betrachte wiederum die unendliche Gruppe aller Punkttransformationen:

$$y_1 = Y(x, y), \quad x_1 = X(x, y).$$

Führe ich in drei Funktionen: f, F und Φ von x, y die neuen Variabeln x_1, y_1 ein, so erhalten sie allerdings neue Formen: f_1, F_1 und Φ_1, während ihre Zahlenwerte ungeändert bleiben, weil ja

$$f = f_1, \quad F = F_1, \quad \Phi = \Phi_1 \qquad\qquad [570$$

ist. Ich betrachte daher f, F und Φ als invariante Größen bei unserer unendlichen Gruppe. Dagegen werden die Differentialquotienten: f_x, f_y, F_x, F_y, Φ_x, Φ_y transformiert, und man erkennt leicht die Existenz von Invarianten von der Form:

$$I(f_x, \ f_y, \ F_x, \ F_y, \ \Phi_x, \ \Phi_y, \ \ldots).$$

Da auch die Größen y', y'', $\ldots$ durch unsere Gruppe transformiert werden, so existieren ebenfalls invariante Ausdrücke von der Form:

$$\Omega(f_x, \ f_y, \ \ldots, \ \Phi_y, \ \ldots, \ y', \ y'', \ \ldots).$$

Bemerkt man, daß die Gleichungen: $f = \text{Const.}$, $F = \text{Const.}$, $\Phi = \text{Const.}$ drei Kurvenscharen bestimmen, und daß diejenige vierte Kurvenschar, welche jene drei nach konstantem anharmonischen Verhältnis schneidet, durch eine Differentialgleichung e r s t e r Ordnung bestimmt wird, so findet man ohne Rechnung eine Kovariante Ω, die nur von den vier Größen:

$$\frac{f_x}{f_y}, \quad \frac{F_x}{F_y}, \quad \frac{\Phi_x}{\Phi_y}, \quad y'$$

abhängt.

17. Ist eine gewöhnliche Differentialgleichung dritter oder höherer Ordnung:

$$y^{(n)} - \Phi(x, \ y, \ y', \ \ldots, \ y^{(n-1)}) = 0$$

vorgelegt, so besitzt dieselbe Invarianten und Kovarianten nicht allein gegenüber allen Punkttransformationen, sondern zugleich gegenüber allen Berührungstransformationen.

Nimmt man zwei oder mehrere Differentialgleichungen, so besitzen dieselben simultane Invarianten und Kovarianten.

Desgleichen bestimmen Ausdrücke von der Form $\Phi(x, y, y', \ldots, y^{(m)})$ Invarianten und Kovarianten.

18. Führe ich in eine Gleichung von der Form:

$$0 = y'' + F_3(x, y)y'^3 + F_2(x, y)y'^2 + F_1 y' + F$$

die neuen Variabeln:

$$y_1 = Y(x, y), \quad x_1 = X(x, y)$$

ein, so erhalte ich eine neue Gleichung von der analogen Form:

$$0 = y_1'' + \Phi_3(x_1, y_1)y_1'^3 + \Phi_2(x_1, y_1)y_1'^2 + \Phi_1 y_1' + \Phi.$$

Dabei sind die $\Phi_\varkappa$ gewisse Funktionen von den F_i und von X, Y mit ihren Differentialquotienten:

$$\Phi_\varkappa = \Pi_\varkappa(F_3, F_2, F_1, F, X_x, X_y, \ldots),$$

und zwar bestimmen die zuletzt geschriebenen Gleichungen zusammen mit: $y_1 = Y$, $x_1 = X$ eine unendliche Gruppe.

Um die zugehörigen Invarianten zu finden, berechnen wir zunächst die $\delta\Phi_\varkappa$ folgendermaßen:

In die Gleichung: [571

$$\delta y'' + \delta y'(3F_3 y'^2 + 2F_2 y' + F_1) + \delta F_3 y'^3 + \delta F_2 y'^2 + \delta F_1 y' + \delta F = 0$$

tragen wir die Werte:

$$\delta y' = \eta_x + (\eta_y - \xi_x)y' - \xi_y y'^2,$$
$$\delta y'' = (\eta_y - 2\xi_x - 3\xi_y y')y'' - \xi_{yy}y'^3 + (\eta_{yy} - 2\xi_{xy})y'^2 +$$
$$+ (2\eta_{xy} - \xi_{xx})y' + \eta_{xx}$$

ein, schaffen y'' weg und verlangen, daß die hervorgehende Relation in bezug auf y' identisch besteht. Hieraus ergibt sich eine Bestimmung der $\delta F_\varkappa$, und wir erkennen die Existenz von Invarianten von der Form:

$$\Omega(F, F_1, F_2, F_3, F_x, F_y, \ldots).$$

19. Führt man in die Gleichung:

$$y'' - F(x, y) = 0$$

neue Variabeln von der Form:

$$(13) \qquad x_1 = \Phi(x), \qquad y_1 = cy\sqrt{\Phi'(x)} + \Pi(x)$$

ein, so erhält man, wie man leicht verifiziert, eine neue Gleichung von der analogen Form:

$$y_1'' - F_1(x_1, y_1) = 0,$$

und zwar ist F_1 eine gewisse Funktion von F, Φ, c und Π:

$$(14) \qquad F_1 = f(F, \Phi, \Pi, c).$$

Da die Gleichungen (13) eine unendliche Gruppe bestimmen, so muß dies ebenfalls von den vereinigten Gleichungen (13) und (14) gelten. Folglich hat die Gleichung: $y'' - F(x, y) = 0$ Invarianten von der Form:

$$\Omega(F, F_x, F_y, \ldots).$$

20. In eine vorgelegte partielle Differentialgleichung zweiter Ordnung:

$$r = F(x, y, z, p, q, s, t)$$

führe ich neue Variabeln:

$$(15) \qquad x_1 = X(x, y, z), \quad y_1 = Y(x, y, z), \quad z_1 = Z(x, y, z)$$

ein und erhalte hierdurch eine neue Gleichung:

$$r_1 = F_1(x_1, y_1, z_1, p_1, q_1, s_1, t_1)$$

Dabei sind p_1, q_1, s_1, t_1 und F_1 gewisse Funktionen:

$$(16) \qquad p_1 = P, \quad q_1 = Q, \quad s_1 = S, \quad t_1 = T, \quad F_1 = \Phi$$

von p, q, s, t, F wie auch von X, Y, Z und ihren Differentialquotienten erster und zweiter Ordnung. Da nun die Gleichungen (15), (16) eine unendliche Gruppe definieren müssen, bestimmt die Gleichung: $r - F = 0$ unendlich viele Differentialinvarianten von der Form:

$$\Omega(p, q, s, t, F, F_x, F_y, \ldots, F_t, \ldots).$$

Wünscht man, diese Invarianten zu berechnen, so muß man [572 zuerst die infinitesimalen Transformationen unserer Gruppe aufstellen. Man geht aus von der infinitesimalen Transformation:

$$\xi(x, y, z)\frac{\partial f}{\partial x} + \eta\frac{\partial f}{\partial y} + \zeta\frac{\partial f}{\partial z},$$

berechnet die entsprechenden Inkremente von p, q, r, s, t und setzt sodann überall F statt r ein. Hernach bestimmt man die Inkremente:

$$\delta F_x, \ \delta F_y, \ \ldots, \ \delta F_t$$

durch **Variation** der Gleichung:

$$dF - F_x dx - F_y dy - F_z dz - F_p dp - F_q dq - F_s ds - F_t dt = 0$$

und fährt sodann in der gewöhnlichen Weise fort.

Daß partielle Differentialgleichungen beliebiger Ordnung Invarianten gegenüber allen Punkttransformationen wie auch gegenüber allen Berührungstransformationen bestimmen, kündigte ich schon 1872 an.

Nimmt man hinlänglich viele Invarianten: $J_1, J_2, \ldots, J_8$ einer **vorgelegten** Gleichung: $r - F = 0$ und berechnet dieselben als Funk-

9*

tionen von x, y, z, p, q, s, t, so ist es immer möglich, durch Elimination Relationen von der Form:

$$\Pi\,(J_1,\ J_2,\ \ldots,\ J_8,\ \ldots) = 0$$

herzuleiten.

Hierauf läßt sich eine naturgemäße Klassifikation aller partiellen Differentialgleichungen: $r - F = 0$ gründen, und offenbar dehnt sich diese Bemerkung auf beliebige partielle Differentialgleichungen aus (Göttinger Nachr. 1872, S. 479 [d. Ausg. Bd. III, Abh. IV, S. 20, Z. 3—1 v. u.]).

Sind mehrere Funktionen von x, y, z, p, q, r, s, t vorgelegt, so bestimmen dieselben offenbar simultane Invarianten und Kovarianten gegenüber allen Punkt- oder Berührungstransformationen.

21. Denken wir uns insbesondere algebraische partielle Differentialgleichungen vorgelegt, so vereinfacht sich die Theorie ihrer Invarianten. Wir wollen insbesondere eine Gleichung von der Form:

$$r + Bs + Ct + D = 0$$

betrachten.

Führen wir neue Variabeln:

$$(17) \qquad x_1 = X(x, y, z), \quad y_1 = Y, \quad z_1 = Z$$

ein, so erhalten wir eine Gleichung von analoger Form:

$$r_1 + B_1 s_1 + C_1 t_1 + D_1 = 0.$$

Dabei sind p_1, q_1, B_1, C_1, D_1 gewisse Funktionen von p, q, B, C, D und X, Y, Z mit ihren Differentialquotienten:

$$(18) \qquad p_1 = P, \ldots, D_1 = F.$$

Die Gleichungen (17), (18) bestimmen nun offenbar eine unendliche Gruppe, deren infinitesimale Transformationen man findet, indem [573 man δp, δq, δr, δs, δt berechnet und diese Werte in die Gleichung

$$\delta r + B\delta s + C\delta t + s\delta B + t\delta C + \delta D = 0$$

einführt. Man erkennt hierdurch die Existenz von Invarianten von der Form:

$$\Omega\,(p,\ q,\ B,\ C,\ D,\ B_x,\ B_y,\ \ldots).$$

Es sei andrerseits vorgelegt eine Monge-Ampèresche Gleichung:

$$rt - s^2 + Ar + Bs + Ct + D = 0.$$

Führt man auf dieselbe eine beliebige Berührungstransformation aus, so erhält man eine neue Gleichung von der analogen Form:

$$r_1 t_1 - s_1^2 + A_1 r_1 + B_1 s_1 + C_1 t_1 + D_1 = 0.$$

Dabei sind A_1, B_1, C_1, D_1 gewisse Funktionen von A, B, C, D.

Hierdurch erhalten wir wiederum eine unendliche Gruppe, die uns Differentialinvarianten von der Form:

$$\Omega\,(x,\,y,\,z,\,p,\,q,\,A,\,B,\,C,\,D,\,A_x,\,A_y,\,\ldots)$$

liefert.

22. Die äußerst wichtige Aufgabe, alle Invarianten der linearen Gleichung:

$$(19) \qquad y^{(r)} + X_{r-1}\,y^{(r-1)} + \cdots + X_1\,y' + Xy = 0$$

gegenüber der unendlichen Gruppe:

$$x_1 = \Phi\,(x), \quad y_1 = y\,F(x)$$

zu finden, ist bekanntlich von Laguerre und noch eingehender von Halphen behandelt worden.

Man kann gleichzeitig die allgemeinere Frage nach den zugehörigen Kovarianten stellen.

Die genannten Mathematiker haben ebenfalls eine Integrationstheorie für diejenigen linearen Gleichungen (19) entwickelt, welche in eine ebensolche Gleichung mit konstanten Koeffizienten transformiert werden können. Diese Theorie subsumiert sich im wesentlichen als sehr spezieller Fall unter meine 1874 angekündigte und 1882—83 im Detail durchgeführte Integrationstheorie von Gleichungen

$$f(x,\,y,\,y',\,\ldots,\,y^{(m)}) = 0$$

mit einer kontinuierlichen Gruppe. (Göttinger Nachr. vom Dez. 1874; Archiv for Math. og Nat. Bd. VII und VIII, 1882—83 [d. Ausg. Bd. V, Abh. I, IX, X, XI, XIV].)

Ich hebe übrigens hervor, daß Halphens schöne Untersuchungen über lineare Differentialgleichungen (Mémoire sur la réduction des équations différentielles linéaires aux formes intégrables, gekrönte Preisschrift, eingeliefert 1880, veröffentlicht 1883) sich ohne weiteres auf solche Gleichungen:

$$f(x,\,y,\,y',\,y'',\,\ldots,\,y^{(m)}) = 0$$

ausdehnen, die durch eine unbekannte Punkt- oder Berührungs- [574 transformation auf eine integrable lineare Gleichung reduktibel sind (Ges. d. Wiss. zu Chr. 1883: Untersuchungen über Differentialgleichungen, III [d. Ausg. Bd. V, Abh. XII, S. 311—313]). Ich behalte mir vor, hierauf zurückzukommen.

23. Eine lineare, partielle Differentialgleichung (zweiter Ordnung):

$$(20) \qquad r + Ss + Tt + Pp + Qq + Zz = 0,$$

deren Koeffizienten $S, T, \ldots, Z$ nur von x und y abhängen, erhält durch eine beliebige Transformation der unendlichen Gruppe:

$$(21) \qquad z_1 = z\cdot F(x,y), \quad x_1 = X(x,y), \quad y_1 = Y(x,y)$$

die ebenfalls lineare Form:

$$r_1 + S_1 s_1 + T_1 t_1 + P_1 p_1 + Q_1 q_1 + Z_1 z_1 = 0.$$

Die neuen Koeffizienten werden als Funktionen der alten durch Gleichungen definiert, die mit (21) vereinigt eine unendliche Gruppe bilden. Man berechnet zuerst die Inkremente: δS, δT, ..., δZ bei einer infinitesimalen Transformation der besprochenen Gruppe, und findet hiernach beliebig viele Invarianten (und Kovarianten) der Gleichung (20) gegenüber unserer Gruppe.

24. Wir bringen nach Gauß Vorgang das Bogenelement einer beliebigen Fläche auf die Form:

$$(22) \qquad ds^2 = E dx^2 + 2 F dx dy + G dy^2.$$

Führen wir nun neue Variable:

$$x_1 = X(x, y), \quad y_1 = Y(x, y)$$

ein, so erhält unser Bogenelement die neue Form:

$$ds^2 = E_1 dx_1^2 + 2 F_1 dx_1 dy_1 + G_1 dy_1^2.$$

Dabei werden E_1, F_1 und G_1 als Funktionen von E, F, G, x, y durch gewisse Relationen bestimmt, die mit: $x_1 = X$, $y_1 = Y$ vereinigt eine unendliche Gruppe bilden. Wünschen wir die von Gauß und seinen Nachfolgern entdeckten Invarianten (und Kovarianten) dieser Gruppe nach meinen allgemeinen Regeln zu finden, so variieren wir erst die Gleichung (22), indem wir ds als Konstante betrachten:

$$\delta E \cdot dx^2 + 2\delta F \cdot dx dy + \delta G \cdot dy^2 +$$
$$+ \{2(E dx + F dy)d\xi + 2(F dx + G dy)d\eta\} \delta t = 0$$

und erhalten hierdurch die Relationen:

$$-\frac{\delta E}{\delta t} = 2 E \xi_x + 2 F \eta_x,$$

$$-\frac{\delta F}{\delta t} = E \xi_y + F \xi_x + F \eta_y + G \eta_x,$$

$$-\frac{\delta G}{\delta t} = 2 F \xi_y + 2 G \eta_y.$$

Darnach bilden wir die Gleichungen: [575

$$\delta(dE - E_x dx - E_y dy) = 0, \ldots$$

und finden so die Werte der Inkremente von E_x, E_y, ..., G_y. Indem wir in bekannter Weise fortfahren, finden wir offenbar zuerst das Gaußsche Krümmungsmaß.

Fügen wir zu der soeben betrachteten Gruppe diejenigen Gleichungen, welche y_1', y_1'', ... als Funktionen von x, y, y', y'', ... bestimmen, so erhalten wir invariante Größen, die Differentialquotienten von y enthalten.

Statt y', y'', ... könnte man eine Funktion Φ (oder auch mehrere Funktionen) von x, y einführen. In den Variabeln x_1, y_1 erhält Φ eine neue Form:

$$\Phi_1(x_1, y_1) = \Phi(x, y),$$

während der entsprechende Zahlenwert ungeändert bleibt. Daher setzen wir: $\delta\Phi = 0$ und ebenso:

$$\delta(d\Phi - \Phi_x dx - \Phi_y dy) = 0,$$

woraus:

$$-\frac{\delta\Phi_x}{\delta t} = \Phi_x \xi_x + \Phi_y \eta_x, \qquad -\frac{\delta\Phi_y}{\delta t} = \Phi_x \xi_y + \Phi_y \eta_y.$$

Setzen wir diese Werte wie auch die früher bestimmten Werte von δE, δF, δG in:

$$B'f = X\frac{\partial f}{\partial x} + Y\frac{\partial f}{\partial y} + \frac{\delta E}{\delta t}\frac{\partial f}{\partial E} + \cdots + \frac{\delta\Phi_x}{\delta t}\frac{\partial f}{\partial \Phi_x} + \frac{\delta\Phi_y}{\delta t}\frac{\partial f}{\partial \Phi_y}$$

ein, so erhalten wir die infinitesimalen Transformationen einer Gruppe. Alle Gleichungen von der Form: $B'f = 0$ haben eine gemeinsame Lösung, nämlich die von Beltrami eingeführte Invariante:

$$\frac{E\Phi_y^2 - 2F\Phi_x\Phi_y + G\Phi_x^2}{EG - F^2},$$

und so weiter.

Die vorangehenden Betrachtungen können durch die Annahme:

$$E = G = 0, \quad \xi_y = \eta_x = 0$$

bedeutend vereinfacht werden.

25. Ist eine partielle Differentialgleichung erster Ordnung in den Variabeln z, x_1, ..., x_n vorgelegt, so kann man, wie ich in den Göttinger Nachr. 1872, S. 479 [d. Ausg. Bd. III, Abh. IV, S. 19f.] angedeutet habe, die Invarianten derselben gegenüber allen Punkttransformationen bestimmen. Darnach könnte man die synthetische Bedeutung der einfachsten dieser Invarianten aufsuchen. Man könnte zum Beispiel versuchen, diejenigen invarianten Relationen aufzustellen, welche bestehen müssen, wenn unsere Gleichung ein vollständiges Integral besitzt, das durch mehrere Relationen zwischen z, x_1, ..., x_n [576 definiert wird. Ich habe noch nicht Zeit gefunden, diese Fragen, mit denen ich mich schon 1872 beiläufig beschäftigte, näher zu diskutieren.

26. In r gegebenen Funktionen $F_1, F_2, \ldots, F_r$ von $x_1, \ldots, x_n,$ $p_1, \ldots, p_n$ führen wir neue Variabeln x_k', p_i' vermöge einer **arbiträren** Berührungstransformation ein, wobei eine Relation von der Form:

$$\Sigma p'\, dx' = \Sigma p\, dx + dV$$

besteht.

In den neuen Variabeln erhält jede Größe F_k eine neue Form F_k', während ihr Zahlenwert ungeändert bleibt. Erinnern wir uns nun, daß jede infinitesimale Berührungstransformation das Symbol (W, f) besitzt, und daß dabei W eine arbiträre Funktion von den x_k, p_k bezeichnet, so stellt man leicht die Definitionsgleichungen aller Differentialinvarianten der Größen F_k gegenüber allen Berührungstransformationen auf. Man verifiziert ohne Schwierigkeit den bekannten Satz, daß alle Ausdrücke (F_i, F_k), $((F_i, F_k), F_j)$, $\ldots$ Invarianten sind, und erkennt überdies, daß alle Invarianten sich durch Wiederholung der Poisson-Jacobischen Operation ausdrücken lassen. (Vgl. hierzu Math. Ann. Bd. VIII, S. 270—273, 297—298 [d. Ausg. Bd. IV, Abh. I, § 16 und § 24, Nr. 51]).[1]

In der soeben zitierten Arbeit erledigte ich die Frage, ob r gegebene Funktionen $F_1, \ldots, F_r$ von $x_1, \ldots, p_n$ durch eine Berührungstransformation in r vorgelegte Funktionen $F_1', \ldots, F_r'$ von $x_1', \ldots, p_n'$ übergeführt werden können. Diese Aufgabe ließ sich auf den Fall reduzieren, daß die F_k unabhängig waren und Relationen von der Form:

$$(F_i, F_k) = \Omega_{ik}(F_1, F_2, \ldots, F_r)$$

erfüllten. Alsdann bestanden die zur Existenz der verlangten Transformation erforderlichen und hinreichenden Kriterien darin, daß die F_k' ebenfalls unabhängig waren und dabei die analogen Relationen

$$(F_i', F_k') = \Omega_{ik}(F_1', \ldots, F_r')$$

befriedigten.

Da sich die F_k bei einer Berührungstransformation als Invarianten verhalten, weil die Gleichungen: $F_k = F_k'$ bestehen, beruhen die soeben besprochenen Kriterien darauf, daß gewisse bei den ursprünglichen Variabeln bestehende Relationen zwischen Invarianten auch bei den neuen Variabeln stattfinden müssen.

---

1) Durch Ausführung der im Texte angegebenen Entwickelungen erkennt man unter anderem, daß die $\frac{1}{2}r(r-1)$ Größen $(F_i F_k)$ wenn r hinlänglich groß ist, durch gewisse von der Form der Funktionen F_k unabhängige endliche Relationen verknüpft sind.

§ 4. Schlußbemerkungen.   [577

27. Stellt man überhaupt die Frage, ob gewisse Differentialgleichungen: $F_k = 0$ oder gewisse analytische Ausdrücke Φ_k durch eine Transformation einer vorgelegten kontinuierlichen Gruppe auf gewisse gegebene Formen gebracht werden können, so erhält man jedesmal leicht als notwendige Kriterien gewisse Differentialrelationen, die gegenüber der betreffenden Gruppe einen invarianten Charakter besitzen.

Fragt man zum Beispiel, wann ein vorgelegter Ausdruck: $X\,dx + Y\,dy$ die Form eines vollständigen Differentials $d\,U$ erhalten kann, so ist die Antwort bekanntlich, daß hierzu das Bestehen der Gleichung: $X_y - Y_x = 0$ erforderlich und hinreichend ist. Diese Bedingungsgleichung wird durch jede Punkttransformation in ungeänderter Form reproduziert.

Die Theorie des **Pfaff**schen Problems gibt in ganz ähnlicher Weise eine Reihe Kriterien, die gegenüber beliebigen Punkttransformationen einen invarianten Charakter besitzen.

Wünscht man zu entscheiden, ob eine Fläche mit dem Bogenelemente:

$$ds^2 = E\,dx^2 + 2F\,dx\,dy + G\,dy^2$$

auf eine andere Fläche mit dem Bogenelemente:

$$ds_1^2 = E_1\,dx_1^2 + 2F_1\,dx_1\,dy_1 + G_1\,dy_1^2$$

abwickelbar ist, so nimmt man nach den von **Minding** gegebenen Regeln gewisse zugehörige Differentialinvarianten A, B, C, berechnet sie für jede der beiden Flächen als Funktionen von x und y, und bestimmt hiernach durch Elimination von x, y die zwischen A, B, C bestehenden Relationen. Findet man nur eine solche, etwa:

$$A = \Omega(B, C),$$

so ist ihre Form das wahre Bild aller Eigenschaften der Fläche, welche bei Biegung ungeändert bleiben. Zwei Flächen sind auf einander abwickelbar, wenn A, B, C für beide Flächen durch dieselbe Relation verknüpft sind. A, B, C sind durch mehrere Relationen verknüpft, wenn die betreffende Fläche in sich ohne Dehnung verschoben werden kann.

Sollen m gegebene Funktionen: F_1, F_2, $\ldots$, F_m von $x_1, \ldots, x_n$, $p_1, \ldots, p_n$ durch eine Berührungstransformation in: $x_1', x_2', \ldots, x_m'$ oder in: $p_1', \ldots, p_m'$ übergeführt werden können, so ist dazu nach meinen alten Untersuchungen notwendig und hinreichend, daß die $\frac{1}{2}m(m-1)$ Ausdrücke (F_i, F_k) sämtlich identisch verschwinden. Dabei ist jede [578

Größe (F_i, F_k) eine Invariante gegenüber allen Berührungstransformationen.

Wünscht man zu entscheiden, ob gewisse Funktionen: $F_1, F_2, \ldots, F_r$ von $x_1, \ldots, x_n, p_1, \ldots, p_n$ durch eine zweckmäßige Berührungstransformation in gewisse gegebene Funktionen: $F_1', \ldots, F_r'$ von $x_1', \ldots, p_n'$ übergeführt werden können, so bildet man nach meinen früher zitierten Untersuchungen eine gewisse Anzahl Invarianten $(F_i, F_k), \ldots$, und bestimmt die zwischen ihnen bestehenden Relationen. Erhält man in beiden Fällen identisch dieselben Relationen, so ist die verlangte Transformation möglich, sonst aber nicht.

Sind immer $F_1, \ldots, F_r$ und $\varrho + 1$ beliebige zugehörige Differentialinvarianten durch eine Relation verknüpft, so gestattet ein jedes unter den F_k $2n - r - \varrho$ wesentlich verschiedene infinitesimale Transformationen. Unter diesen Voraussetzungen bestimmen nämlich die F_k eine Gruppe, deren Polargruppe $2n - r - \varrho$ unabhängige Funktionen enthält.[1])

Fragt man, ob eine gegebene Funktion $F(x, y, z, p, q, r, s, t)$ durch eine Berührungstransformation auf eine gewisse andere Form $F'(x', y', z', p', q', r', s', t')$ gebracht werden kann, so bestimmt man die Differentialinvarianten $J_1, J_2, \ldots$ der Größe F gegenüber allen Berührungstransformationen und berechnet sie als Funktionen von $x, y, z, \ldots, t$:

$$J_k = J_k(x, y, \ldots, s, t).$$

Man findet hierdurch zur Beantwortung der gestellten Frage beliebig viele Relationen:

$$J_k(x, \ldots, t) = J_k'(x', \ldots, t').$$

Erhält man in dieser Weise nie kontradiktorische Gleichungen, so ist die verlangte Transformation möglich.

Gestattet F eine oder mehrere infinitesimale Berührungstransformationen in sich, so sind immer acht beliebige Größen J_k durch eine Relation verknüpft, und so weiter.

Besonders einfach stellt sich die, zuerst von mir erledigte Frage, ob eine gegebene Gleichung: $f(x, y, \ldots, r, s, t) = 0$ auf die Form: $s = 0$, oder auf die Form: $r = 0$ reduktibel ist.

Christiania, 29. Mai 1884.

---

[1]) Siehe hierzu Math. Ann. Bd. VIII, Begründung einer Invariantentheorie der Berührungstransformationen, S. 217 und 270 [d. Ausg. Bd. IV, Abh. I, Einl. und § 16].

XV.

Über die Gruppe der Bewegungen und ihre Differentialinvarianten. [370

Leipz. Ber. 1893, Heft IV, abgeliefert 12. 10. 1893, S. 370—378. Vorgelegt in der Sitzung vom 5. 6. 1893.

Die Begriffe Invariante und kontinuierliche Gruppe sind so alt, wie die Mathematik selbst, wenn sie auch erst am Schlusse des vorigen Jahrhunderts in speziellen Fällen einigermaßen deutlich hervortreten. Der Begriff Differentialinvariante tritt andrerseits, wenn auch in versteckter Form, schon in den ältesten Untersuchungen über Differentialrechnung und Differentialgleichungen hervor.

Der Zusammenhang zwischen diesen Begriffen und ihre allgemeine Bedeutung für die verschiedenen Zweige der Mathematik wurde zuerst von mir entwickelt. Wer daran noch zweifelt, möge unter anderm bedenken, daß meine allgemeinen Theorien nur für solche kontinuierliche Gruppen gelten, die durch Differentialgleichungen definiert werden können. Gibt es auch möglicherweise Mathematiker, die nachträglich den Begriff kontinuierliche Gruppe als selbstverständlich betrachten, so dürften doch alle zugeben, daß es keineswegs selbstverständlich war, daß sich grade für die besprochenen Gruppen eine allgemeine Theorie begründen läßt.

Der dritte und letzte Band meines großen Werkes über endliche kontinuierliche Gruppen, bei dessen Abfassung Herr Professor Dr. Fr. Engel mich unterstützt hat, wird im Laufe des Sommers erscheinen. Es war ursprünglich mein Plan, in diesem Werke auch meine allgemeine Theorie der unendlichen kontinuierlichen Gruppen zu entwickeln. Die Fülle des Stoffes machte dies indes unmöglich. Daher ist es jetzt meine Absicht, mit Unterstützung des Herrn Prof. Engel ein neues Werk über Differentialinvarianten zu veröffentlichen [371 und dabei in einem Abschnitte meine Theorie der unendlichen Gruppen darzustellen. Gleichzeitig gebe ich eine neue Begründung für die Theorie der endlichen Gruppen. In diesem Werke werden andererseits die leitenden Ideen für meine Behandlung der Differentialgleichungen Platz finden, wenngleich eine ausgeführte Darstellung dieser letzten Theorie für die Zukunft vorbehalten werden muß.

I.

1. In den folgenden Zeilen betrachte ich diejenige endliche kontinuierliche Gruppe, die zuerst betrachtet wurde, nämlich die Gruppe der Bewegungen des dreifach ausgedehnten Raumes. Die alte Krümmungstheorie der ebenen und gewundenen Kurven, sowie die Monge-Eulersche Krümmungstheorie der Flächen bilden besondere Kapitel meiner allgemeinen Theorie der Differentialinvarianten der Bewegungsgruppe. Dies ist die wirkliche Sachlage. Dagegen wäre es unrichtig, zu sagen, daß meine Theorie der Differentialinvarianten der Bewegungsgruppe sich mit den genannten Krümmungstheorien deckt.

2. Ich halte es für richtig, auf diesen Punkt ausführlicher einzugehen und nachzuweisen, daß meine Invariantentheorie der Bewegungsgruppe Kapitel enthält, die nicht allein hinsichtlich der Form, sondern auch hinsichtlich des Inhaltes neu sind.

Ein solcher Nachweis hat eine doppelte Berechtigung. Einerseits sind nämlich diese neuen Kapitel sehr interessant, weil sie unter anderm neue Beiträge zur Theorie der Minimalkurven liefern, ebenso zur Theorie der Minimalflächen und zur Theorie derjenigen Berührungstransformationen, die Kreise in Kreise überführen. Andererseits ist aber zu beachten, daß diese meine neuen Theorien für jede Gruppe ihr Analogon haben. Stellt man nämlich, wie ich es getan habe, für eine beliebige kontinuierliche Gruppe die Frage nach den Äquivalenzkriterien zweier Gebilde gegenüber der Gruppe, so hat man immer zunächst zu entscheiden, ob die betreffenden Gebilde allgemein oder singulär sind. Die Äquivalenzkriterien sind wesentlich verschieden, je nachdem die Gebilde singulär oder allgemein sind, während jedoch in beiden Fällen gewisse volle Systeme von Differentialinvarianten die Entscheidung liefern. Die singulären Gebilde zerfallen dabei in besondere Kategorien, deren jede ihre eigene Invariantentheorie besitzt.

3. Nun gestatten allerdings meine allgemeinen Theorien, einer- [372 seits für jede kontinuierliche endliche oder unendliche Gruppe alle zugehörigen Kategorien singulärer Gebilde anzugeben, andererseits für jede derartige Kategorie die zugehörige Invariantentheorie zu entwickeln. Hierbei ist aber zu bemerken, daß eine vollständige und ausführliche Darstellung dieser Theorie noch nicht vorliegt, und daß es infolgedessen selbst für diejenigen, die meine Publikationen ziemlich genau kennen, nicht ganz leicht ist, zu sehen, wie die betreffenden Kriterien in jedem einzelnen Falle gefunden werden können.

II.

4. Die Gruppe der Bewegungen im dreifach ausgedehnten Raume ist erzeugt von den sechs infinitesimalen Transformationen:

$$\frac{\partial f}{\partial x}, \quad y\frac{\partial f}{\partial z} - z\frac{\partial f}{\partial y},$$

$$\frac{\partial f}{\partial y}, \quad z\frac{\partial f}{\partial x} - x\frac{\partial f}{\partial z},$$

$$\frac{\partial f}{\partial z}, \quad x\frac{\partial f}{\partial y} - y\frac{\partial f}{\partial x}.$$

Wünschen wir nun, die Bedingungen für Äquivalenz zweier Kurven gegenüber dieser Gruppe, anders ausgesprochen, die Bedingungen für „Kongruenz" im Euklidischen Sinne zweier beliebiger Kurven zu finden, so muß man folgendes Räsonnement anstellen.

Führt man auf eine gegebene Kurve: $f = 0$, $\varphi = 0$ alle Bewegungen aus, so erhält man eine Kurvenschar:

$$F(x, y, z, c_1, \ldots, c_6) = 0, \quad \Phi(x, y, z, c_1, \ldots, c_6) = 0$$

mit sechs Parametern, die allerdings nicht immer wesentlich zu sein brauchen.

Diese Kurvenschar läßt sich indes in allen Fällen durch ein invariantes System von Differentialgleichungen:

$$\Omega_k(x, y, z, y', z', y'', z'', \ldots) = 0$$

darstellen, wobei y', z', y'', z'', $\ldots$ die Ableitungen von y und z nach x bezeichnen. Ist die gegebene Kurve eine Gerade, so hat dieses Gleichungssystem die Form:

$$y'' = 0, \quad z'' = 0 \tag{[373}$$

und ist somit von zweiter Ordnung. Ist die gegebene Kurve ein Kreis, so hat das zugehörige invariante Gleichungssystem die Form:

$$\varrho = a, \quad \tau = 0,$$

wobei ϱ den Krümmungsradius, $1 : \tau$ den Torsionsradius und a eine Konstante bezeichnen. In diesem Falle besteht somit das invariante System aus einer Gleichung von zweiter Ordnung und einer Gleichung von dritter Ordnung. Ist die gegebene Kurve eine Schraubenlinie, so erhält man wiederum eine Gleichung von zweiter und eine von dritter Ordnung.

5. In den bis jetzt betrachteten Fällen gestatteten die gegebenen Kurven — Gerade, Kreis, Schraubenlinie — eine oder sogar zwei infinitesimale Bewegungen.

Betrachten wir jetzt eine beliebige reelle Kurve, die keine infinitesimale Bewegung gestattet. Alsdann werden alle kongruenten Kurven bekanntlich definiert durch zwei Gleichungen dritter Ordnung:

$$\frac{d\varrho}{ds} = \varphi(\varrho), \quad \tau = \psi(\varrho),$$

in denen s die Bogenlänge bedeutet.

Dies bleibt aber offenbar nicht immer richtig, wenn die gegebene Kurve imaginär ist, weil zum Beispiel der Krümmungsradius:

$$\frac{(x'^2 + y'^2 + z'^2)^{\frac{3}{2}}}{\sqrt{(y'x'' - x'y'')^2 + (z'y'' - y'z'')^2 + (x'z'' - z'x'')^2}}$$

gleichzeitig mit der Bogenlänge:

$$\sqrt{x'^2 + y'^2 + z'^2}$$

verschwindet.

Die bisherige Krümmungstheorie gibt also nicht allgemeingültige Kriterien für die Kongruenz zweier Kurven.

Wir wollen nun zunächst zeigen, daß die Minimalkurven, das heißt die Kurven, deren Länge gleich Null ist, die einzigen sind, für welche die bisherige Krümmungstheorie illusorisch wird. Sodann entwickeln wir die Kriterien für die Kongruenz zweier Minimalkurven und zeigen endlich, daß hiermit ein interessanter Beitrag zur Theorie der reellen wie der imaginären Minimalflächen geliefert ist.

6. Die fünf Größen: [374

$$x,\ y,\ z,\ y',\ z'$$

werden von der Gruppe der Bewegungen durch eine sechsgliedrige Gruppe transformiert, nämlich durch die einmal erweiterte Gruppe:

$$\frac{\partial f}{\partial x}, \quad \frac{\partial f}{\partial y}, \quad \frac{\partial f}{\partial z},$$

$$z\frac{\partial f}{\partial y} - y\frac{\partial f}{\partial z} + z'\frac{\partial f}{\partial y'} - y'\frac{\partial f}{\partial z'},$$

$$x\frac{\partial f}{\partial z} - z\frac{\partial f}{\partial x} + (1 + z'^2)\frac{\partial f}{\partial z'} + y'z'\frac{\partial f}{\partial y'},$$

$$y\frac{\partial f}{\partial x} - x\frac{\partial f}{\partial y} - (1 + y'^2)\frac{\partial f}{\partial y'} - y'z'\frac{\partial f}{\partial z'}.$$

In der zugehörigen Matrix:

$$\begin{vmatrix}
1 & 0 & 0 & 0 & 0 \\
0 & 1 & 0 & 0 & 0 \\
0 & 0 & 1 & 0 & 0 \\
0 & z & -y & z' & -y' \\
-z & 0 & x & y'z' & 1 + z'^2 \\
y & -x & 0 & -(1 + y'^2) & -y'z'
\end{vmatrix}$$

verschwinden die fünfreihigen Determinanten nicht identisch, dagegen verschwinden sie vermöge der Gleichung:

$$1 + y'^2 + z'^2 = 0$$

und nur vermöge dieser Gleichung.

Hiermit erkennen wir, daß der Raum der Linienelemente transitiv transformiert wird, und daß dabei jedes Linienelement:

$$x,\ y,\ z,\ y',\ z',$$

für welches: $1 + y'^2 + z'^2$ von Null verschieden ist, in jedes andere Linienelement allgemeiner Lage übergeführt werden kann.

Betrachten wir jetzt den Raum der Krümmungselemente:

$$x,\ y,\ z,\ y',\ z',\ y'',\ z''$$

und gleichzeitig die Matrix der zweimal erweiterten infinitesimalen Transformationen. Die sechsreihigen Determinanten dieser Matrix [375 verschwinden nicht identisch, sondern nur vermöge: $1 + y'^2 + z'^2 = 0$ oder vermöge: $y'' = 0,\ z'' = 0$.

7. Für krumme Kurven, die keine Minimalkurven sind, existieren daher:

eine Differentialinvariante zweiter Ordnung, nämlich ϱ, und:

zwei Differentialinvarianten dritter Ordnung, nämlich:

$$\tau \text{ und: } \frac{d\varrho}{ds}.$$

Schließen wir daher einerseits alle Geraden, andererseits alle Minimalkurven aus, so dürfen wir behaupten, daß für alle andern Kurven die neun Größen:

$$x,\ y,\ z,\ y',\ z',\ y'',\ z'',\ y''',\ z'''$$

jedenfalls nur durch Gleichungen verbunden sind, die durch Relationen zwischen den drei Größen:

$$\varrho,\ \ \tau,\ \ \frac{d\varrho}{ds}$$

ersetzt werden können.

8. Hier sind nun wieder mehrere Fälle denkbar. Es ist denkbar daß diese drei Größen feste Werte haben; dies tritt ein dann und nur dann, wenn die Kurve eine Schraubenlinie oder ein Kreis ist.

Es ist ferner denkbar, daß unsre drei Größen durch nur zwei Gleichungen verbunden sind.

In diesem Falle müssen diese Gleichungen die Form:

$$\tau = F(\varrho),\ \ \frac{d\varrho}{ds} = \Phi(\varrho)$$

haben; wäre nämlich ϱ konstant und infolgedessen:

$$\frac{d\varrho}{ds} = 0,$$

so müßte auch τ einen konstanten Wert haben, weil keineswegs alle Kurven, welche die Gleichungen:

$$\varrho = \text{Const.}, \quad \frac{d\varrho}{ds} = 0$$

erfüllen, kongruent zu sein brauchen.

Auf der anderen Seite ist leicht zu beweisen, daß zwei Gleichungen von der Form:

$$\tau = F(\varrho), \quad \frac{d\varrho}{ds} = \Phi(\varrho) \qquad\qquad [376$$

immer ∞^6 Kurven bestimmen, die unter einander kongruent sind.

9. Benutze ich meine gewöhnliche Terminologie, so muß ich sagen, daß alle Kurven des Raumes gegenüber der Gruppe der Bewegungen sich in vier Kategorien anordnen, unter denen drei singulär sind, während die vierte Kategorie die allgemeine ist.

Die Schar der Geraden, deren Länge von Null verschieden ist, bildet die erste singuläre Kategorie, die offenbar keine Schwierigkeit darbietet, weil jede Gerade, deren Länge von Null verschieden ist, mit jeder anderen derartigen Geraden kongruent ist.

Die Geraden, deren Länge gleich Null ist, bilden die zweite singuläre Kategorie, die ebenfalls keine Schwierigkeit bietet, da zwei derartige Geraden offenbar kongruent sind.

Die krummen Minimalkurven bilden die dritte singuläre Kategorie. Die Kriterien für Kongruenz zwischen zwei derartigen Kurven sind bis jetzt noch nicht entwickelt worden, sollen aber in dieser Note angegeben werden. Eine besondere Stellung nehmen unter diesen Kurven die Minimalkurven dritter Ordnung ein, weil sie eine infinitesimale Schraubenbewegung gestatten.

Alle übrigen Kurven bilden die allgemeine Kategorie, deren Invariantentheorie mit der gewöhnlichen Krümmungstheorie zusammenfällt. Eine besondere Stellung nehmen die Schraubenlinien ein.

III.

10. Wir wollen nun die Invariantentheorie der Minimalkurven gegenüber der Bewegungsgruppe in kurzen Zügen entwickeln.

Die Minimalkurven treten, wenn auch in analytischer Form, zuerst bei Lagrange, Monge und Legendre auf. Da diese Kurven durch die Gleichung:

$$dx^2 + dy^2 + dz^2 = 0$$

bestimmt sind, so leuchtet ohne weiteres ein, daß alle Minimalkurven durch die Gleichungen:

$$x = \alpha(t), \quad y = \beta(t), \quad z = i\int \sqrt{\alpha'^2 + \beta'^2}\, dt$$

bestimmt sind, in denen zwei arbiträre Funktionen α und β des [377 Parameters t auftreten. Legendre war der erste, der bemerkte, daß es möglich ist, diese Formeln durch andere zu ersetzen, die kein Integralzeichen, sondern nur Differentialquotienten enthalten. Enneper und Weierstraß gaben diesen Formeln die zweckmäßige Form:

$$x = (1 - s^2)\, F''(s) + 2s\, F' - 2F$$
$$iy = (1 + s^2)\, F''(s) - 2s\, F' + 2F$$
$$z = 2s\, F''(s) - 2F',$$

wobei allerdings zu bemerken ist, daß diese Verfasser nirgends explizite über Kurven von der Länge Null reden.

11. Führt man nun auf eine Minimalkurve alle Bewegungen aus, so werden auch die Größen s und F transformiert, und zwar durch Gleichungen von der Form:

$$s_1 = S(s), \quad F_1 = \Phi(s, F),$$

welche überdies sechs Parameter enthalten, weil die Bewegungen von sechs Parametern abhängen. Diese Gleichungen, die wir folgendermaßen schreiben:

$$s_1 = S(s, a_1, a_2, \ldots, a_6), \quad F_1 = \Phi(s, F, a_1, \ldots, a_6),$$

bilden nun ihrerseits eine sechsgliedrige Gruppe, und zwar in meiner Terminologie eine sechsgliedrige Gruppe von Punkttransformationen der Ebene (s, F).

Daß die Sache so steht, ist keineswegs von vornherein evident. Zur Illustration bemerke ich, daß zwar alle ∞^{10} konformen Transformationen des Raumes Minimalkurven in Minimalkurven überführen, daß aber die Größen s und F in diesem Falle keineswegs durch eine Gruppe von Punkttransformationen, sondern durch eine Gruppe von Berührungstransformationen:

$$s_1 = S\left(s, F, \frac{dF}{ds}, a_1, \ldots, a_{10}\right),$$
$$F_1 = \Phi(\,.\;.\;.\;.\;.\;.\;.\;.\,),$$
$$\frac{dF_1}{ds_1} = \Psi(\,.\;.\;.\;.\;.\;.\;.\;.\,)$$

transformiert werden.

12. Werden aber die Minimalkurven durch alle Bewegungen [378 des Raumes transformiert, so erhält man, wie schon gesagt, in der Ebene (s, F) eine sechsgliedrige Gruppe von Punkttransformationen, die offenbar mit der Bewegungsgruppe des Raumes gleichzusammengesetzt ist. Hieraus läßt sich nun unmittelbar schließen, daß die besprochene Gruppe von Punkttransformationen jedenfalls mit der Gruppe:

$$\frac{\partial f}{\partial F}, \quad s\frac{\partial f}{\partial F}, \quad s^2\frac{\partial f}{\partial F},$$

$$\frac{\partial f}{\partial s}, \quad s\frac{\partial f}{\partial s} + F\frac{\partial f}{\partial F},$$

$$s^2\frac{\partial f}{\partial s} + 2Fs\frac{\partial f}{\partial F}$$

ähnlich, wenn nicht identisch sein muß.

Die Differentialinvarianten der soeben aufgestellten Gruppe habe ich nun längst berechnet. Es gibt eine invariante Differentialgleichung dritter Ordnung: $F'''(s) = 0$, eine Differentialinvariante fünfter Ordnung J_5 und eine Invariante sechster Ordnung J_6. Zwei krumme Minimalkurven sind kongruent dann und nur dann, wenn J_5 und J_6 dieselbe Gleichung erfüllen.[1]

---

1) An anderer Stelle behandle ich die hier berührten Fragen eingehender.

wirklich wie oft von mir ange-
kündigt (vgl z. B. Math. Ann
Bd XI, S. 600), die Integrationsprobleme auf die Theilgleichun-
gen zurückführt, deren Ordnung
sich nicht erniedrigen läßt.
Einen Theil dieses Beweises findet man übrigens schon in
Math. Ann Bd 25. Die neueren
Untersuchungen über die
Zusammensetzung der ein-
fachen Gruppen haben mir
gestattet, wie ich in meinen
Vorlesungen schon b öfter
hervorgehoben habe, meinen
ursprünglichen, nie
im Drucke erschienenen
Beweise zu vereinfachen)

E. Study.

JAHRESBERICHT DER DEUTSCHEN MATHEMATIKER-VEREINIGUNG

IN MONATSHEFTEN HERAUSGEGEBEN VON

A. GUTZMER

IN HALLE A. S.

SIEBZEHNTER BAND.

MIT DEN BILDNISSEN VON ENNO JÜRGENS, HEINRICH MASCHKE UND ADOLF MAYER
SOWIE 8 FIGUREN IM TEXT.

LEIPZIG,

DRUCK UND VERLAG VON B. G. TEUBNER.

1908.

Kritische Betrachtungen über Lies Invariantentheorie der endlichen kontinuierlichen Gruppen.

Von E. Study in Bonn.

> Ich bin gewillt ein Bösewicht zu werden.
> (Richard III. 1. Aufzug, 1. Szene.)

In dem zusammen mit Herrn G. Scheffers und in den Einzelheiten von diesem ausgearbeiteten Werke „Vorlesungen über kontinuierliche Gruppen" (Leipz. 1893) hat sich S. Lie (insbesondere auf Seite 665 und Seite 748) über die Tragweite geäußert, die er seiner Invariantentheorie der endlichen kontinuierlichen Gruppen zuschrieb. Es heißt dort unter anderem, *diese Theorie führe stets zum gewünschten Ergebnis, eine endliche Zahl von Kriterien für die Äquivalenz zweier Mannigfaltigkeiten[1]) aufzustellen.*

Danach wäre also eines der großen Probleme der Geometrie, das bis dahin nur in einigen sehr speziellen Fällen hatte bezwungen werden können, soweit gelöst, als man Probleme so allgemeinen Charakters nur irgend zu lösen vermag.

Wir wissen nicht, ob in den vierzehn Jahren, die seit Erscheinen des genannten Werkes verflossen sind, die zitierte Behauptung und die

---

1) Gemeint sind analytische Mannigfaltigkeiten des (reellen und) komplexen Gebietes. Hat man eine endliche kontinuierliche Gruppe und im Raume dieser Gruppe zwei Mannigfaltigkeiten von gleicher Dimensionenzahl, so heißen diese *äquivalent*, wenn es mindestens eine Transformation der Gruppe gibt, die die erste Mannigfaltigkeit in die zweite überführt. Die Tragweite des hieraus sich ergebenden Äquivalenzproblems erhellt daraus, daß äquivalente Mannigfaltigkeiten in der durch die Gruppe bestimmten Art von Geometrie auch äquivalente Eigenschaften haben, bei geeigneter Ausbildung der Terminologie mit ganz denselben Worten beschrieben werden können, während bei nicht-äquivalenten Mannigfaltigkeiten das niemals vollständig zutreffen kann. Geläufige Beispiele für diesen Äquivalenzbegriff und seine ökonomische Bedeutung bieten die Begriffe der Kongruenz, der kollinearen Beziehung, der eigentlichen Kreisverwandtschaft usw. In der Invariantentheorie der Kollineationsgruppe hat das zugehörige Äquivalenzproblem stets eine zentrale Stellung eingenommen. Allgemein bekannt ist die Methode der Elementarteiler. Die Äquivalenzprobleme der Differentialgeometrie, deren einfachstes wir hier zu besprechen haben werden, sind insofern von anderer Art, als man es bei ihnen mit sogenannten willkürlichen Funktionen zu tun hat. Was in solchen Fällen Lösung genannt wird, ist im Grunde nur eine systematische Vorbereitung der Lösung, die vollständig nur unter besonderen Voraussetzungen erfolgen kann.

zugehörigen ziemlich umfangreichen Erläuterungen (in Kap. 22 und Kap. 23) jemals einer Kritik unterworfen worden sind. Die Annahme, daß in dieser ganzen Zeit kein Sachverständiger dem Gegenstande genügende Aufmerksamkeit geschenkt habe, ist leider wohl nicht ohne weiteres von der Hand zu weisen, so betrübende Perspektiven sie auch eröffnet. Doch mag es aufgefallen sein, daß hier eine starke Übertreibung vorliegen muß. Aber vielleicht wird man dann gemeint haben, daß es nicht der Mühe wert sei, der Sache auf den Grund zu gehen, oder daß es eine undankbare Aufgabe sei, die öffentliche Aufmerksamkeit darauf hinlenken zu wollen. Wie oft ist nicht eine an sich schon unerquickliche Polemik in ein nutzloses Hin- und Wider- und Aneinander-vorbei-Reden ausgelaufen, wie manche hat nicht schon mehr zur Verwirrung der Meinungen beigetragen als zur Aufklärung; weshalb man wirklich nicht ohne ernste Befürchtungen an eine solche Aufgabe herantreten kann. Aber die auf eine selbst umfangreiche Kritik zu verwendende Zeit und Mühe können wir da nicht für schlecht angewendet halten, wo nicht ein kleines örtliches Leiden vorliegt, sondern alle Symptome auf ein weit verbreitetes und eingewurzeltes Übel hinweisen. Und eine sei es vornehme und bequeme, sei es ängstliche Zurückhaltung wird es nicht verhindern, daß Mißgriffe Folgen nach sich ziehen. Seichte Zufriedenheit, die allenthalben „erledigte Probleme" sehen will, und vor unbequemen Tatsachen die Augen zu schließen liebt, verführt ohnehin schon häufig genug dazu, daß auf unsoliden Fundamenten weitergebaut wird; wenn aber wissenschaftliche Mythenbildungen von Trägern berühmter Namen ausgehen, so haben sie auf ihrer Seite auch noch die Autoritätsgläubigkeit, den Heroenkultus. In diesem Falle ganz besonders scheint eine rücksichtslose Zerstörung der Illusionen die einzige angemessene Politik — über deren Wirkung man sich übrigens nicht allzu sanguinischen Hoffnungen hingeben darf. *Für dringend erwünscht halten wir vor allem, daß gewissen betrübenden Erscheinungen von allgemeinerer Verbreitung auf den Grund gegangen werde;* es hat wenig Sinn, perennierende Unkräuter ausraufen zu wollen und die im Boden schleichenden Wurzeln in Ruhe zu lassen.[1]) Und wenn man gewisse Autoren überhaupt erreichen will,

---

1) Wir können eine Wiederholung von sonst schon Vorgetragenem nicht vermeiden. Wir haben aber auch kaum Veranlassung dazu, ihr aus dem Wege zu gehen. Frühere Darlegungen verwandten Inhaltes scheinen wenig bekannt geworden zu sein, sicher aber sind sie von Denen gar nicht beachtet worden, an deren Adresse sie zunächst gerichtet waren. Nur eine lange Reihe von möglichst verschiedenartigen Beispielen wird *vielleicht* imstande sein, schließlich der Ansicht zum Siege zu verhelfen, daß mit gewissen Gewohnheiten aufgeräumt werden muß.

die als Verfasser von Lehrbüchern nicht ohne Einfluß sind, so muß man sich auch einer sehr deutlichen Sprache bedienen und besonders Sorge tragen, daß die Grenzlinie zwischen Richtig und Falsch überall klar zu erkennen sei; mit halben Andeutungen ist es nicht getan[1]. Übrigens aber wird es auch besser der Achtung entsprechen, die wir einem bedeutenden Geiste schulden, wenn nichts vertuscht und nichts beschönigt wird, wenn vielmehr die Dinge bei ihren richtigen Namen genannt werden; wenn man sich die Mühe nimmt, seinen Gedankengang zu analysieren; wenn man also zu ermitteln sucht, wie vieles von den erhobenen Ansprüchen allenfalls gerechtfertigt sein mag, und welches denn die Quelle des Irrtums oder der Irrtümer sein möge, die etwanige Urteilstäuschungen verursacht haben.[2] Und wenn dann, wie es sein kann, das nach des Beurteilers Meinung Bleibende und Wertvolle stark in den Hintergrund tritt gegenüber dem, was er verneinen zu müssen glaubt, wenn also der Kritiker den wohlfeilen, weil Sachkenntnis nicht erfordernden Tadel wegen zu abfälliger Urteilsbildung fast mit Sicherheit wird über sich ergehen lassen müssen, in keinem Falle aber hoffen kann, es allen recht zu machen, so soll er sich gleichwohl nicht zurückhalten lassen, wenn er nur bei gewissenhafter Selbstprüfung Denen zu nützen glauben darf, denen die Sache am Herzen liegt. Denn „bekanntlich — sagt ein geistvoller Jurist — leisten Irrtümer der Wahrheit nicht selten die förderlichsten Dienste, indem sie Veranlassung geben entweder noch unbekannten Wahrheiten auf die Spur zu kommen, oder schon bekannte an ihrem Gegensatz recht klar zur Anschauung zu bringen, oder an ihnen einen vielleicht weit greifenden verborgenen Grundirrtum aufzudecken, welcher auch sonst, wenngleich in minder auffallenden Beispielen, doch nicht auf minder nachteilige Weise, das Urteil irre zu leiten pflegt. In der letzten Beziehung können Verirrungen besonders alsdann recht dankenswert sein, wenn der Grundirrtum, aus welchem sie stammen, in ihnen gewissermaßen sein Äußerstes erreicht hat, weil sich dieser alsdann jedem gesunden Sinn leicht von selbst, als das was er ist, zu erkennen gibt."[3]

---

1) Es ist schwer, sich von der Oberflächlichkeit einiger Schriftsteller eine zutreffende Vorstellung zu machen. Kritik und Berichtigung genügen auch zusammengenommen noch nicht immer, um Verfehltes aus der Welt zu schaffen, und es ist schon dagewesen, daß der Kritiker eben für die von ihm bekämpfte Behauptung verantwortlich gemacht worden ist.

2) Einer solchen Untersuchung kann unter Umständen auch ein selbständiges Interesse zukommen, insofern sie einen Beitrag liefert zur pathologischen Psychologie gewisser Werturteile, deren vielfach dunkeln Entstehungsgründen nachzuspüren auch in einigen anderen Fällen lehrreich sein dürfte.

3) Anselm v. Feuerbach, Aktenmäßige Darstellung merkwürdiger Ver-

Zu einer Kritik dieser Art hat nun Lie selbst die Handhabe geboten, indem er, neben einigen mehr skizzenhaft gehaltenen Entwürfen, auf die wir nicht eingehen wollen, ein Beispiel für die Anwendung seiner Theorie ziemlich ausführlich bearbeitet hat, nämlich das Äquivalenzproblem der analytischen Raumkurven gegenüber (komplexen) Euklidischen Bewegungen.[1]) Die Frage, wann zwei analytische Kurven zueinander kongruent sind, ist ohnehin nicht zu umgehen, dabei auch nicht übermäßig verwickelt: Daher eignet sich dieses Problem trefflich zur Prüfung der Tragweite der allgemeinen Theorie. Es ist überdies auch von Lie selbst geradezu als ein *Muster* hingestellt worden *„wie man überhaupt Invariantentheorien gegebener Gruppen entwickeln sollte“*. Nebenbei enthalten die letzten Worte eine unverkennbare Spitze gegen die algebraische Invariantentheorie der Kollineationsgruppe. Hat doch diese Theorie in der Tat nur nach Überwindung großer Schwierigkeiten einiges von dem zu leisten vermocht, was Lies Theorie ganz allgemein und mit Leichtigkeit zu leisten scheint. Wir haben also noch einen Grund mehr, die Sache nicht länger auf sich beruhen zu lassen.

Bevor wir in unsere Erörterung eintreten, bemerken wir noch, daß wir uns nicht die Aufgabe stellen wollen oder auch nur stellen können, den vielleicht richtigen Gedanken nachzuspüren, die Lie etwa „vorgeschwebt“ haben mögen. Wir würden dann auf mehr oder minder haltlose Vermutungen angewiesen sein. Wir werden uns vielmehr an die einzige sichere Basis einer jeden Kritik halten, nämlich an den vorliegenden *Wortlaut*. Das genannte Werk erhebt ja auch als Lehrbuch, das sogar Anfängern zugänglich sein soll, den Anspruch, aus sich selbst heraus und ohne Interpretationskünste verstanden werden zu können. Wir haben allerdings vor Augen das Beispiel gemütvoller Rezensenten, die die schöne Kunst verstehen, zwischen den Zeilen zu lesen, und die über Mängel aller Art freundlich hinweggleiten. Es will uns aber dünken, daß solche gewiß sehr schätzenswerte Herzensgüte nicht auf Kosten des Publikums geübt werden sollte.

Wollen wir jedoch nicht zu einem unbilligen Urteil kommen, so dürfen wir uns gleichwohl nicht durch störende Einzelheiten den Blick für das Ganze trüben lassen. Die in „behaglicher“ Breite dahin-

---

brechen. Bd. II, Gießen 1829. S. 638. *Bloß zum Zwecke dieser Nutzanwendung* wird dann ein Rechtsfall erzählt, der „durch nichts merkwürdig ist als durch einen merkwürdigen Rechtsirrtum.“

1) Lie und Scheffers, a. a. O. Kap. 21. Eine gleichzeitige kürzere Mitteilung (Leipz. Ber. 1893, S. 370) ist von S. Lie allein gezeichnet.

fließende[1]) und dabei doch flotte Vortragsweise, bei der es auf etliche kleine Ungenauigkeiten mehr oder weniger nicht ankommt, gehört vor allem zu den „berechtigten" Eigentümlichkeiten des Bearbeiters und wird ohne Zweifel von Herrn Scheffers selbst als solche in Anspruch genommen; auch für die Vorführung nicht ganz richtiger (und folglich *nicht* richtiger) Behauptungen gibt es ja zuweilen Gründe[2]). Jedenfalls wollen wir unterscheiden zwischen der Sache und der Form, in der sie uns zufälliger Weise entgegengebracht worden ist.

Als nebensächlich kann es wohl schon nicht mehr gelten, daß die stark betonte und zu anspruchsloseren Untersuchungen (die übrigens zum Teil von Lie selbst herrühren) in Gegensatz gestellte *Vollständigkeit* der Theorie keineswegs erreicht worden ist, daß die große Familie der in sogenannten Minimalebenen gelegenen krummen Linien gar nicht zum Vorschein kommt.[3]) Es fehlt damit sozusagen die Hälfte des gegenüber der Geometrie im reellen Gebiete eigentlich neuen Stoffs. Wiewohl der Begriff der Minimalebene Lie sehr geläufig war, scheint doch diese Lücke, aus der später noch eine Reihe mehr oder minder irrtümlicher Behauptungen hervorgegangen ist[4]), in Lies Theorie der Raumkurven sich mit einer gewissen Notwendigkeit eingestellt zu haben. Wenigstens trifft der Satz, daß bestimmte Familien von Kurven durch

---

1) Einige Ausführlichkeit war bei der pädagogischen Tendenz des besprochenen Werkes in der Tat wohl gerechtfertigt.

2) Nämlich Gründe „pädagogischer" Natur. G. Scheffers, Leipz. Ber. 1899, S. 148. Vielleicht gibt es auch noch philosophische Gründe.

3) Minimalebene heißt jede eigentliche Ebene, die den absoluten Kegelschnitt berührt. Ihre Gleichung in rechtwinkligen kartesischen Koordinaten ist

$$Ax + By + Cz + D = 0,$$

wo A, B, C der Gleichung $A^2 + B^2 + C^2 = 0$, aber nicht den Gleichungen $A = B = C$ genügen.

4) G. Scheffers, Theorie der Kurven (Leipz. 1901): Lehrsätze 13 (S. 185) 22, 23 (S. 207) 25, 26 (S. 219) 27 (S. 221). Man sieht an diesem Beispiel, wie nötig wir eine Kritik hätten, die diesen Namen verdient. Selbst Fehler, die in verbreiteten und vielgelesenen Lehrbüchern stehen, können lange Zeit unbeachtet bleiben. Will es das Glück, so fressen sie mittlerweile um sich gleich bösen Geschwüren. Besonders bedauerlich ist es, daß auch die mathematische Enzyklopädie von solchem Übel nicht verschont bleibt.

Die Minimalebenen selbst sind, als Lösungen gewisser Probleme, ebenfalls öfter nicht beachtet worden; so bei Darboux, Théorie des surfaces, I. p. 148—151, und bei Lie und Scheffers. Verunglückt ist auch der Lehrsatz 9 (S. 29) im Lehrbuch der Flächentheorie von Scheffers, worin die Kategorie der Subsumption auf unzulässige Art verwendet wird, und die Minimalebenen mit gewissen Zylindern verwechselt werden.

je zwei Differentialgleichungen sich erschöpfend sollen kennzeichnen lassen (S. 687) im genannten Falle nicht zu. Die Beweisgründe aber für diesen Lehrsatz, der in Lies Theorie eine zentrale Stellung einnimmt, bestehen in einer Art von *Konstantenabzählung*, wie Lie sie auch sonst verwendet hat. Wir würden diesem Verfahren auch bei richtigem Ergebnis (*unter anderem*) deshalb keine Überzeugungskraft zuschreiben können, weil dabei gewisse sogenannte überzählige Gleichungen als *überflüssig* hingestellt und einfach weggelassen werden. *Es wird so der sehr ins Gewicht fallende Unterschied zwischen analytischen Mannigfaltigkeiten und Systemen von solchen verwischt.*

Der Fehler ist derselbe, den ein Mathematiker begehen würde, der irgend eine Raumkurve als Schnitt von drei Flächen erhalten hat, oder vielmehr annimmt, daß er sie so erhalten hätte, und der nun aus den Dimensionenzahlen schließen wollte, daß schon zwei dieser Flächen zur Bestimmung der Kurve hinreichen werden.

Versuchen wir, dieses befremdliche, ja zunächst vielleicht kaum glaubliche Vorkommnis wenigstens einigermaßen zu verstehen!

Überall in Lies Schriften bemerken wir das Streben, mit der überlieferten allgemein bekannten Kunstsprache (und mit dem einem jeden geläufigen Apparat von x, y, z) auszukommen. Wiewohl wir gerade ihm eine Reihe sehr glücklich gewählter Termini technici verdanken, vermissen wir doch manchmal ein geeignetes Wort (und öfter noch dem Gedanken adäquate Formeln) auch da, wo der Stoff es gebieterisch zu verlangen schien. Er, der so originell in seinen Gedankengängen und so kühn in der Wahl seiner Probleme war, hat sich — gleichviel ob aus Überzeugung oder aus Indifferenz oder widerwillig — vor der öffentlichen Meinung gebeugt, die, mit einem durch Mißbrauch hervorgerufenen Anscheine von Recht, von terminologischen Neuerungen nun einmal nicht viel wissen will. Da aber die geläufigen Ausdrucksmittel unmöglich allen künftigen Bedürfnissen angepaßt sein konnten, *und da sie überdies an sich schon häufig der Präzision entbehrten*, so ist Lie, in einigen Gebieten fast regelmäßig, in die Lage gekommen, sich mit einer unvollkommenen Ausprägung seiner Gedanken begnügen zu müssen. Wie weit ihm selbst das zum Bewußtsein gekommen ist, wissen wir nicht zu sagen. Ob zum Beispiel Lie jemals Anstoß daran genommen hat, daß verschiedene Begriffe (wie Punkt und eigentlicher Punkt) durch ein einziges Wort („Punkt") bezeichnet werden, darf man als zweifelhaft betrachten. In einigen Fällen aber mag er wohl den Mangel genügender Ausdrucksmittel schmerzlich empfunden haben. Die Wirkungen der einmal eingetretenen Gewöhnung konnte das jedoch nicht verhindern. Es fehlt demnach auch nicht an Wendungen, die nur als nachlässig bezeichnet werden können. Wenn Lie z. B. sagte, daß drei „unabhängige“ Gleichungen zwischen Ebenenkoordinaten „eine Ebene bestimmen,“ so kann er unmöglich darüber im unklaren gewesen sein, daß *kein* mathematischer Gedanke sich mit diesen Worten korrekt beschreiben läßt. Die Analogie mit dem Fall, den wir im Auge haben, ist unverkennbar: *Formell liegt beidemal derselbe Fehler vor*; ein Unterschied besteht jedoch darin, daß das Unrichtige einmal mit Bewußtsein vorgetragen wird, das andere Mal nicht. Wenn nun aber ein Autor Unzutreffendes etwa „der Kürze halber“, oder z. B. „aus pädagogischen Gründen“ oder aus welchen Gründen auch immer, jedenfalls aber *aus Gründen* behauptet, so kann man daraus schwerlich schließen, daß er das Richtige sich genügend klar gemacht, seinen, wie natürlich, zunächst formlosen Gedanken deutlich gebildet habe; und wenn man das annehmen will, so folgt weiter noch nicht, daß man jene Gründe anzuerkennen braucht. Mindestens wird in solchen Fällen, deren es viele gibt, *eine mangelhafte Einsicht in die Lebensbedingungen der mathematischen Wissenschaft* zu konstatieren sein. Der Aufgabe, uns eine deutliche Sprache zu bilden, da, wo wir sie nicht fertig vorfinden, können wir uns nur zum Schaden der Wissenschaft und zu unserem eigenen Schaden entziehen, da Logik nicht in der Luft schweben kann und dem ganzen Gebäude mangeln wird, wo sie den Grundlagen fehlt. Unsere Denkprozesse sind mit den Worten der Sprache (wozu, bei dem Mathematiker, auch die Kunstsprache der Formeln gehört), so eng verwachsen, daß folgerechtes Denken bei inkorrekten oder gar saloppen Redeformen nahezu ein Ding der Unmöglichkeit sein muß. Wer erst dort mit sorgfältiger Arbeit beginnen will, wo (nach seiner Meinung) die Schwierigkeiten anfangen, der tut es zu spät. Die Logik ist eine anspruchsvolle Dame, und sie versteht keinen Scherz. Begegnet man ihr nicht mit größter Aufmerksamkeit, so wendet sie sich ab und läßt schweigend es geschehen, daß die erst gleichsam nur im Spiel mißachtete Grenzlinie zwischen Richtig und Falsch endgültig überschritten wird. Ein launenhaftes Geschöpf aber ist bekanntlich die öffentliche Meinung. Wohl drückt sie zuweilen und auch lange Zeit hindurch gerne die Augen zu, nehmen aber, wie unvermeidlich, die „kleinen Ungenauigkeiten“ unerwünschte Dimensionen an, so gibt sie auch ihre Lieblinge preis. Daß man ihr mit der Aufdeckung solcher Mängel immer gerade einen Gefallen täte, soll hiermit nicht gesagt werden.

Nicht überall liegt der fatale Kausalnexus, der unter allen Fehlerquellen in der Mathematik vielleicht die hauptsächlichste ist, so offen zutage wie in unserem Beispiel. Ähnliche Vorkommnisse ziehen sich jedoch in ungeheurer Verbreitung durch die ganze Geometrie, deren

10*

Vertreter in einer Zeit, wo die Analysis von den ihr anhaftenden Schlacken befreit wurde, eine Sonderexistenz geführt zu haben und mit Binden vor den Augen dahingewandelt zu sein scheinen; und auf die mannigfaltigste Art offenbart sich die in der Literatur aller Kulturvölker fast allgemeine Gleichgültigkeit gegen logisch-korrekten Ausdruck geometrischer Gedanken. Wir denken unter anderem an den Mißbrauch, der mit gewissen Worten (im allgemeinen, beliebig, immer, alle, jeder) getrieben zu werden pflegt; an die „stillschweigend eingeführten" (oder, wie es gar heißt, stillschweigenden) und also fehlenden Voraussetzungen; an die uferlosen Definitionen und chamäleontischen Begriffe, an die Widersprüche überhaupt, von denen die Literatur voll ist; sowie auch an jene zahlreichen Rezensionen, die wirken müssen wie Prämien auf die Veröffentlichung von möglichst vielen und unfertigen Arbeiten.[1])

Wir können auf dieses betrübende Thema, das der Verfasser leider schon früher zu behandeln Anlaß gehabt hat, nicht auch hier näher eingehen. Doch wollen wir noch darauf hinweisen, daß es eine Gefahr für die ganze Mathematik bedeutet, wenn auch nur eines ihrer Gebiete so verwildern darf. Ohnehin unterscheidet man bereits zwischen „richtigen" und „genau richtigen" Lehrsätzen sowie zwischen „mehr elementaren" und „mehr logischen" Beweisen, wobei die weniger logischen Beweise den Vorzug zu haben scheinen[2]); und die Ansicht, daß wissenschaftliche Behauptungen einen deutlichen Sinn haben müßten, wird „von maßgebender Seite" schon als veraltet betrachtet[3]). Auch wollen wir die Frage aufwerfen, ob man sich überhaupt noch verständigen kann, wenn an Stelle der objektiven Kriterien für Richtig und Falsch mehr oder minder konventionelle, wie auch immer historisch „begründete", so doch *subjektive* Urteile über das gesetzt werden, was noch als harmlose und was vielmehr als schädliche Ungenauigkeit zu gelten hat. *Videant consules!*

---

1) Das Gegenteil von alledem finden wir bei Gauß. Bedenken wir, wie schwer es ohnehin ist, Fehler ganz zu vermeiden, und ferner, daß gerade wer Bedeutendes zu sagen hat, durch sein Beispiel am ehesten Schaden anrichten wird, wenn er sich gehen lassen will, so fällt es uns schwer, Denen zuzustimmen, die gemeint haben, Gauß hätte bei der Vorbereitung seiner Veröffentlichungen minder kritisch zu Werke gehen und lieber mehr schreiben sollen. Es scheint uns, daß die Geschichte diesen Beurteilern nicht Recht gibt.

2) Vgl. Borel, Arithmétique, Paris 1903, z. B. S. 42.

3) In einem „Revision der Principien" überschriebenen Vorlesungshefte des Herrn F. Klein (Leipzig 1902) wird auf Seite 362 an einem Beispiele auseinandergesetzt, wie man aus Lehrsätzen der „Präcisionsmathematik" solche der „Approximationsmathematik" dadurch ableiten kann, daß man an passenden Stellen das (nicht weiter erklärte) Wort *ungefähr* einschaltet.

Wir kehren nun zu unserem Gegenstande zurück.

In der Theorie der krummen analytischen Linien[1]) sind drei Fälle zu unterscheiden, deren jeder eine besondere Behandlung verlangt. Es sind das die erwähnten *krummen Linien in Minimalebenen*, bei denen das Krümmungsmaß den bestimmten Wert Null hat, während der Torsionsbegriff illusorisch ist; die *krummen Minimallinien*, bei denen der Bogen nicht als Parameter benutzt werden kann, und bei denen die Krümmung illusorisch und die Torsion unendlich ist, und schließlich *die regulären Kurven*, wie wir sie nennen wollen, die die Gesamtheit aller übrigen krummen analytischen Linien ausmachen. Auf die letzte Familie allein beziehen sich die Frenetschen Formeln. Da nun Lie die Existenz der ersten Familie übersehen und und gewissermaßen sogar ihre Nichtexistenz zu beweisen versucht hat, so schließt er in seinen Voraussetzungen über den sogenannten allgemeinen Fall (den Fall der regulären Kurven) immer nur die Minimalkurven aus. Daher sind alle seine auf diesen allgemeinen Fall bezüglichen Äquivalenzkriterien nicht richtig, in dem Sinne, den man nun einmal mit diesem Wort verbinden muß.[2])

Aber auch wenn man die Voraussetzungen gehörig einschränkt, wenn man nämlich an Stelle des Begriffs der von Minimalkurven verschiedenen krummen Linien den Begriff der regulären Kurven setzt, liefert die Liesche Theorie noch nicht die gewünschten Äquivalenzkriterien; sie enthält noch mehrere andere Irrtümer.

Bemerken wir zunächst, daß man neben das Aquivalenzproblem in bezug auf die kontinuierliche Bewegungsgruppe eine analoge Aufgabe stellen kann, die sich auf die sogenannte gemischte Gruppe aller Bewegungen und Umlegungen bezieht. Statt zu fragen, wann sind zwei Kurven *kongruent*, kann man (unter anderem) auch fragen, wann sind sie *kongruent oder symmetrisch* (oder, nach einer älteren Terminologie, symmetrisch gleich)? Beide Probleme sind natürlich scharf zu unter-

---

1) Der historisch entwickelte und in der Tat auch sachgemäß umgrenzte Begriff der analytischen *Kurve*, die (im komplexen Gebiet) ein zweidimensionales Gebilde ist, umfaßt den Begriff der geraden Linie. Alle anderen analytischen Kurven nennen wir krumme Linien, ohne sagen zu wollen, daß das konventionelle *Maß* ihrer Krümmung von Null verschieden sein müßte. Für die den reellen analytischen Kurvenzügen analogen eindimensionalen Gebilde des komplexen Gebietes braucht man dann natürlich ein neues Wort. Nach Segre heißen sie Fäden (fili). Diese Figuren, zu denen auch die reellen Kurvenzüge selbst gehören, kommen hier nicht in Betracht.

2) Aus dem Gesagten ergibt sich auch die berichtigte Fassung der vorhin kritisierten Sätze des Herrn Scheffers.

scheiden. Da nun die Umlegungen durch Zusammensetzung der Bewegungen mit der trivialen Transformation

$$x' = -x, \quad y' = -y, \quad z' = -z$$

entstehen, so ist klar, daß aus den Kriterien für die Kongruenz zweier Raumkurven die Kriterien für deren Symmetrie ohne weiteres abgelesen werden können, und daß also die Lösung des ersten Problems die des zweiten nach sich ziehen wird, während das erste Problem noch nicht gelöst ist, wenn man nur weiß, wann zwei Kurven kongruent *oder* symmetrisch sind. Es war daher durchaus sachgemäß, daß Lie sich auf die Formulierung des ersten Problems, also auf die Frage nach der Äquivalenz gegenüber Bewegungen beschränkt hat. Tatsächlich gründet er indessen seine Theorie ausschließlich auf Größen, die nicht nur bei Bewegungen ungeändert bleiben, sondern auch die eben genannte Transformation zulassen, also nicht nur *Bewegungsinvarianten*, sondern überdies auch *Umlegungsinvarianten* sind; wie das ein Blick auf seine Formeln zeigt.[1]) Daß man nun aus Umlegungsinvarianten allein nicht eine Theorie der Äquivalenz gegenüber Bewegungen ableiten kann, dürfte einleuchten.

So verläuft die Untersuchung der regulären Kurven von Anfang an in falscher Bahn, es wird Unmögliches unternommen.[2])

Aber hier erhebt sich nun ein Bedenken: In Lies Theorie kommt doch die Torsion (τ) einer Raumkurve vor, und diese ist nur Bewegungs-, nicht auch Umlegungsinvariante! Gewiß kommt sie vor, aber nur als Quadratwurzel ($\sqrt{\tau^2}$). *Die Torsion ist also bei Lie ungenügend definiert.* Wie die Krümmung wirklich nur eine zweiwertige Umlegungsinvariante ist, so ist es in Lies Theorie (die eben die Unterscheidung von Bewegungs- und Umlegungsinvarianten ignoriert) auch die Torsion.[3])

---

1) Lie und Scheffers, S. 676, Nr. (7).

2) Im Falle der in Minimalebenen gelegenen Kurven läßt sich auch die Äquivalenz gegenüber der Gruppe aller Bewegungen und Umlegungen nicht durch die von Lie aufgestellten Invarianten ausdrücken.

3) Lie und Scheffers, S. 678, 679.

Bei Scheffers dagegen (Lehrbuch der Kurventheorie, S. 205) ist die Definition der Torsion äußerlich in Ordnung. Gleichwohl liegt auch seiner Darstellung die irrige Meinung zugrunde, daß „wesentliche“ Differentialinvarianten, wenn sie sich nur irgendwie durcheinander „ausdrücken“ lassen, einander vertreten können. Vgl. den weiteren Text.

In der Einleitung haben wir angedeutet, daß es dem Kritiker auch bei aller Vorsicht nur schwer möglich ist, nicht mißverstanden zu werden. Wie wahr das ist, davon haben wir uns seit der Niederschrift jener Bemerkung aufs neue überzeugen müssen. Wir fügen daher nachträglich noch folgendes hinzu: Wir denken

Hiermit kommen wir nun zu einem dritten Einwand gegen Lies Theorie der Raumkurven und gegen seine Methodik überhaupt. Hat man nämlich das Recht, die bezeichnete Größe $\sqrt{\tau^2}$ trotz ihrer Mehrdeutigkeit so zu behandeln, als wenn sie völlig bestimmt wäre, und also zu sagen, daß „die" Torsion bei kongruenten Raumkurven an entsprechenden Stellen „genau denselben Wert" haben muß ($\tau = \tau_1$), so darf man ebenso auch mit der Krümmung $\left(\frac{1}{r}\right)$ verfahren. Und wirklich ist Lie so zu Werke gegangen, statt der Gleichung $r^2 = r_1^2$ hat er die Gleichung $r = r_1$ angesetzt. Damit mußte er zu unrichtigen, nämlich zu bloß hinreichenden, nicht auch notwendigen Kriterien für die Äquivalenz komplexer Raumkurven kommen.[1])

Nach diesen Kriterien, bei deren Abfassung außerdem auch die Zweiwertigkeit des Bogenelementes unbeachtet geblieben ist (!), könnten beispielsweise Kurven mit den natürlichen Gleichungen

$$r = \frac{1}{s} - 1, \quad \tau = 0; \qquad r = -\frac{1}{s} - 1, \quad \tau = 0;$$

$$r = -\frac{1}{s} + 1, \quad \tau = 0; \qquad r = \frac{1}{s} + 1, \quad \tau = 0;$$

nicht zueinander kongruent sein (während das Gegenteil zutrifft). Denn in diesem Falle wird die Gleichung $\frac{dr}{ds} = f(r)$ durch vier verschiedene analytische Funktionen $f(r)$ erfüllt, während es angeblich dieselbe — es heißt sogar „genau" dieselbe — Funktion sein soll. Es hätten offenbar etwa Gleichungen der Form

$$\left(\frac{dr}{ds}\right)^2 = \Phi(r^2), \quad \tau = \Psi(r^2)$$

gebildet werden müssen. Es handelt sich auch hier *nicht* um ein einfaches Versehen; nach Lie ist es eben gleichgültig, ob man in solchen Formeln r^2 und $\left(\frac{dr}{ds}\right)^2$ oder r und $\frac{dr}{ds}$ oder irgendwelche anderen „unabhängigen" Funktionen dieser Größen benutzt[2]). Um nutzlose Er-

---

gar nicht daran, behaupten zu wollen, daß Lie das Wesen des Torsionsbegriffs, oder zum Beispiel auch der Unterschied von Kongruenz und Symmetrie unbekannt gewesen sei. Wir haben es ausschließlich mit der Frage zu tun, ob diese Begriffe in dem besprochenen Werke in sachgemäßer Weise verwertet worden sind oder nicht. Nicht benutzte Privatkenntnisse des Autors gehen den Kritiker nichts an.

1) Siehe z. B. Lie und Scheffers, S. 684 und Scheffers, S. 209.

2) Im reellen Gebiete pflegt man dem Krümmungsradius die Bedingung $r > 0$ aufzuerlegen, ohne damit übrigens viel anderes zu erreichen, als daß man bei analytischen Kurvenzügen auf den analytischen Charakter der Funktion $r(s)$ Verzicht leistet. Dieser Gebrauch, der natürlich den Schluß von $r^2 = r_1^2$ auf $r = r_1$

örterungen wenigstens nach Möglichkeit einzuschränken, erwähnen wir noch, daß wir es auch nicht für zulässig halten können, Lies Kriterien etwa durch „sinngemäße" Interpretation, durch eine nachträgliche Erklärung „retten" zu wollen, wonach das Wort Funktion in diesem Falle einen Inbegriff mehrerer Funktionen bezeichnen sollte. Die Definition des Begriffs analytische Funktion läßt es nicht zu, $\sqrt{x^2}$, das System der beiden Funktionen x und $-x$, als analytische Funktion von x zu bezeichnen, und eine Änderung jener Definition dürfte nicht ohne triftige Gründe vorgeschlagen werden. Außerdem würde auf solche Art der Schlußfehler bloß verschleiert, der eben in der Benutzung des für den vorliegenden Zweck zu vagen Begriffs der analytischen Abhängigkeit liegt.

In dem noch übrigen Falle der krummen Minimallinien haben die irrtümlichen Anschauungen, die natürlich auch hier zugrunde liegen, das Ergebnis in viel geringerem Maße beeinflußt. Die hier benutzten Differentialinvarianten sind charakteristisch für die Bewegungsgruppe, nicht bloße Umlegungsinvarianten; was die Verfasser freilich sich und ihren Lesern nicht zum Bewußtsein gebracht haben. Abgesehen hiervon bleibt auszustellen, daß in dem Ergebnis der etwas umständlichen Rechnungen (Theorem 41, S. 704) unnötiger Weise eine gewisse Quadratwurzel erscheint und eine Rolle spielt, die nach dem soeben über verwandte Wurzelgrößen Gesagten nicht als unbedenklich gelten kann. Man erhält einen einwandsfrei abgefaßten Lehrsatz, wenn man statt der von Lie mit J_6 bezeichneten irrationalen Invariante deren Quadrat setzt.

Immerhin ergibt sich, wenn wir jetzt zusammenfassen, ein nicht sehr erfreuliches Gesamtbild. Der Fundamentalsatz über gewisse Differentialgleichungen ist teils unzutreffend, teils nicht richtig begründet. Eine große Familie krummer Linien ist demzufolge ganz übersehen worden, bei einer zweiten sind alle Kriterien inkorrekt — auch schon im reellen Gebiet — und auch die Behandlung der dritten Familie ist nicht einwandsfrei ausgefallen. Diese unbefriedigenden Resultate aber haben ihre Quelle in nicht unbedeutenden Mängeln der angewandten Methodik. An entscheidender Stelle erscheint die ominöse Methode des Konstantenzählens, wohl zu unterscheidende Grundbegriffe (analytische Mannigfaltigkeit und System von solchen, Bewegungsinvariante und Umlegungsinvariante) werden miteinander verwechselt, und mit mehrwertigen Größen wird durchweg auf unzulässige Art umgegangen. Dazu kommen noch formale Mängel, die wir nicht besprochen

rechtfertigt, hat den besprochenen Irrtum offenbar nicht veranlaßt, wohl aber mag er dazu beigetragen haben, daß der einmal begangene Fehler unbemerkt bleiben konnte.

haben, deren einige aber die Geduld des Lesers auf eine ziemlich harte Probe stellen.

Ein Teil des Gesagten genügt, die angebliche Mustergültigkeit dieses Beispiels als hinfällig zu erweisen. Somit wird man sich kaum der Folgerung entziehen können, daß eine Neubearbeitung der Äquivalenztheorie der Raumkurven nötig sein wird.

Ein verehrter Freund des Verfassers meint nun, der Kritiker habe in solchem Falle die Pflicht, die neue Darstellung selbst zu liefern. Wir haben von vornherein diese Absicht gehabt; denn

> „Das ist klarste Kritik von der Welt,
> Wenn neben Das, was ihm mißfällt,
> Einer was Eigenes Besseres stellt“.

Es scheint uns aber doch nützlich, bei dieser Gelegenheit auszusprechen, daß unseres Erachtens eine *Verpflichtung* der Art Niemandem aufgebürdet werden kann. Es gibt keine undankbarere Aufgabe, als die Konzepte Anderer ins Reine zu schreiben. Auch würde die Forderung, daß nur „positive“ Kritik geübt werden soll, alle Kritik gerade dort abschneiden, wo sie am meisten not tut: Wo nämlich eine Lösung zu schwieriger Probleme bloß vorgetäuscht wird, wie vielfach in der abzählenden Geometrie, und, in früherer Zeit, im Falle des Dirichletschen Prinzips. Weierstraß’ Kritik dieses Prinzips war nicht „positiver“ Natur, ohne daß man sie doch als unfruchtbar brandmarken dürfte. Wer aber will immer ein Urteil darüber haben, ob positive Kritik möglich ist?

Vorläufig wollen wir, unter Übergehung von Lies eigener Erörterung des allgemeinen Äquivalenzproblems, in Kürze festzustellen versuchen, was seine Invariantentheorie, soweit sie entwickelt vorliegt, bei korrekter Handhabung für eine Aufgabe der besprochenen Art zu leisten vermag, und wir wollen, so gut wir es können, den „Grundirrtum“ aufdecken, aus dem alle die besprochenen Mängel entstanden sind und wohl auch entstehen mußten.

Hier dürfte nun zunächst daran zu erinnern sein, daß Lie in seiner allgemeinen Theorie der endlichen kontinuierlichen Gruppen die Eigenschaften entwickeln wollte, die allen diesen gemeinsam sind. Das aber konnte der Natur der Sache nach durchaus nur dann erzielt werden, wenn gleichzeitig darauf Verzicht geleistet wurde, den ganzen jedesmal in Betracht kommenden Raum zu umfassen, und in der Regel auch darauf, die Gesamtheit der Transformationen einer Gruppe mitzunehmen. *In dieser Beschränkung scheint uns eine sehr wertvolle Leistung im Begriffe der Gruppenerweiterung zu liegen, der gerade durch seinen elementaren Charakter wesentlich beigetragen hat zur Klärung des zuvor nur in Beispielen und ziemlich unsicher aufgetretenen wichtigen Begriffs Differential-*

invariante. Es handelt sich hier um einen Grundbegriff, der kaum eine geringere Bedeutung hat als etwa der Begriff Riemannsche Fläche. Für eine Umgebung einer Stelle im Raume der einzelnen erweiterten Gruppe und eine Umgebung der identischen Transformation ließ sich eine gewisse Vollständigkeit erreichen, indem die Bestimmung der invarianten Funktionen der Gruppe sowie der zugehörigen invarianten Gleichungssysteme zurückgeführt wurde auf die Integrationstheorie vollständiger Systeme von partiellen Differentialgleichungen erster Ordnung. Die Lösungen dieser Gleichungen, eben die „Invarianten" der erweiterten Gruppen, die gesuchten Differentialinvarianten, konnten dann, theoretisch, allgemein durch Potenzreihen dargestellt werden.

Sehen wir davon ab, daß manchmal die Voraussetzungen sich hätten präziser fassen lassen, besonders in den für Anfänger bearbeiteten Vorlesungen, *so glauben wir die Meinung vertreten zu können, daß die besprochene Theorie im ganzen das leistet, was sie leisten soll, und was man billiger Weise verlangen kann.* Auch wollen wir hervorheben, daß, wo immer eine vollständige Invariantentheorie einer speziellen Gruppe entwickelt werden wird, Lies Invarianten einen wesentlichen Bestandteil von ihr ausmachen werden.

Eine ganz andere Frage aber ist es nun, ob der Weg gangbar ist, auf den Lies allgemeine Theorie notwendig verweist, ob es im konkreten Falle durchführbar sein wird, mit einer Invariantentheorie „im kleinen" zu beginnen, und diese dann zu einer Invariantentheorie „im großen" zu erweitern. Auch schon unter sehr einfachen Verhältnissen scheint uns von der Zerlegung der Umgebung einer bestimmten Stelle (und der mit dieser äquivalenten Stellen) in „kleinste" invariante Mannigfaltigkeiten bis zur Herstellung einer „endlichen Zahl von Äquivalenzkriterien" für den ganzen Raum und die ganze Gruppe ein so weiter Weg zu liegen, daß hier, wenn irgendwo, das Wort am Platze sein dürfte:

Tra dire e fare c'è di mezzo il mare.

Denn es wird nun nichts Geringeres verlangt werden müssen, als daß alle jene Umgebungen bestimmter Stellen aneinander gesetzt werden, bis schließlich der ganze Raum ausgefüllt ist; daß die Singularitäten der einzelnen Invarianten, deren Auftreten in weiterer Entfernung man natürlich nicht hindern kann, erörtert werden, und daß insbesondere darüber entschieden werde, ob und wie die verschiedenen invarianten Gebiete, die man von einer oder von mehreren Stellen ausgehend gefunden hat, um solche Singularitäten herum miteinander analytisch zusammenhängen. Was Folge einer notwendigen Beschränkung war, wird nun der Anwendung der Theorie verderblich. *Eben um ihrer Allge-*

meinheit willen ist diese Theorie, am konkreten Falle gemessen, schon in der Anlage zu speziell: Denn eine „allgemeine" Theorie, die nur mit „unabhängigen" durch Potenzreihen dargestellten Invarianten arbeitet, und für die irgend ein System „unabhängiger Funktionen" dieser sogenannten wesentlichen Invarianten dasselbe leistet wie die Invarianten selbst, wie es ja in der Tat auch aus Invarianten besteht, eine solche Theorie kann unmöglich ohne weiteres der Tatsache gerecht werden, daß bei dem Äquivalenzproblem im großen zwischen ein- und mehrwertigen Invarianten ein prinzipieller Unterschied vorhanden ist, und daß die verschiedenen Zweige mehrwertiger Invarianten *gleichberechtigte* Elemente sind: Durch die Potenzentwickelung ist schon ein Zweig vor den übrigen ausgezeichnet, ja es ist nur dieser eine Zweig offiziell bekannt, *und es kann im konkreten Falle sogar fraglich bleiben, ob es noch andere Zweige gibt.*

Wo man aber die Verzweigung vollkommen übersieht, da hat man doch bei Figuren, über deren Äquivalenz noch zu entscheiden ist, kein Mittel zur Verfügung, die Bezeichnung der einzelnen Zweige so zu wählen, daß aus der Gleichsetzung einzelner Werte von Invarianten *notwendige* Bedingungen der Äquivalenz erhalten werden könnten: an Stelle der invarianten Werte müssen *Wertsysteme* treten, so lange das Äquivalenzproblem noch nicht gelöst ist, erst nachher wird eine bestimmte Zuordnung der einzelnen Werte möglich.[1]

Natürlich wird man in den — sehr speziellen — Fällen der letzten Art besser tun, die mehrwertigen Invarianten womöglich gar nicht erst in die Formulierung der einzelnen Lehrsätze einzuführen: in der Theorie der Raumkurven würde an Stelle der Krümmung deren Quadrat genügt haben.

Hiermit steht ein anderer Mangel im Zusammenhang, der vorhin ebenfalls schon hervorgetreten ist. Der in einem engen Bereiche ar-

---

1) Es seien z. B. r und r' die beiden durch die Gleichung $r + r' = 0$ verbundenen Werte des Krümmungsradius einer geeigneten Raumkurve an bestimmter Stelle; r_1 und r_1' seien die entsprechenden Größen, gebildet für eine zweite Kurve. Dann kann man, wenn eine Zuordnung beider Kurven durch eine Bewegung bekannt ist, die Zeichen r_1 und r_1' so wählen, daß $r_1 = r$, $r_1' = r'$ wird. Wo aber eine solche Zuordnung nicht bekannt, vielleicht auch gar nicht vorhanden ist, da bleibt die Wahl der Zeichen dem Zufall überlassen, und es kann dann nachträglich ebenso gut $r_1 = r'$, $r_1' = r$ gefunden werden. Daher hat es keinen Sinn, zu sagen „der" Krümmungsradius „müsse" an entsprechenden Stellen „genau denselben Wert" haben; Gleichheit gleichbezeichneter Werte tritt vielmehr *nur auf Grund einer besonderen Festsetzung* ein, die erst nach Lösung des Äquivalenzproblems möglich wird. Ein auch sonst häufiger Fehler: es wird zwischen Definition und Folgerung nicht genügend unterschieden.

beitenden Theorie sind alle Systeme von invarianten Funktionen gleich lieb, die sich gegenseitig durcheinander *irgendwie* analytisch „aus-drücken" lassen. *Lies Theorie kennt daher, jedenfalls in der bis jetzt vorliegenden Form, kein Mittel, bei der Anwendung auf die Äquivalenz im großen die Invarianten kontinuierlicher Gruppen von solchen gemisch-ter, den kontinuierlichen übergeordneter Gruppen zu unterscheiden; wobei noch zu bedenken ist, daß diese übergeordneten Gruppen nicht einmal im voraus bekannt zu sein brauchen.* Im einzelnen Falle kann die Aus-füllung dieser Lücke sehr leicht sein, in der Regel aber wird man sich vor einer unübersteigbaren Mauer von Eliminationsschwierigkeiten be-finden. Durch Differentialgleichungen läßt sich diese Unterscheidung jedenfalls nicht bewirken. Man wird also nicht ohne weiteres wissen können, ob *im kleinen hinreichende Bedingungen* und Bestandteile von solchen ($\tau^2 = \tau_1^2$) es auch noch im großen sein werden.

Übrigens bleiben hier, wie schon bei Gelegenheit der Parameter-darstellung der analytischen Kurven, auch die Erscheinungen unerörtert, die im Auftreten natürlicher Grenzen ihren Ursprung haben. Findet sich unter den Äquivalenzbedingungen z. B. eine Gleichung von der Form $J = J_1$, wo J eine Differentialinvariante bedeutet, die alle mög-lichen Werte annehmen kann, und ist $\Phi(J)$ eine eindeutige analyti-sche Funktion mit natürlicher Grenze, so ist klar, daß die Gleichung $\Phi(J) = \Phi(J_1)$ die Gleichung $J = J_1$ selbst dann nicht vertreten kann, wenn die Funktion Φ eine eindeutige Umkehrung zulässt.

In den zahlreichen Fällen, in denen man mit Invarianten überhaupt nicht auskommt, treten zu den erörterten Schwierigkeiten noch andere und sehr viel größere.

Gewiß scheint uns hiernach zu sein, daß in Lies Theorie der Äqui-valenz im kleinen Bestandteile fehlen, die eine Theorie der Äquivalenz im großen schlechterdings nicht entbehren kann, daß dort Unterschiede verwischt werden (und verwischt werden müssen), die hier, bei dem tiefer dringenden Problem, wesentlich sind; wie der Unterschied im algebraischen Charakter der Begriffe Krümmung und Torsion. *Ein gangbarer Weg, auf dem man zu einer „endlichen Zahl von Äquivalenz-kriterien" kommen könnte, ist nicht nachgewiesen.* Da man notwendige und hinreichende Kriterien braucht, so werden noch anders geartete Hilfs-mittel nötig sein. Dann aber wird man mit der Möglichkeit zu rechnen haben, daß diese auch für sich allein schon zur Lösung des Äquivalenz-problems führen können (soweit eine solche möglich ist), daß also — wie es in einigen Beispielen zutrifft — Lies „allgemeine Theorie" im konkreten Falle entbehrt werden kann. Es wäre das übrigens ein Schicksal, das vielleicht auch anderen modernen Theorien widerfahren kann, deren einige kaum brauchbarer erfunden werden dürften, wenn man es je einmal für erforderlich halten sollte, von ihnen die Anwendungen zu machen, um derentwillen sie doch wohl da sein sollen.

Eine reinliche Scheidung zwischen dem, was Lies Theorie unmittelbar zu leisten vermag, und dem, was im einzelnen Falle zu tun bleibt — mochte dies nun viel oder wenig sein, — war jedenfalls nötig, wenn an irgend einem Beispiele die Tragweite der allgemeinen Theorie erläutert werden sollte. In Lies Darlegung finden wir aber keine Spur davon, daß ihr Urheber sich das klar gemacht hätte. Die unzweifelhaft bei ihm vorhandene theoretische Einsicht, daß seine Begriffe und Theoreme nur in beschränkten Bereichen Geltung haben,[1]) hat als eine fremdartige von außen her aufgedrängte Forderung in Lies schaffensfrohem intuitivem Geiste wohl nie recht Wurzel gefaßt.[2]) Sie wurde wohl kaum anders denn als eine lästige Fessel empfunden, die bei erster Gelegenheit abgeschüttelt werden durfte. So hat, wie wir gesehen haben, Lie auch in der Theorie des Gesamtraumes von mehrwertigen Invarianten nicht anders geredet, als ob sie einwertig wären; und jenes Weglassen überzähliger Gleichungen besteht ebenfalls darin, daß eine im kleinen bei gehöriger Vorsicht mögliche Operation unter ganz anders gearteteten Verhältnissen eine nunmehr unerlaubte Anwendung findet. Hier hätte wohl die gewöhnliche Invariantentheorie, in der man längst die Einführung überzähliger (voneinander abhängiger) Invarianten als *unerläßlich* erkannt hatte, zur Vorsicht mahnen sollen. Aber leider hat Lie diese algebraische Disziplin, von der er — gleich anderen — nicht viel gehalten zu haben scheint, wohl nur ganz von weitem gekannt (vgl. Kap. 23 bei Lie und Scheffers). Er pflegte ja auch sonst ein Problem als (für ihn) interesselos anzusehen, sobald es „nur" zu algebraischen Schwierigkeiten führte.

Dürfen wir uns hiernach die Meinung bilden, daß bei der Frage nach der Äquivalenz im großen im bestimmten Falle die wirklichen Schwierigkeiten dort beginnen können, wo die allgemeine Theorie uns im Stiche läßt, und *daß diese Schwierigkeiten im Gebiete eben der Operationen liegen werden, die* Lie *als ausführbar zu betrachten pflegte,* so kann es wohl auch noch nicht als völlig ausgemacht gelten, daß bei solchen Problemen die Theorie der partiellen Differentialgleichungen überall den Ausgangs- und Mittelpunkt der Untersuchung bilden muß (wie es Lies Ansicht war). Eine geduldige und vorurteilslose Vertie-

---

1) Lie und Engel, Transformationsgruppen I. Leipzig 1888. Kap. 2 u. Kap. 5.
2) Vgl. auch M. Noether. Math. Annal. Bd. 53 (1900) S. 1 u. ff., insbes. S. 19.

fung in spezielle oder wenigstens verhältnismäßig spezielle Probleme, an deren einfacheren, wenn man es gründlich nimmt, vielleicht auch schon einiges zu lernen sein wird, eine Vertiefung in solche Aufgaben, wie die wichtigeren Gruppen algebraischer Transformationen sie liefern, wird unter derartigen Umständen als eine nützliche Tätigkeit gelten dürfen. In einer Zeit aber, die nur zu gerne vergißt, daß die vielumworbene „Allgemeinheit der Methode" nicht Selbstzweck sein kann, daß auch die größten Bäume in der Erde stehen und besonders weit verbreitete und feinverzweigte Wurzeln brauchen — *in einer solchen Zeit darf wohl bemerklich gemacht werden, daß bei wirklich liebevoller Behandlung auch nur einer einzigen konkreten Aufgabe die außerordentliche Täuschung gar nicht möglich gewesen sein würde, der sogar ein Mathematiker von unzweifelhaftem Genie sich hingeben konnte.* Es sollte Das wohl Denen zu denken geben, die die Worte allgemein und speciell mechanisch gleich Ausdrücken des Lobes und Tadels zu brauchen lieben.

Daß von dieser unserer Kritik nur ein einzelner Punkt von Lies groß angelegter Theorie getroffen wird, ist selbstverständlich, soll aber doch nicht ungesagt bleiben, damit nicht ferner Stehenden ein Anlaß zu unliebsamen Mißverständnissen geboten werde. Auch hoffen wir, daß man aus einem offenbar ganz extremen Fall nicht übertriebene und einseitige Schlüsse ziehen wird. Gewiß ist bei Lie, wie anderwärts, noch manches zu bessern, aber die Kategorien Richtig und Falsch sind, so gewiß sie für die Urteilsbildung immer im Vordergrunde stehen müssen, doch bei weitem nicht die einzigen, die bei der Bewertung wissenschaftlicher Leistungen in Betracht kommen. Herr Noether, der Lie einen warmen Nachruf gewidmet hat, ist keineswegs blind gewesen gegen die Mängel von dessen Mathematik. Wir glauben, daß das von Noether entworfene sympathische Bild von Lies Wesen und Gesamtleistung in seinen Hauptzügen jeder Kritik standhalten wird. Zuweilen werden wir uns auch an einen Ausspruch des Pianisten Bülow erinnern dürfen, der lieber Rubinstein falsch spielen hörte, als manchen Anderen richtig.

Zu der Studyschen Abhandlung.

Von F. Engel in Greifswald.

Die kritischen Betrachtungen, die Study über Lies Invarianten-theorie der endlichen kontinuierlichen Gruppen anstellt, erscheinen erst, nachdem wir beide schriftlich und mündlich eingehend über die darin besprochenen Fragen verhandelt haben, und ich kann meinem Freunde Study nur dankbar dafür sein, daß er mir die Gelegenheit zu solchen Verhandlungen gegeben hat.

Unter diesen Umständen möchte ich nicht unterlassen, mich gleich hier über meine Stellung zur Sache auszusprechen, und so erkläre ich denn, daß ich die Studysche Kritik im wesentlichen als berechtigt und zutreffend anerkenne. Namentlich gestehe ich unumwunden zu, daß die Darstellungen, die Lie selbst von seiner Invariantentheorie gegeben hat, an schweren Mängeln leiden, und daß Lie auch die Trag-weite seiner Theorie, besonders die seiner Äquivalenzkriterien über-schätzt hat.

Dagegen möchte ich auch darüber keinen Zweifel lassen, daß ich Studys Ansichten nicht in allen Punkten teile.

Vollkommen einig sind wir in der Beurteilung alles dessen, was Lie über den Gegenstand hat drucken lassen, soweit es sich um den Wortlaut handelt. Meinungsverschiedenheiten bestehen zwischen uns beiden nur über solche Begriffe, die Lie gar nicht oder nicht genügend definiert hat, und über eine Reihe von Sätzen, die er nicht scharf, zum Teil sogar unrichtig formuliert hat. Was sich Lie dabei gedacht und ob er sich etwas Richtiges gedacht hat, wie weit er sich überhaupt einzelne Dinge wirklich klar gemacht hat, darüber können wir uns nicht einigen. Das aber sind Fragen, die sich nach der Natur der Sache gar nicht entscheiden lassen, die vielmehr jeder für sich be-antworten muß, ohne darauf rechnen zu können, daß er auch andre von der Richtigkeit der gewonnenen Ansicht überzeugen wird. Über solche Fragen kann wohl ein Freund mit dem andern streiten, wie wir beide es ausgiebig getan haben, aber es würde zu nichts führen, diesen Streit vor der Öffentlichkeit fortzusetzen. In dem vorliegenden Falle werde ich das jedenfalls nicht tun.

Nur zwei Bemerkungen will ich noch hinzufügen, die sich auf den Inhalt der Studyschen Arbeit beziehen.

Daß Lie die krummen Linien in den Minimalebenen übersehen hat, war mir schon vor längerer Zeit aufgefallen, bevor mir Study das mitteilte. Ich halte das für ein einfaches Vergessen, über das ich mich allerdings gerade bei Lie wundern muß. Dieses Vergessen würde an und für sich entschuldbar sein, doch hat es inzwischen, weil es nicht früh genug richtig gestellt worden ist, noch andre Irrtümer veranlaßt, und daher hat Study allerdings recht, es nicht als harmlos gelten zu lassen. Ich selbst fühle mich dabei mitschuldig, weil ich unterlassen habe, darauf hinzuweisen, sobald es mir aufgefallen war.

Die zweite Bemerkung bezieht sich auf die von Study erwähnte Tatsache, daß Lie zu seinem Schaden die projektive Invariantentheorie nur oberflächlich gekannt hat. Ich möchte es nämlich bei dieser Gelegenheit einmal aussprechen, daß leider auch die Invariantentheoretiker fast durchweg — eine rühmliche Ausnahme bildet Study selbst — sich um Lies Theorien überhaupt nicht gekümmert haben, obgleich sie aus den von Lie eingeführten Begriffen recht viel hätten lernen können, namentlich für eine anschaulichere und durchsichtigere Fassung der Grundprobleme ihrer eignen Theorien.

Wenn ich nun auch Studys Kritik als berechtigt anerkenne, so fühle ich mich doch als Lies ältester und vertrautester Schüler verpflichtet, etwas zu tun, was der Kritiker allerdings nicht nötig hat, nämlich zu zeigen, daß jedenfalls die Begriffe, auf denen Lie seine Invariantentheorie aufgebaut hat, nicht an sich mangelhaft sind, sondern eine vollständig scharfe Definition zulassen, und daß ebenso seine Äquivalenztheorie keineswegs von Grund aus verfehlt ist, vielmehr bis zu einem gewissen Grade in Ordnung gebracht werden kann, wenn sich auch nicht alle Ansprüche, die Lie gemacht hat, aufrecht erhalten lassen. Ich behalte mir daher vor, in der eben bezeichneten Richtung eine Ergänzung zu der Studyschen Kritik zu liefern, und werde diese Ergänzung, die aus leicht begreiflichen Gründen ziemlich umfangreich ausfallen wird, an einer andern Stelle veröffentlichen.

Greifswald, im Januar 1908.

Friedrich Engel

SOPHUS LIE

GESAMMELTE ABHANDLUNGEN

AUF GRUND EINER BEWILLIGUNG AUS DEM
NORWEGISCHEN FORSCHUNGSFONDS VON 1919
MIT UNTERSTÜTZUNG DER
VIDENSKAPSAKADEMI ZU OSLO
UND DER
AKADEMIE DER WISSENSCHAFTEN ZU LEIPZIG
HERAUSGEGEBEN VON DEM
NORWEGISCHEN MATHEMATISCHEN VEREIN

DURCH

FRIEDRICH ENGEL
PROFESSOR AN DER UNIVERSITÄT
GIESSEN

POUL HEEGAARD
PROFESSOR AN DER UNIVERSITÄT
OSLO

SECHSTER BAND

———

LEIPZIG
B. G. TEUBNER
1927

OSLO
H. ASCHEHOUG & CO.
1927

Vorwort des Herausgebers.

In dem 1924 erschienenen fünften Bande dieser Ausgabe und in dem jetzt vorliegenden sechsten sind alle Abhandlungen vereinigt, in denen Lie seine Theorie der endlichen und der unendlichen kontinuierlichen Transformationsgruppen entwickelt hat. Diesen Abhandlungen habe ich eine große Anzahl von solchen Arbeiten beigefügt, in denen die Gruppentheorie für die Theorie der Differentialgleichungen verwertet wird. Lie setzt darin die Gesichtspunkte auseinander, die seine Theorie der Transformationsgruppen und seine darauf begründete allgemeine Transformationstheorie für die Behandlung der Differentialgleichungen liefert. Die übrigen Abhandlungen über Differentialgleichungen sind auf den 1922 erschienenen dritten Band und auf den später folgenden vierten verteilt, soweit sie nicht, wegen ihres geometrischen Inhalts, dem ersten und zweiten Bande zuzuweisen waren.

Die Abhandlungen über die endlichen kontinuierlichen Transformationsgruppen sind mit wenigen Ausnahmen[1]) in Lies großes dreibändiges Werk über die Theorie der Transformationsgruppen (1888—93) übergegangen, wo ihre Entwickelungen nahezu vollständig in die systematische Darstellung eingearbeitet sind.

Auch auf die Abhandlungen, die den unendlichen kontinuierlichen Gruppen gewidmet sind[2]), brauche ich hier nicht näher einzugehen. Diese sind zwar nicht zu einer systematischen Darstellung zusammengefaßt worden, doch können sie in ihrer Gesamtheit immerhin als ein Ersatz für eine solche dienen.

Dagegen scheint es mir nötig, Einiges über die Arbeiten Lies zu sagen, die sich mit der Verwertung der Gruppentheorie und der allgemeinen Transformationstheorie für die Theorie der Differentialgleichungen beschäftigen.

Wie schon erwähnt, bezieht sich ein großer Teil der Abhandlungen von Band V und VI auf diesen Gegenstand. Man findet darüber eine Fülle von Gedanken, von Entwickelungen allgemeinsten Charakters und von Anwendungen auf einzelne Probleme.[3]) Aber es darf nicht übersehen werden, daß auch die Arbeiten in Band III und IV die Theorie der Differentialgleichungen im Grunde unter demselben Gesichtspunkte behandeln, als eine Anwendung allgemeiner Transformationstheorien. Erscheint doch bei Lie die Integrationstheorie der partiellen Differentialgleichungen 1. O. als ein Ausschnitt aus seiner Invariantentheorie der Berührungstransformationen, und

---

1) Es sind das: Bd. V, Abh. V (1878), S. 156—197 und die erst nach dem Abschluß jenes Werkes erschienenen: Bd. VI, Abh. XV (1893); XIX (1895); XXVI (1896).

2) Bd. V, Abh. XIII (1883); XXIV (1889); Bd. VI, Abh. III (1884); XI, XII (1891); XVIII (1895).

3) In Betracht kommen hier die folgenden Arbeiten: Bd. V, Abh. VIII (1882); IX—XII, XIV (1883); XV, XVI, XVIII (1884); XXI (1885); Bd. VI, Abh. II (1884); III (1885); XVII (1894); XX, XXIII (1895); XXV (1896); XXVII, XXVIII (1897); XXIX (1902).

diese ihrerseits war für ihn nur ein besonderer Fall der Transformationstheorie einer beliebigen Pfaffschen Gleichung und eines beliebigen Pfaffschen Ausdrucks. Ich erinnere ferner an die in Bd. III vereinigten Untersuchungen über die Flächen konstanter Krümmung, an die Integrationstheorie der linearen homogenen partiellen Differentialgleichungen 2. O. in x, y, z (Bd. III, Abh. XXXV (1881)), endlich an die in demselben Bande enthaltenen kleineren Arbeiten über Differentialgleichungen (Abh. XXXIII, XXXIV, XXXVI—XLII (1881—83)), die ebensogut in Bd. V gepaßt hätten.

Gar nicht genug bewundern kann man die Planmäßigkeit und Folgerichtigkeit, mit der Lie, ohne sich jemals beirren zu lassen, und mit einer nie ermüdenden Ausdauer, ein Ziel verfolgte, das ihm von Anfang an vorschwebte und das allmählich immer greifbarere Gestalt gewann. Er ging aus von gewissen Grundgedanken, die geradezu verblüffend einfach und naheliegend sind, deren Fruchtbarkeit aber keiner vor ihm geahnt hatte. Von diesen Grundgedanken geleitet, schuf er in jahrzehntelanger, harter Arbeit eine allgemeine Transformations- und Invariantentheorie, die ihm als ein Universalinstrument für die Theorie der Differentialgleichungen dienen konnte. Eine geradezu überwältigende Fülle neuer und wichtiger Integrationsprobleme, an die sich bis dahin niemand hatte wagen können, wurde durch ihn der Behandlung zugänglich. Er konnte in jedem einzelnen Falle das betreffende Integrationsproblem auf eine Reihe von einfacheren Integrationsproblemen, mit andern Worten, auf eine Reihe von Hilfsgleichungen zurückführen. Außerdem aber, und das war etwas vollständig Neues, war er imstande, nachzuweisen, daß die Hilfsgleichungen, deren er bedurfte, nicht durch Hilfsgleichungen niedrigerer Ordnung ersetzt werden konnten, daß also unter den gemachten Voraussetzungen keine weitere Reduktion des Problems möglich war. Er leistete auf diese Weise für die Differentialgleichungen etwas Ähnliches, wie das, was Galois für die algebraischen Gleichungen geleistet hat. Bedient man sich der Sprache der Gleichungstheorie, so kann man den Sachverhalt genauer so ausdrücken: Lie behandelte den Fall, wo die Gruppe des Problems entweder von vornherein gegeben oder durch Differentialgleichungen definiert war. War die Gruppe von vornherein gegeben, so betrachtete er alle die, aber auch nur die Größen als bekannt, die bei den Transformationen der Gruppe invariant blieben, und unter dieser Voraussetzung leistete seine Theorie auf ihrem Gebiete genau dasselbe, was die Galoissche Theorie für eine Gleichung leistet, für die man in einem gegebenen Rationalitätsbereiche die zugehörige Gruppe bestimmt hat. War die Gruppe des Problems selber erst durch Differentialgleichungen definiert, so zerfiel das Problem in zwei Probleme verschiedener Art, die nach einander zu behandeln waren. Aber das erste, die Bestimmung der Gruppe, führte Lie auf ein Problem zurück, bei dem die Gruppe von vornherein gegeben war, so daß also schließlich Alles auf zwei Probleme derselben Art hinauskam, bei deren jedem die Gruppe von vornherein gegeben ist.

Da nicht jedes Differentialproblem eine kontinuierliche Gruppe gestattet, so sind diese Lieschen Methoden selbstverständlich nur anwendbar, wenn es eine solche Gruppe gibt. Andrerseits erhebt sich die Frage, ob ein vorgelegtes Problem mit gegebener Gruppe noch einen weiteren Affekt hat, ob es also Vereinfachungen zuläßt, die nicht aus der Kenntnis dieser Gruppe ableitbar sind. Diese Frage hat Lie nicht behandelt. Erst Picard und Vessiot haben das wenigstens in einem besonderen Falle gemacht, nämlich für die Klasse der linearen homogenen Differentialgleichungen höherer Ordnung (Abh. XXI, S. 600).

Die Grundgedanken, die für ihn leitend gewesen sind, hat Lie bei verschiedenen Gelegenheiten ausgesprochen.

Seine Beschäftigung mit Berührungstransformationen hatte ihn schon 1869 auf partielle Differentialgleichungen geführt, die durch Berührungstransformation auf eine integrable Form gebracht werden können.[1]) Er stellte sich daher das allgemeine Problem, die einfachsten Formen zu ermitteln, welche eine gegebene Gleichung oder ein gegebenes System von Gleichungen durch Berührungstransformation erhalten kann.[2]) Indem er dieses Problem für den Fall der partiellen Differentialgleichungen erster Ordnung mit einer unbekannten Funktion behandelte, erkannte er, daß sich die ganze Theorie dieser Gleichungen als eine Transformationstheorie auffassen läßt.[3]) Zugleich gab er dem Probleme dadurch eine schärfere Fassung, daß er die folgenden beiden Fragen stellte[4]):

Erstens. Ist ein vorgelegtes System von Differentialgleichungen oder von analytischen Ausdrücken durch eine geeignete Punkt- oder Berührungstransformation in ein anderes vorgelegtes System überführbar?

Zweitens. Wie kann die Überführung geleistet werden, wenn sie möglich ist?

Die Beantwortung der ersten Frage erfordert offenbar stets nur sogenannte ausführbare Operationen; es ist aber in jedem einzelnen Falle ein Problem, die Kriterien aufzustellen, an denen man erkennen kann, ob die Überführung möglich ist oder nicht. Man kommt auf diese Weise zu der Frage nach allen invarianten Eigenschaften, die ein vorgelegtes System gegenüber allen Punkttransformationen oder allen Berührungstransformationen besitzt.

Ist die Überführung möglich, und gestattet keines der beiden Systeme eine kontinuierliche Schar von Transformationen, so kann die Überführung durch ausführbare Operationen geleistet werden.

Weiß man noch nicht, ob die Überführung möglich ist, hat man aber festgestellt, daß jedes der beiden Systeme eine kontinuierliche Schar von Transformationen gestattet, so gehört zu jedem der Systeme eine kontinuierliche Gruppe. Die Frage nach der Möglichkeit der Überführung erfordert dann zunächst die Beantwortung der Frage, ob die eine Gruppe in die andere überführbar ist. Sind zum Beispiel die beiden Systeme zwei Pfaffsche Gleichungen oder zwei Pfaffsche Ausdrücke, so zeigt sich, wie Lie schon 1872 erkannte, daß die Überführbarkeit der einen Gruppe in die andere zugleich hinreichend ist für die Überführbarkeit des einen Systems in das andere (Abh. XXV (1896), S. 637).

Für die Inangriffnahme solcher allgemeiner Probleme war Lie besonders gerüstet. Er war nämlich schon längst gewöhnt, mit eingliedrigen Gruppen oder, was auf dasselbe hinauskommt, mit infinitesimalen Transformationen zu arbeiten, und zwar nicht bloß mit infinitesimalen Punkttransformationen, son-

---

1) Hier Abh. III (1885), S. 139.
2) Bd. III d. Ausg., Abh. I (1872), S. 1; Bd. VI, Abh. II (1884), S. 95 f.
3) Bd. III, Abh. IV (1872); Bd. VI, Abh. III (1885), S. 140.
4) Hier Abh. I (1880), S. 91; Abh. II, S. 95 f.

dern auch mit infinitesimalen Berührungstransformationen. Überdies, und das
ist äußerst wichtig, hatte er erkannt, daß jeder Ausdruck:

$$X(f) = \sum_i^{1 \ldots n} \xi_i(x_1, \ldots, x_n) \frac{\partial f}{\partial x_i}$$

als das Symbol einer infinitesimalen Punkttransformation, aufgefaßt werden
kann, und jeder Ausdruck:

$$\Omega\left(x_1, \ldots, x_n, \frac{\partial f}{\partial x_1}, \ldots, \frac{\partial f}{\partial x_n}\right)$$

als das Symbol einer infinitesimalen Berührungstransformation.

Schon diese Tatsache, daß Lie an Stelle der Gleichung: $X(f) = 0$ den
Ausdruck: $X(f)$ betrachtet, ist von einer Bedeutung, die gar nicht hoch
genug veranschlagt werden kann. Statt daß man die eine lineare partielle
Differentialgleichung:

$$A(f) = \sum_i^{1 \ldots n} \alpha_i(x_1, \ldots, x_n) \frac{\partial f}{\partial x_i} = 0$$

betrachtet, hat man jetzt zwischen allen den eingliedrigen Gruppen zu unterscheiden, die von den infinitesimalen Transformationen:

$$X(f) = \varrho(x_1, \ldots, x_n) A(f)$$

erzeugt werden, unter ϱ eine beliebige Funktion von $x_1, \ldots, x_n$ verstanden,
die nur nicht identisch verschwinden darf. Die Integration der Gleichung:
$A(f) = 0$ wird ersetzt durch die schärfer gefaßte Aufgabe, die endlichen Transformationen der eingliedrigen Gruppe aufzustellen, die von der infinitesimalen
Transformation: $X(f)$ erzeugt wird, wo ϱ eine gegebene Funktion von $x_1, \ldots, x_n$
ist. Die Lösung dieser neuen Aufgabe zieht die Integration von: $X(f) = 0$
nach sich, während umgekehrt, sobald man: $X(f) = 0$ integriert hat, zur
Lösung der neuen Aufgabe nur noch eine Quadratur erforderlich ist. Da es
nun sehr oft zweckmäßig ist, Quadraturen zu den ausführbaren Operationen
zu rechnen, so besteht, von diesem Standpunkte aus, in bezug auf die Schwierigkeit kein wesentlicher Unterschied zwischen beiden Aufgaben, während
die zweite eben wegen ihrer schärferen Fassung den Vorzug vor der ersten
verdient.[1])

Insbesondere ist noch zu bemerken, daß die Bestimmung der von der
infinitesimalen Transformation $X(f)$ erzeugten eingliedrigen Gruppe gleichbedeutend ist mit dem Transformationsprobleme, die infinitesimale Transfor-
mation $X(f)$ durch Einführung neuer Veränderlicher: $\mathfrak{x}_1, \ldots \mathfrak{x}_n$ auf die kanonische Form $\partial f : \partial \mathfrak{x}_n$ zu bringen, also auf die Form einer infinitesimalen
Translation.[2])

---

1) Wollten wir hier schon von dem Begriffe der unendlichen kontinuierlichen
Gruppe Gebrauch machen, so könnten wir im Sinne Lies auch sagen, daß bei
der Integration der Gleichung: $A(f) = 0$ eigentlich die unendliche Gruppe betrachtet wird, die von allen infinitesimalen Transformationen von der Form:
$X(f) = \varrho(x) A(f)$ erzeugt wird.

2) Siehe hier Abh. XX (1895), S. 546.

Man darf wohl annehmen, daß Lie zur Einführung seines Symbols für die infinitesimale Transformation durch die Bemerkung veranlaßt worden ist, daß eine Funktion $f(x_1, \ldots, x_n)$ bei der infinitesimalen Transformation:

$$\delta x_i = \xi_i(x_1, \ldots, x_n)\,\delta t \qquad (i = 1, \ldots, n)$$

invariant bleibt, oder, wie er sagt, diese infinitesimale Transformation gestattet, wenn der Ausdruck:

$$\sum_i^{1 \ldots n} \xi_i(x_1, \ldots, x_n)\frac{\partial f}{\partial x_i} = X(f)$$

identisch verschwindet. Es konnte ihm jetzt nicht schwer fallen, die Bedingungen zu ermitteln, die erfüllt sein müssen, damit ein vorgelegtes System von analytischen Ausdrücken, von Gleichungen oder von Differentialgleichungen eine vorgelegte infinitesimale Transformation $X(f)$ gestattet. Dabei fand er nun, und das ist der zweite wichtige Schritt, den er tat, daß jedes System, das zwei infinitesimale Punkttransformationen: $X(f)$ und $Y(f)$ gestattet, nicht bloß jede infinitesimale Transformation: $aX(f) + bY(f)$ gestattet, wo a und b beliebige Konstanten sind, sondern außerdem auch die folgende:

$$X(Y(f)) - Y(X(f)) = (X\,Y).$$

Zugleich fand er, daß der Poisson-Jacobische Klammerausdruck für zwei infinitesimale Berührungstransformationen genau dieselbe Bedeutung hat, wie der Klammerausdruck $(X\,Y)$ für die infinitesimalen Punkttransformationen Xf und Yf.

Diese Deutung der Klammeroperation ist es, die der Einführung der Symbole für die infinitesimalen Punkt- und Berührungstransformationen erst ihren wahren Wert verleiht. Der so geschaffene analytische Apparat hat sich in Lies Händen als ein Zauberstab erwiesen, der eine unübersehbare Fülle neuer Wahrheiten aufgeschlossen hat.

Wenigstens in großen Zügen kann man mit einiger Sicherheit überblicken, wie die vorhin erwähnten allgemeinen Probleme für die Entwickelung der Lieschen Theorien bestimmend gewesen sind.

Es lag auf der Hand, daß vor Allem die Systeme von Differentialgleichungen und von analytischen Ausdrücken untersucht werden müssen, die infinitesimale Transformationen gestatten. Da man nun in vielen Fällen von vornherein gewisse infinitesimale Transformationen kennt, die ein vorgelegtes System invariant lassen, so stellte sich Lie die Frage, welcher Vorteil aus den bekannten infinitesimalen Transformationen gezogen werden kann.[1]) Dieser Frage aber gab er wiederum eine transformationstheoretische Wendung. Er betrachtete nämlich das System, das man aus dem vorgelegten Systeme erhält, wenn man die bekannten infinitesimalen Transformationen hinzufügt, und untersuchte die invarianten Eigenschaften des so entstandenen Systems. Es war ja zu erwarten, daß diese invarianten Eigenschaften darüber Aufschluß geben würden, welchen Nutzen die bekannten infinitesimalen Transformationen bringen.

---

1) Vgl. die aus dem Jahre 1872 stammenden Arbeiten: Bd. III d. Ausg., Abh. I, S. 2f, Nr. 3, 5 und Abh. V, S. 27.

In diesem Sinne behandelte er zunächst die partiellen Differentialgleichungen erster Ordnung. Die Integration der Gleichung:

$$\varphi(x_1, \ldots, x_n, p_1, \ldots, p_n) = a$$

ist gleichbedeutend mit der der linearen homogenen partiellen Differentialgleichung erster Ordnung:

$$(\varphi f) = \sum_{\nu}^{1 \ldots n} \left(\varphi_{p_\nu} \frac{\partial f}{\partial x_\nu} - \varphi_{x_\nu} \frac{\partial f}{\partial p_\nu} \right) = 0,$$

die wiederum für Lie darauf hinauskam, alle infinitesimalen Berührungstransformationen:

$$F(x_1, \ldots, x_n, p_1, \ldots, p_n)$$

zu bestimmen, für die (φF) identisch verschwindet, bei denen also die Funktion φ invariant bleibt. Kennt man nun eine Anzahl von Lösungen der Gleichung: $(\varphi f) = 0$, so kennt man eine Anzahl von infinitesimalen Berührungstransformationen der Funktion φ und kann aus diesen durch Klammeroperationen neue infinitesimale Transformationen ableiten. Man gelangt so zu einem Systeme:

$$u_k(x_1, \ldots, x_n, p_1, \ldots, p_n) \qquad (k = 1, \ldots, r)$$

von infinitesimalen Transformationen, für das Beziehungen von der Form:

$$(u_i u_k) = w_{ik}(u_1, \ldots, u_r) \qquad (i, k = 1, \ldots, r)$$

bestehen, also zu einer Funktionengruppe, der alle Funktionen von $u_1, \ldots, u_r$ und insbesondere φ selber angehören. Es galt nun festzustellen, wann eine solche Funktionengruppe durch Berührungstransformation in eine andre vorgelegte Funktionengruppe überführbar ist. Zu diesem Zwecke mußten zunächst alle infinitesimalen Berührungstransformationen aufgesucht werden, die jede einzelne Funktion der Funktionengruppe invariant lassen, also alle Lösungen der Gleichungen:

$$(u_1 f) = 0, \ldots, (u_r f) = 0.$$

Das führte zu dem Begriffe der reziproken Funktionengruppe, und so entwickelte sich allmählich die ganze Invariantentheorie der Berührungstransformationen, die in den Abhandlungen VI—IX von Band III dargestellt ist. Insbesondere wurde auch die Invariantentheorie eines beliebigen Systems von Funktionen gegenüber allen Berührungstransformationen vollständig zum Abschluß gebracht.[1]

Von noch weiter tragender Bedeutung wurde ein zweites Problem, das Lie behandelte.

Ein q-gliedriges vollständiges System:

$$A_\mu f = \sum_{\nu}^{1 \ldots n} \alpha_{\mu\nu}(x_1, \ldots, x_n) \frac{\partial f}{\partial x_\nu} = 0 \qquad (\mu = 1, \ldots, q)$$

---

1) Math. Ann. Bd. VIII (1874), S. 270—273, 297 f. (d. Ausg. Bd. IV, Abh. I, § 16; § 24, Nr. 51.)

gestattet jede infinitesimale Transformation Xf von der Form:

$$\sum_{\mu}^{1\ldots q}\chi_{\mu}(x_1,\ \ldots,\ x_n)\,A_{\mu}f,$$

unter den χ_{μ} willkürliche Funktionen verstanden. Es kann aber sein, daß man eine Anzahl von infinitesimalen Transformationen: $X_1f,\ 'X_2f,\ \ldots$ kennt, die das vollständige System invariant lassen, ohne die Form: $\Sigma\chi_{\mu}A_{\mu}f$ zu haben. Lie fragte sich, welcher Nutzen aus solchen nicht trivialen infinitesimalen Transformationen für die Integration des vollständigen Systems gezogen werden kann.[1]

Er fand, daß man unter Umständen aus den bekannten infinitesimalen Transformationen ohne Integration eine Anzahl von Lösungen des vollständigen Systems herleiten kann. Man hat sodann im allgemeinen ein vollständiges System ohne Affekt zu integrieren, das heißt ein solches, von dem man keine nicht trivialen infinitesimalen Transformationen kennt. Durch diese Integration, die auch wegfallen kann, wird das ursprüngliche Problem auf das folgende Normalproblem zurückgeführt: Man kennt $n-q$ infinitesimale Transformationen: $X_1f,\ \ldots,\ X_{n-q}f$ des vollständigen Systems, und dabei sind: $A_1f,\ \ldots,\ A_qf,\ X_1f,\ \ldots,\ X_{n-q}f$ durch keine lineare homogene Relation verknüpft, während zwischen den X_if Beziehungen von der Form:

$$(X_iX_k)=\sum_{s}^{1\ldots n-q}c_{iks}X_sf \qquad (i,k=1,\ldots,n-q)$$

bestehen, mit konstanten Koeffizienten c_{iks}.

Hiernach war klar, daß die Systeme von r infinitesimalen Transformationen: $X_1f,\ \ldots,\ X_rf$, die in Beziehungen von der Form: $(X_iX_k)=\Sigma c_{iks}X_sf$ stehen, eine besondere Rolle spielen. Lie erkannte, daß dann immer die infinitesimalen Transformationen: $e_1X_1f+\cdots+e_rX_rf$ mit den willkürlichen Parametern: $e_1,\ \ldots,\ e_r$ die infinitesimalen Transformationen einer r-gliedrigen Transformationsgruppe sind, und daß umgekehrt jede r-gliedrige Transformationsgruppe mit paarweise inversen Transformationen r solche infinitesimale Transformationen enthält.

Durch Benutzung der Untergruppen der $(n-q)$-gliedrigen Gruppe, die in dem vorhin erwähnten Normalprobleme auftritt, ließ sich dieses in eine Reihe von Problemen derselben Art zerlegen, zu deren jedem eine einfache Gruppe gehört, also eine Gruppe, die keine invariante Untergruppe enthält. So ergab sich eine Integrationstheorie, die „nach aller Wahrscheinlichkeit das Größtmögliche leistete", die aber erst dann vollständig durchgeführt werden konnte, wenn die Theorie der endlichen kontinuierlichen Transformationsgruppen entwickelt war.[2]

Dieser Aufgabe wendete sich Lie nunmehr zu. Es gelang ihm ziemlich leicht, alle endlichen kontinuierlichen Transformationsgruppen auf der geraden Linie zu bestimmen, daher wagte er sich an die der Ebene. Auch mit der Bestimmung der Gruppen der Ebene kam er zum Ziele, allerdings erst nach unendlichen, ermüdenden Rechnungen (1873--74), und bald war er im Be-

---

1) Bd. III d. Ausg. Abh. V (1872), S. 27; Abh. XIII, XIV (1874).
2) A. a. O. Abh. XIV, S. 188 und 204.

sitze einer allgemeinen Theorie der endlichen kontinuierlichen Gruppen in beliebig vielen Veränderlichen. In dieser Theorie hatten alle Begriffe aus der Theorie der Gruppen von Permutationen und der Substitutionengruppen ihr Analogon. Die Konstanten c_{iks} bestimmten, was Lie die Zusammensetzung der Gruppe nannte, und gaben Aufschluß über die kontinuierlichen Untergruppen der Gruppe. De Begriffe: gleichberechtigte Untergruppe, invariante Untergruppe, einfache Gruppe, Transitivität, Imprimitivität, und so weiter ließen sich auf die neue Theorie übertragen. Die Bestimmung aller Invarianten und aller invarianten Gleichungssysteme, die zu einer vorgelegten endlichen kontinuierlichen Gruppe gehören, kam hinaus auf die Integration vollständiger Systeme und auf Determinantenbildung.

Die früher von Lie entwickelte Invariantentheorie der Berührungstransformationen lieferte ihm ohne weiteres die Beantwortung der Frage, wann zwei Gruppen von Berührungstransformationen durch Berührungstransformation ähnlich sind, also mit andern Worten die Invariantentheorie aller dieser Gruppen gegenüber den Berührungstransformationen.[1]) Es gelang ihm aber auch, die Kriterien dafür zu ermitteln, daß zwei endliche kontinuierliche Gruppen von Punkttransformationen durch Punkttransformation ähnlich sind, so daß er auch die Invariantentheorie dieser Art von Gruppen gegenüber den Punkttransformat onen beherrschte.[2]) Er erweiterte diese Theorie noch zu einer Invariantentheorie eines beliebigen Systems von infinitesimalen Punkttransformationen gegenüber allen Punkttransformationen.[3])

Andrerseits gab aber jede einzelne endliche kontinuierliche Gruppe G Anlaß zu einer Reihe von Invariantentheorien.

Erstens lieferten die Invarianten und die invarianten Gleichungssysteme, die in dem Raume von G auftreten, die Kriterien dafür, ob ein gegebener Punkt dieses Raumes durch eine Transformation von G in einen andern gegebenen Punkt überführbar ist, ob also die beiden Punkte der Gruppe gegenüber äquivalent sind. Auch konnte dann die allgemeinste Transformation von G aufgestellt werden, die die Überführung leistet, falls diese möglich ist. Wir wollen diese Theorie als die gewöhnliche Invariantentheorie der Gruppe G bezeichnen.

Zweitens konnte er G in der mannigfaltigsten Weise durch Hinzunahme von Differentialen, von Differentialquotienten und auf andre Art erweitern. Die gewöhnlichen Invarianten und die invarianten Gleichungssysteme der erweiterten Gruppe lieferten dann Differentialinvarianten von G, invariante Systeme von Differentialgleichungen, und so weiter.

Damit konnten jetzt die beiden, auf S. IX ausgesprochenen allgemeinen Probleme wenigstens für den Fall vollständig gelöst werden, daß man sich auf die Transformationen einer bestimmten vorgelegten endlichen kontinuierlichen Gruppe beschränkt. Die Frage nämlich, ob eine vorgelegte Mannigfaltigkeit, ein System von Differentialgleichungen u. dgl. durch eine Transformation der Gruppe G in ein vorgelegtes Gebilde derselben Art überführbar ist, kam immer hinaus auf eine Aufgabe der gewöhnlichen Invariantentheorie für eine der zu G gehörigen erweiterten Gruppen.

---

1) Bd. V d. Ausg., Abh. III (1876), S. 69.
2) Ebd. Abh. IV (1878), S. 96—103; Abh. XVII (1884), S. 447; Bd. VI, Abh. III (1885), S. 165—175.
3) Bd. V, Abh. IV, S. 103; Bd. VI, Abh. III, S. 176 f., Nr. 15.

Hierbei darf ich allerdings nicht verschweigen, daß Lie die Tragweite seiner gewöhnlichen Invariantentheorie einer endlichen kontinuierlichen Gruppe überschätzt hat. Seine Invarianten und invarianten Gleichungssysteme liefern zunächst nur notwendige Kriterien für die Äquivalenz zweier Punkte gegenüber der Gruppe. Daß diese notwendigen Kriterien zugleich hinreichend sind, läßt sich nur dann allgemein beweisen, wenn der zweite Punkt in einer gewissen Umgebung des ersten liegt. Ist diese Voraussetzung nicht erfüllt, so bedarf es jedesmal einer besonderen Untersuchung, ob Äquivalenz stattfindet oder nicht, und es ist offenbar unmöglich, Methoden anzugeben, die diese Frage in jedem Falle entscheiden. Lie hat also hier die Grenzen der Leistungsfähigkeit seiner allgemeinen Invariantentheorie nicht genügend beachtet, ein Mangel, auf den erst Study hingewiesen hat.[1]

Wie in der Ebene, so kann man auch in einem Raume höherer Dimension alle endlichen kontinuierlichen Gruppen von Punkttransformationen oder von Berührungstransformationen bestimmen. Man muß dann für jeden der in dem Raume vorhandenen Gruppentypen einen Repräsentanten aufstellen, so daß jede endliche kontinuierliche Gruppe des Raumes mit einem und nur einem dieser kanonischen Repräsentanten durch Punkttransformation oder Berührungstransformation ähnlich ist. Dabei kann man immer erreichen, daß man von jedem der kanonischen Repräsentanten nicht bloß die infinitesimalen Transformationen kennt, sondern auch die endlichen.

Ist das geschehen, so kann man durch ausführbare Operationen für jeden der kanonischen Repräsentanten alle invarianten Systeme von Differentialgleichungen aufstellen, und erhält so kanonische Formen für alle in dem Raume vorhandenen Systeme von Differentialgleichungen, die endliche kontinuierliche Gruppen gestatten.

Man habe nun ein solches kanonisches System, das bei einem der gefundenen Repräsentanten invariant bleibt. Enthält dann die allgemeinste Lösung des Systems bloß eine endliche Anzahl von willkürlichen Konstanten, so kommt dessen Integration hinaus auf die eines vollständigen Systems, das bekannte infinitesimale Transformationen gestattet, die eine endliche kontinuierliche Gruppe erzeugen, eben den betreffenden Repräsentanten. Dieses Integrationsproblem kann nach der früher besprochenen Lieschen Theorie auf einfachere Hilfsgleichungen zurückgeführt werden. Im allgemeinen muß man zunächst ein vollständiges System integrieren, das keinen Affekt hat, von dem man also keine nicht trivialen infinitesimalen Transformationen kennt. Man kommt dann auf ein Liesches Normalproblem, das seinerseits in eine Reihe von Normalproblemen zerlegt werden kann, bei deren jedem die Gruppe einfach ist.

Hängt die allgemeinste Lösung des kanonischen Systems nicht bloß von einer endlichen Anzahl willkürlicher Konstanten ab, so kommt eine Reduktion des Integrationsproblems dadurch zustande, daß die kanonische Gruppe, die das System invariant läßt, die Lösungen des Systems in invariante Scharen zerlegt, deren jede bloß von einer endlichen Anzahl von willkürlichen Konstanten abhängt. Da jede solche invariante Schar durch ein bei der kanonischen Gruppe invariantes System von Differentialgleichungen definiert wird, so kann man alle diese Systeme aufstellen und hat dann jedes einzelne so zu behandeln, wie das im vorigen Falle angedeutet ist.

---

1) Vgl. dessen auf S. *878* angeführte Abhandlung von 1908.

Ist ferner in dem betreffenden Raume ein beliebiges System von Differentialgleichungen vorgelegt, so kann man durch ausführbare Operationen feststellen, ob das System infinitesimale Transformationen gestattet. Man findet ein System von linearen homogenen Differentialgleichungen, das die betreffenden infinitesimalen Transformationen definiert. Hängt die allgemeinste Lösung dieses Systems nur von einer endlichen Anzahl von willkürlichen Konstanten ab, so hat man die Definitionsgleichungen einer endlichen kontinuierlichen Gruppe. Diese muß mit einem der früher gefundenen kanonischen Repräsentanten ähnlich sein, und zwar kann man stets durch ausführbare Operationen ermitteln, mit welchem. Gelingt es daher, die Gruppe, deren Definitionsgleichungen man gefunden hat, in den mit ihr ähnlichen kanonischen Repräsentanten überzuführen, so geht zugleich das vorgelegte System von Differentialgleichungen in eine der kanonischen Formen über, deren Integration in der früher angegebenen Weise in einfachere Integrationsprobleme zerlegt werden kann.

Es handelt sich jetzt noch um die Bestimmung einer Transformation, bei der die unbekannte Gruppe in den kanonischen Repräsentanten übergeht.

Die allgemeinste Transformation, die diese Überführung leistet, wird durch ein System von Differentialgleichungen definiert, das man aufstellen kann. Sie wird andrerseits erhalten, wenn man hinter einer beliebigen Transformation, die die Überführung leistet, die allgemeinste Transformation der größten kontinuierlichen Gruppe ausführt, in der der kanonische Repräsentant als invariante Untergruppe enthalten ist. Da die endlichen Transformationen des kanonischen Repräsentanten bekannt sind, so lassen sich auch die endlichen Transformationen dieser größten Gruppe durch ausführbare Operationen aufstellen, selbst dann, wenn sie keine endliche, sondern eine unendliche kontinuierliche Gruppe ist. Unsre Aufgabe, die allgemeinste Transformation von der verlangten Beschaffenheit zu bestimmen, erscheint daher als ein besonderer Fall des folgenden allgemeinen Problems, das Lie bei den verschiedensten Gelegenheiten ausgesprochen und behandelt hat:

Zu integrieren ist ein System von Differentialgleichungen, dessen allgemeinstes Lösungssystem aus einem partikulären Lösungssysteme dadurch erhalten wird, daß man die allgemeinste Transformation einer kontinuierlichen Gruppe ausführt.

Allerdings konnte Lie dieses Problem noch nicht allgemein behandeln, so lange er noch keine Theorie der unendlichen kontinuierlichen Gruppen besaß. Er konnte da nur den Fall vollständig erledigen, daß die allgemeinste Lösung des Systems von Differentialgleichungen nur von einer endlichen Anzahl willkürlicher Konstanten abhängt und daß die betreffenden kontinuierlichen Gruppen endlich sind. Diesen Fall nämlich konnte er auf die Aufgabe zurückführen, ein vollständiges System zu integrieren, das bekannte infinitesimale Transformationen gestattet, die eine endliche kontinuierliche Gruppe mit bekannten endlichen Transformationen erzeugen.[1]

Übrigens hat sich Lie keineswegs mit solchen allgemeinen theoretischen Spekulationen begnügt, sondern er hat im Jahre 1883 für die Ebene eine vollständige Theorie der gewöhnlichen Differentialgleichungen entwickelt, die

---

1) Siehe hier Abh. III (1885), S. 186—190.

eine endliche kontinuierliche Gruppe von Punkttransformationen gestatten.[1]) Er stellt darin kanonische Formen für alle diese Differentialgleichungen auf. Er zeigt für jede kanonische Differentialgleichung, welche Integrationsoperationen zu ihrer Erledigung erforderlich sind. Endlich denkt er sich eine beliebige Differentialgleichung zweiter oder höherer Ordnung vorgelegt. Die Frage, ob diese Gleichung infinitesimale Punkttransformationen gestattet, führt auf gewisse lineare homogene partielle Differentialgleichungen, von denen sich immer feststellen läßt, ob sie Lösungen gemein haben oder nicht. Haben sie Lösungen gemein, so gestattet die Gleichung eine Gruppe von Punkttransformationen, die immer endlich ist, und Lie zeigt, wie man in jedem einzelnen Falle zu verfahren hat, um diese Gruppe zu bestimmen und die Gleichung auf ihre kanonische Form zu bringen.

Die dazu erforderlichen Hilfsmittel und Theorien besaß er damals schon lange, im Wesentlichen wohl schon seit 1874. Daß er dieses überaus lehrreiche Beispiel vollständig durchgeführt hat, haben wir seinem Zusammentreffen mit Halphen zu verdanken, als er am 3. November 1882 vor der Société Mathématique de France einen Vortrag über seine Integrationstheorie hielt.[2])

Sehr früh hatte Lie auch schon unendliche kontinuierliche Gruppen in den Kreis seiner Betrachtungen gezogen. Er operierte schon von vornherein mit der unendlichen Gruppe aller Punkttransformationen und mit der aller Berührungstransformationen. Aber auch einzelne besondere unendliche Gruppen benutzte er schon damals. So verwendete er zum Beispiel 1872 die unendliche Gruppe aller Berührungstransformationen des Raumes, bei der die Gruppe aller Translationen invariant bleibt.[3]) Seine Funktionengruppen sind ja im Grunde auch nichts anderes als unendliche Gruppen von Berührungstransformationen. Ebenso bilden die Punkttransformationen, die ein vollständiges System oder eine Pfaffsche Gleichung invariant lassen, und die, bei denen ein Pfaffscher Ausdruck bis auf ein additives vollständiges Differential invariant bleibt, unendliche Gruppen.

Daß auch die endlichen kontinuierlichen Gruppen ihn häufig nötigten, unendliche kontinuierliche Gruppen in Betracht zu ziehen, geht aus dem früher Gesagten hervor. Insbesondere entwickelte er schon 1882 eine neue, äußerst weittragende Integrationstheorie[4]), die auf dem Umstande beruht, daß zu jeder endlichen kontinuierlichen Gruppe von Punkttransformationen eine gewisse ganz bestimmte unendliche Gruppe gehört.

Sind nämlich:

$$x_i' = f_i(x_1, \ldots, x_n; \; a_1, \ldots, a_r) \qquad (i = 1, \ldots, n)$$

die endlichen Transformationen einer r-gliedrigen Gruppe, die von den r infinitesimalen Transformationen:

$$X_k f = \sum_i^{1 \ldots n} \xi_{ki}(x_1, \ldots, x_n) \cdot \frac{\partial f}{\partial x_i} \qquad (k = 1, \ldots, r)$$

----

1) Bd. V d. Ausg. Abh. IX, X, XI, XIV.

2) Siehe hier Abh. III (1885), S. 142. Den Vortrag findet man in Bd. V d. Ausg., S. *669—673*.

3) Hier Abh. XVIII (1895), S. 396 und Bd. III d. Ausg., S. *623*.

4) Es ist eine Integrationstheorie der simultanen Systeme, von denen Lie später sagte, daß sie **Fundamentallösungen** besitzen; vgl. hier Abh. XX (1895), S. 544 f., ferner Bd. III d. Ausg. Abh. XXXIX, XL (1882), S 548, 551—553; Bd. VI, Abh. III (1885), S. 195—202.

erzeugt ist, so bilden die Transformationen:

$$(\text{L}) \qquad u' = u + c, \quad x_i' = f_i(x_1, \ldots, x_n; \; \mathfrak{A}_1(u), \ldots, \mathfrak{A}_r(u)) \qquad (i = 1, \ldots, n)$$

mit den willkürlichen Funktionen: $\mathfrak{A}_1(u), \ldots, \mathfrak{A}_r(u)$ und dem Parameter c eine unendliche kontinuierliche Gruppe, die von den infinitesimalen Transformationen:

$$a \frac{\partial f}{\partial u} + \sum_k^{1 \ldots r} \chi_k(u)\, X_k f$$

erzeugt wird, unter den $\chi_k(u)$ wieder willkürliche Funktionen und unter a einen Parameter verstanden.[1])

Lie betrachtete nun eine beliebige Gleichung von der Form:

$$A f = \frac{\partial f}{\partial u} + \sum_k^{1 \ldots r} \varphi_k(u)\, X_k f = 0$$

und nahm an, daß von dem äquivalenten simultanen Systeme:

$$\frac{d x_i}{d u} = \sum_k^{1 \ldots r} \varphi_k(u)\, \xi_{ki}(x_1, \ldots, x_n) \qquad (i = 1, \ldots, n)$$

etwa eine partikuläre Integralgleichung:

$$\Omega(x_1, \ldots, x_n, u) = 0$$

bekannt war, mit andern Worten: eine Gleichung, die die infinitesimale Transformation Af gestattet. Er stellte sich die Aufgabe, diesen Umstand für die Integration von: $Af = 0$ möglichst zu verwerten.

Auch diese Aufgabe faßte er als ein Transformationsproblem auf. Er bemerkte nämlich, daß die früher erwähnte unendliche Gruppe (L), der die in-

---

1) Ich kann hier eine Bemerkung nicht unterdrücken. Der Gruppenbegriff spielt, wie man schon oft ausgesprochen hat, bereits in der Geometrie der alten Griechen eine Rolle. Sie benutzten ja den Begriff der Bewegung, und es ist klar, daß auch für sie zwei Bewegungen, nach einander ausgeführt, mit einer einzigen dritten Bewegung gleichbedeutend waren. Aber unter einer Bewegung verstanden sie zweifellos nur einen kontinuierlichen Übergang eines starren Körpers aus einer Lage in eine andere Lage. Daß dieser Übergang auf unbegrenzt vielen verschiedenen Wegen möglich ist, mag sie daran verhindert haben, den Bewegungsbegriff genauer zu untersuchen; denn sie waren außer Stande, die verwirrende Mannigfaltigkeit aller Bewegungen zu überblicken. Euler ist wohl der erste, der diesen Bewegungsbegriff der analytischen Behandlung zugänglich gemacht hat. Bei seinen Untersuchungen über die Bewegungen eines starren Körpers betrachtet er immer eine kontinuierliche Folge von Lagen, die der Körper im Verlaufe der Zeit annimmt. Ich kann aber nicht finden, daß er den Übergang des Körpers aus einer Lage in eine andere als eine für sich bestehende Operation betrachtet hat, bei der die etwaigen Zwischenlagen ganz außer Acht gelassen werden. Die sechsgliedrige Gruppe der Bewegungen, wie sie uns jetzt geläufig ist, kannte Euler allem Anscheine nach noch nicht, die ist erst im neunzehnten Jahrhundert Allgemeingut der Mathematiker geworden. Das Merkwürdige ist nun, daß Lie von der sechsgliedrigen Gruppe der Bewegungen ausging und erst nachträglich die zugehörige unendliche kontinuierliche Gruppe betrachtet hat, die das eigentliche Abbild des Bewegungsbegriffes ist, wie er sich den alten Griechen darbot.

finitesimale Transformation Af angehört, stets endliche Transformationen enthält, vermöge deren die infinitesimale Transformation Af in den neuen Veränderlichen: u', x_1', $\ldots$, x_n' die einfache Form $\partial f : \partial u'$ annimmt. In der Tat erhält man eine Transformation (L), die die verlangte Überführung leistet, wenn man x_1', $\ldots$, x_n' gleich den Hauptlösungen der Gleichung: $Af = 0$ setzt, die für: $u = u^0$ der Reihe nach in x_1, $\ldots$, x_n übergehen, unter u^0 eine Konstante verstanden. Die Integration von $Af = 0$ kommt daher darauf hinaus, eine solche Transformation der unendlichen Gruppe (L) zu bestimmen, die Af in die kanonische Form $\partial f : \partial u'$ überführt. Dabei ist klar, daß die Gleichung: $\Omega(x, u) = 0$ in den neuen Veränderlichen von u' frei wird, daß sie also wegen der Eigenschaften der Hauptlösungen die Gestalt:

$$\Omega(x_1', \ldots, x_n', u^0) = 0$$

erhält.

Jetzt kommt es darauf an, die allgemeinste Transformation der unendlichen Gruppe (L) zu finden, bei der Af und $\Omega(x, u) = 0$ gleichzeitig in $\partial f : \partial u'$ und in: $\Omega(x', u^0) = 0$ übergehen. Da die Möglichkeit der Überführung gesichert ist, hängt Alles davon ab, ob es außer der infinitesimalen Transformation $\partial f : \partial u'$ noch andere infinitesimale Transformationen:

$$\sum_k^{1 \ldots r} \chi_k(u') \sum_i^{1 \ldots n} \xi_{ki}(x_1', \ldots, x_n') \frac{\partial f}{\partial x_i'} = \sum_k^{1 \ldots r} \chi_k(u') X_k' f$$

der unendlichen Gruppe (L) gibt, bei denen nicht bloß die infinitesimale Transformation $\partial f : \partial u'$, sondern auch die Gleichung: $\Omega(x', u^0) = 0$ invariant bleibt. Die erste Forderung bedeutet, daß diese infinitesimalen Transformationen mit $\partial f : \partial u'$ vertauschbar sein sollen, daß also die $\chi_k(u')$ Konstanten sind. Man braucht also nur zu untersuchen, ob die r-gliedrige Gruppe: $X_1' f$, $\ldots$, $X_r' f$ in den Veränderlichen x_1', $\ldots$, x_n' infinitesimale Transformationen enthält, die die Gleichung: $\Omega(x', u^0) = 0$ invariant lassen.

Gibt es keine solche infinitesimale Transformation, so enthält die unendliche Gruppe (L) nur ∞^1 Transformationen, bei denen: Af und $\Omega(x, u) = 0$ in $\partial f : \partial u'$ und $\Omega(x', u^0) = 0$ übergehen. Dabei sind die Transformationsgleichungen:

$$\text{(M)} \qquad x_i' = f_i(x_1, \ldots, x_n; \mathfrak{A}_1(u), \ldots, \mathfrak{A}_r(u)) \qquad (i = 1, \ldots, n)$$

offenbar vollständig bestimmt durch die Forderung, daß $\Omega(x, u) = 0$ in $\Omega(x', u^0) = 0$ übergeben soll. Demnach können die ∞^1 Transformationen der Gruppe (L), die jene Überführung leisten, durch ausführbare Operationen gefunden werden. Das Integrationsproblem ist erledigt.

Gestattet andrerseits die Gleichung: $\Omega(x', u^0) = 0$ gerade l unabhängige infinitesimale Transformationen der r-gliedrigen Gruppe: $X_1' f$, $\ldots$, $X_r' f$, so erzeugen diese — es seien etwa: $X_1' f$, $\ldots$, $X_l' f$ — eine l-gliedrige Untergruppe, deren endliche Transformationen man aufstellen kann, da man die endlichen Transformationen der r-gliedigen kennt.[1]) Die allgemeinsten Transformationsgleichungen (M), bei denen: $\Omega(x, u) = 0$ in $\Omega(x', u^0) = 0$ übergeht, und die

---

1) Außer ausführbaren Operationen sind dazu höchstens Quadraturen erforderlich, s. hier Abh. VII (1889).

b*

zusammen mit: $u' = u + c$ eine Transformation (L) liefern, bei der sich Af in $\partial f : \partial u'$ verwandelt, werden daher durch ein System von Differentialgleichungen definiert, dessen allgemeinstes Lösungssystem aus einem partikulären Lösungssysteme erhalten wird, indem man die allgemeinste Transformation der l gliedrigen Gruppe: $X_1'f, \ldots, X_l'f$ ausführt.

Das ursprüngliche Integrationsproblem ist somit in diesem Falle auf ein Problem von der auf S. XVI angegebenen Art zurückgeführt. Da überdies die Gruppe des Problems endlich ist, so kommt nunmehr Alles auf die Integration eines vollständigen Systems hinaus, das eine l-gliedrige Gruppe gestattet, die mit der Gruppe: $X_1'f, \ldots, X_l'f$ gleichzusammengesetzt ist.

Besonders bemerkenswert ist noch, daß man auf dem von Lie eingeschlagenen Wege unmittelbar erkennt: die bekannte Integralgleichung ist so vollständig ausgenutzt wie überhaupt möglich. Eine weitere Integrationsvereinfachung ist nicht erreichbar.

Lies Versuche, auch für die unendlichen kontinuierlichen Gruppen eine allgemeine Theorie zu entwickeln, waren lange Zeit vergeblich, bis er im Januar 1883 den glücklichen Gedanken hatte, „unter allen Gruppen diejenigen herauszugreifen, deren Transformationen durch Differentialgleichungen definiert werden können."[1] Die Beschränkung auf diese Klasse von Gruppen war offenbar für alle Untersuchungen über Differentialgleichungen ganz besonders zweckmäßig und erwies sich sofort als außerordentlich folgenreich. Lie konnte nunmehr alle unendlichen kontinuierlichen Gruppen von Punkttransformationen und von Berührungstransformationen der Ebene bestimmen, das entsprechende Problem für den Raum war jetzt lösbar, und so weiter. Vor allen Dingen aber konnte er nunmehr zeigen, daß jede unendliche kontinuierliche Gruppe Differentialinvarianten besitzt, und wurde so in den Stand gesetzt, für jede kontinuierliche Gruppe eine Invariantentheorie zu entwickeln, vermöge deren er alle Fragen beantworten konnte, die sich darauf beziehen, ob ein vorgelegtes analytisches Gebilde in ein anderes vorgelegtes Gebilde derselben Art durch eine Transformation der Gruppe überführbar ist. Unter einem analytischen Gebilde sind dabei nicht bloß Systeme von Funktionen, von Gleichungen, von Differentialgleichungen, von Differentialausdrücken und so weiter zu verstehen, sondern auch Systeme, die aus mehreren verschiedenartigen solchen Systemen zusammengesetzt sind.

Die Bedenken, auf die ich bei Lies Invariantentheorie der endlichen kontinuierlichen Gruppen hingewiesen habe, machen sich selbstverständlich auch hier geltend; es ist sogar noch schwieriger, die Grenzen festzustellen, innerhalb deren die Invariantentheorie der unendlichen kontinuierlichen Gruppen nicht bloß notwendige, sondern auch hinreichende Äquivalenzkriterien liefert.

Dazu kommt eine andre Schwierigkeit, die ich bisher noch nicht erwähnt habe, die sich aber in allen diesen Untersuchungen Lies bemerklich macht. Nämlich der Begriff der ausführbaren Operation, der fortwährend benutzt wird, ist mit einer gewissen Unbestimmtheit behaftet und einer wirklich scharfen Definition nicht recht zugänglich. Müssen doch Operationen als ausführbar betrachtet werden, deren praktische Ausführung in keiner noch so langen Zeit geleistet werden kann, vielmehr schlechterdings unmöglich ist, weil die Ge-

---

1) S. hier Abh. XVIII (1895), S. 396, sowie S. 777f., 779, 786f.

setze der dazu erforderlichen unendlichen Prozesse nicht allgemein angebbar sind. Man denke nur an die Auflösung von Gleichungssystemen und an die immer wiederkehrenden Eliminationen, wo schon die Feststellung der Gebiete, innerhalb deren das Ergebnis dieser Operationen eindeutig bestimmt ist, unübersehbare Schwierigkeiten machen kann.

Es ist aber geradezu als ein Glück zu betrachten, daß sich Lie an keiner dieser Schwierigkeiten gestoßen, daß er die Kühnheit besessen hat, sie außer Acht zu lassen. Ich möchte ihn, wie ich schon bei einer früheren Gelegenheit mich ausgedrückt habe[1]), einem Pfadfinder im Urwalde vergleichen, der auch da, wo andre daran verzweifeln, durch das Gestrüpp zu dringen, immer noch einen Ausweg zu finden weiß, und zwar immer den, der die lohnendsten Blicke auf bisher ungeahnte romantische Gebirge und Täler eröffnet.

Alle die genannten Schwierigkeiten und die daraus fließenden Bedenken erscheinen daher geringfügig und müssen zurückgestellt werden, wenn es sich darum handelt, zu würdigen, was Lie auf dem von ihm eingeschlagenen Wege für die Weiterentwickelung der Mathematik geleistet hat.

In der Tat, seine allgemeine Theorie der kontinuierlichen Gruppen und seine allgemeine Invariantentheorie setzten ihn in den Stand, die vorhin erwähnten allgemeinen Probleme, die er sich gleich bei Beginn seiner Laufbahn gestellt hatte, in voller Allgemeinheit und ohne jede Einschränkung zu behandeln. Alle diese Transformationsprobleme und alle die Integrationsprobleme, zu denen kovariante Gebilde gehören, von denen man weiß, daß sie bekannte oder unbekannte infinitesimale Transformationen gestatten, waren jetzt der Behandlung zugänglich. Er konnte sie in einfachere Integrationsprobleme zerlegen und konnte überhaupt, auf Grund seiner allgemeinen Invariantentheorie, genau feststellen, was unter gegebenen Voraussetzungen geleistet werden kann.[2]) Lehrreiche Beispiele findet man in den hier abgedruckten Abhandlungen XX, XXV, XXVIII und XXIX.

Man gehe die ganze Geschichte der Mathematik durch: ich glaube nicht, daß man einen zweiten Fall wird auffinden können, wo aus einigen wenigen allgemeinen Gedanken, die auf den ersten Blick sogar ziemlich inhaltlos erscheinen, eine so umfangreiche und weitgreifende Theorie entwickelt worden ist. Als Gedankengebäude betrachtet ist diese Liesche Theorie ein Kunstwerk, das bei jedem Mathematiker, der sich ernstlich darein vertieft, Staunen und Bewunderung erwecken muß. Dieses Kunstwerk scheint mir eine Leistung durchaus vergleichbar mit der Leistung, die etwa Beethoven vollbracht hat, indem er aus einigen unscheinbaren, zum Teil fast trivialen Motiven einen ganzen, weit ausgedehnten Satz von überwältigender Wirkung hervorzaubert.

Es ist daher durchaus begreiflich, wenn Lie immer und immer wieder auf die Bedeutung dieser seiner Invariantentheorie hinweist, die genau entscheidet, „welche Vereinfachungen in jedem einzelnen Falle erreicht werden können“, und wenn er darüber erbittert ist, daß „deren Wesen, ja Existenz den Mathematikern fortwährend unbekannt zu sein scheint.“[3])

Dieser beklagenswerte Zustand, den Lie selbst so schwer empfunden hat, herrscht, in Deutschland wenigstens, auch heute noch immer. Um nun Alles zu

---

1) Leipziger Berichte 1899, S. XII.
2) Abh. XXIX (1902), S. 703.
3) Abh. XXVIII (1897), S. 680.

tun, was in meinen Kräften steht, dem abzuhelfen, habe ich bei der Herausgabe des vorliegenden Bandes besonders die Abhandlungen eingehend erläutert, in denen Anwendungen der Gruppentheorie auf die Integrationstheorie entwickelt werden. Ich habe versucht, in diesen Abhandlungen alle Einzelheiten und alle kurzen Andeutungen vollständig aufzuklären.

Die meisten Schwierigkeiten hat mir dabei die große Abhandlung in Band XXV der Annalen gemacht, die hier unter Nr. III abgedruckt ist. Ich hoffe aber, daß auch darin keine Stelle von irgendwelcher Bedeutung unaufgeklärt geblieben ist. Besonders hinweisen möchte ich auf meine Anmerkungen zu S. 183 f., S. *815—817*, wo, wie ich glaube, der ursprüngliche Gedankengang Lies wieder hergestellt und zugleich aufgeklärt ist, wie Lie dazu gekommen ist, sich auf den dort benutzten Hilfssatz zu berufen. Ferner auf die Anmerkungen zu § 8, S. 195—202, siehe S. *822—837*, auf die zu § 10, S. 208—219, siehe S. *838—846*. Endlich auf die zu § 12, S. 222 f., siehe S. *847—853*, wo es mir hoffentlich gelungen ist, vollständig aufzuhellen, was Lie mit seinen kurzen Andeutungen gemeint hat.

Bei der Korrektur haben mich in dankenswerter Weise unterstützt: Dr. H. Geppert, Privatdozent und Assistent am mathematischen Seminare der Universität Gießen, und mein früherer Schüler, Dr. Karl Faber; sie haben mir nämlich die ermüdende Arbeit abgenommen, den Neudruck noch ein zweites Mal mit den ersten Drucken zu vergleichen.

Es würde zu weit führen, wollte ich alle die nennen, die mich durch einzelne Auskünfte verpflichtet haben. Doch muß ich erwähnen, daß mein Freund und Mitherausgeber P. Heegaard keine Mühe gescheut hat, meine Fragen zu beantworten und Handschriften Lies zu vergleichen, wo mir das nötig schien.

Endlich muß ich noch der Teubnerschen Druckerei danken, deren Leistung für sich selbst spricht.

Der Umfang des vorliegenden Bandes hat dazu gezwungen, die Anmerkungen für sich binden zu lassen. Ich bedaure nur, daß das nicht auch schon bei Band III und V geschehen ist, denn erst so werden die Anmerkungen bequem benutzbar.

Als nächster soll, ebenfalls von mir herausgegeben, der vierte Band folgen, mit dessen Satz schon begonnen ist.

Gießen, Dezember 1926. **Friedrich Engel.**

Über Lies Invariantentheorie der endlichen kontinuierlichen Gruppen

Von

Friedrich Engel

1. Im Jahre 1908 veröffentlichte Study auf S. 125—142 von Bd. XVII des Jahresberichts der D.M.V. „Kritische Betrachtungen" über die in der Überschrift genannte Theorie. Er hatte mir diese vorher handschriftlich mitgeteilt und dadurch einen langen, zum Teil sehr erregten Briefwechsel zwischen uns beiden veranlaßt. Auf die Fassung von Studys Veröffentlichung war dieser Briefwechsel nicht ohne Einfluß geblieben, auch bot mir Study Gelegenheit, im Anschluß an seine Arbeit auf S. 143f. unter der Überschrift: „Zu der Studyschen Abhandlung" Stellung zu nehmen. Ich erklärte, daß ich Studys Kritik im wesentlichen als berechtigt und zutreffend anerkannte. Ich gestand unumwunden zu, daß Lies eigene Darstellung seiner Invariantentheorie an schweren Mängeln litt, und daß Lie die Tragweite seiner Theorie, besonders die seiner Äquivalenzkriterien, überschätzt hatte.

Dagegen konnte ich darüber keinen Zweifel lassen, daß ich Studys Ansichten keineswegs in allen Punkten teilte. Als ältester und vertrautester Schüler von Lie konnte ich mich unmöglich bei dieser Kritik beruhigen, fühlte mich vielmehr verpflichtet, eine Ergänzung dazu zu liefern. Ich wollte das tun, was der Kritiker allerdings nicht nötig hat, nämlich zeigen, daß die Begriffe, auf denen Lie seine Invariantentheorie aufbaut, nicht an sich fehlerhaft und unklar sind. Sie bieten vielmehr der Kritik nur deshalb Angriffspunkte, weil Lie selbst sie nicht scharf genug erklärt hat. Andererseits ist seine Äquivalenztheorie einer endlichen kontinuierlichen Gruppe keineswegs von vornherein verfehlt, sondern sie kann, wenigstens bis zu einem gewissen Grade, in Ordnung gebracht werden. Nur haben seine Äquivalenzkriterien nicht die Tragweite, die er ihnen zuschrieb, und die Ansprüche, die er daran knüpfte, müssen wesentlich eingeschränkt werden.

2. Die Ergänzung, die ich zu dem Studyschen Aufsatze liefern wollte, wuchs mir unter der Hand zu einer ziemlich umfangreichen Abhandlung, obwohl ich Vollständigkeit gar nicht anstrebte, die ja doch nur in einem eignen

Buche hätte versucht werden können. Meine Arbeit ist damals unveröffentlicht geblieben, weil ich nicht dazu kam, sie druckfertig zu machen. Seitdem sind dreißig Jahre vergangen, ohne daß von anderer Seite eine Darstellung der Lieschen Invariantentheorie gegeben worden wäre, wie ich sie 1908 versucht hatte. Es erscheint mir daher keineswegs überflüssig, meine damals niedergeschriebenen Entwickelungen auch jetzt noch den Mathematikern vorzulegen. Ich habe selbstverständlich versucht, sie im einzelnen zu verbessern, da meine unausgesetzte Beschäftigung mit den Lieschen Theorien mich noch tiefer in alle die Fragen hat eindringen lassen, um die es sich hier handelt.

3. Die Darstellung, die Lie selbst von seiner Äquivalenztheorie gegeben hat, lasse ich im folgenden außer Betracht, denn in der von Study erwähnten Abhandlung und auch an anderen Stellen hat Lie seine Theorie doch nur skizziert. Andererseits wollte er in den von Scheffers bearbeiteten Vorlesungen über kontinuierliche Gruppen möglichst elementar sein und verzichtete deshalb von vornherein auf präzise Formulierung der Begriffe und auf genaue Begrenzung der Gültigkeitsbereiche der ausgesprochenen Sätze. Es ist nicht zu leugnen, daß der vermeintliche Gewinn leichterer Verständlichkeit, der durch diesen Verzicht erreicht werden sollte, weit überwogen wird durch die Nachteile, die mangelnde Präzision bei der Darstellung einer so neuen Theorie mit sich bringen mußte und mit sich gebracht hat.

4. Bei der Anwendung seiner Invariantentheorie auf das allgemeine Äquivalenzproblem war Lie in einer ähnlichen Lage, wie früher bei den partiellen Differentialgleichungen 1. Ordnung und bei den kontinuierlichen Transformationsgruppen. Er fand es schwierig, seine begrifflichen Überlegungen allgemeinverständlich auseinanderzusetzen, und wünschte deshalb, eine rein analytische Darstellung zu geben. Er fühlte, daß diese schon wegen des höheren Grades von Präzision, dessen sie fähig war, den Vorzug verdiente. Andrerseits war es ihm unbequem und lästig, seine Überlegungen in die Sprache der Analysis zu übersetzen, und es verursachte ihm große Mühe, den analytischen Apparat so weit auszubauen, daß dieser geeignet war, seine Gedanken vollständig zum Ausdruck zu bringen.

In den beiden eben genannten älteren Theorien hat Lie durch langjährige angestrengte Arbeit diese Schwierigkeiten bis zu einem gewissen Grade überwunden, am vollständigsten in der Theorie der Transformationsgruppen, die ihm als die Hilfstheorie für alles Folgende ganz besonders am Herzen lag. Bei der Äquivalenztheorie ist er nicht mehr so weit gekommen. Das Werk, das er unter meiner Mitwirkung zu bearbeiten gedachte, und in dem unter anderem eine selbständige Theorie der Differentialinvarianten gegeben werden sollte[1]), ist überhaupt nicht in Angriff genommen worden. Er war daher nicht gezwungen, die analytische Seite des Problems so sorgfältig durchzudenken, wie es für eine zusammenhängende Darstellung erforderlich ist. Seiner Neigung folgend, zog er es vor, sich in neue Untersuchungen zu vertiefen, ohne darauf zu achten, daß die mangelnde Präzision in der Darstellung seiner Äquivalenztheorie geeignet war, den Wert und sogar die Richtigkeit dieser Theorie selbst in Frage zu stellen.

5. Durch Studys Kritik sah ich mich genötigt, das Äquivalenzproblem im Sinne Lies nach allen Seiten durchzudenken und mir klarzumachen, wie die von Lie benutzten Begriffe und die von ihm aufgestellten Sätze gefaßt werden müssen, will man den Anforderungen an Präzision genügen, die man in der Analysis zu stellen gewohnt ist. Das Folgende ist ein Versuch, das in aller Kürze auseinanderzusetzen und so, wenigstens in den Umrissen, zu zeigen, wie ungefähr die Theorie der Differentialinvarianten und des Äquivalenzproblems in jenem geplanten Werke behandelt worden wären, wenn dieses zustande gekommen wäre. Dabei ist es ziemlich gleichgültig, ob sich Lie selbst schon alle Einzelheiten so zurechtgelegt hat, oder nicht. Vielmehr erblicke ich einen neuen sprechenden Beweis für die Größe seines Genies und für die Sicherheit seines auf die Anschauung gegründeten Denkens in dem Umstande, daß seine Theorie des Äquivalenzproblems trotz der unpräzisen, mangelhaften Form, in der er sie gegeben hat, doch so weit in Ordnung gebracht werden kann, daß sie alles leistet, was von einer Invariantentheorie aller endlichen kontinuierlichen Gruppen überhaupt verlangt werden kann. Sie kann in Ordnung gebracht werden nicht durch künstliche Hilfsmittel, sondern allein durch scharfe Fassung der zugrunde liegenden Begriffe.

Erwähnen muß ich noch, daß ich mich, wie Lie es getan hat, auf analytische Funktionen beschränken werde. Auch auf die Frage gehe ich nicht ein, wie das Äquivalenzproblem zu behandeln ist, wenn man nur reelle Transformationen zuläßt. Diese Frage hat ja Lie gar nicht behandelt, und auch Study erwähnt sie nicht.

§ 1. Numerische Invarianz.

6. In der Invariantentheorie der kontinuierlichen Gruppen muß man ebenso, wie in der Substitutionentheorie, unterscheiden zwischen **formeller** und **numerischer** Invarianz. Lie hat in seinen Schriften diesen Unterschied nur gestreift[2]), ohne näher auf ihn einzugehen. Daß er sich der Notwendigkeit

---

1) Theorie der Transformationsgruppen, Bd. III, Vorrede, S. XVII.
2) In der Arbeit: „Über Differentialinvarianten", Math. Ann. Bd. XXIV (1884) S. 569, 574—576. Ges. Abh. Bd. VI, S. 128, 134—136.

1*

einer solchen Unterscheidung vollkommen bewußt war, das ist mir aus Gesprächen mit ihm noch sehr deutlich in Erinnerung, doch hatte er jedenfalls damals keine Neigung, der Sache auf den Grund zu gehen und den Unterschied zwischen den beiden Arten der Invarianz auf eine bestimmte Formel zu bringen. Wir wollen uns daher zunächst diesen Unterschied klar machen.

7. Hat man in n Veränderlichen $x_1, \ldots, x_n$ irgendeine Transformation:

$$(1) \qquad x_i' = f_i(x_1, \ldots, x_n) \quad (i = 1, \ldots, n),$$

so kann man stets eine beliebige Anzahl von Veränderlichen, etwa $z_1, \ldots, z_m$ hinzufügen, die bei der Transformation gar nicht transformiert werden:

$$(1') \qquad z_\mu' = z_\mu \quad (\mu = 1, \ldots, m),$$

und erhält so in den Veränderlichen $x_1, \ldots, x_n, z_1, \ldots, z_m$ eine **erweiterte** Transformation (1), (1'). Denkt man sich dann etwa z_1 als Funktion von $x_1, \ldots, x_n$ gegeben:

$$z_1 = f(x_1, \ldots, x_n),$$

so wird vermöge (1), (1'):

$$z_1' = z_1 = f(x_1, \ldots, x_n).$$

Die Funktion $f(x_1, \ldots, x_n)$ behält also bei unserer Transformation ihren Zahlenwert, sie bleibt **numerisch invariant**, wie auch ihre Form sich ändern möge, sobald man sie durch die neuen Veränderlichen $x_1', \ldots, x_n'$ ausdrückt.

Dabei ist es ganz gleichgültig, ob die Transformation (1) und die dazugehörige inverse Transformation eindeutig sind, oder nicht. Es ist auch gleichgültig, ob die Funktion $f(x_1, \ldots, x_n)$ selbst eindeutig ist, oder nicht: ordnet $f(x_1, \ldots, x_n)$ dem Punkte $x_1, \ldots, x_n$ eine Reihe von verschiedenen Zahlenwerten $r_1, r_2, \ldots, r_q$ zu, und ist $x_1', \ldots, x_n'$ ein Punkt, in den der Punkt $x_1, \ldots, x_n$ durch unsere Transformation übergeht, so sind dem Punkte $x_1', \ldots x_n'$ genau dieselben Zahlenwerte $r_1, \ldots, r_q$ zugeordnet, und zwar so, daß dem Zahlenwerte r_k im Punkte $x_1, \ldots, x_n$ bei dem durch die Transformation erhaltenen Punkte $x_1', \ldots, x_n'$ derselbe Zahlenwert r_k entspricht.

8. Diese numerische Invarianz hat in **Lies** Untersuchungen von Anfang an eine große Rolle gespielt. Sie tritt z. B. schon auf, wenn man vermöge der Transformation (1) die neuen Veränderlichen $x_1', \ldots, x_n'$ in das Symbol:

$$X f = \sum_{i}^{1 \ldots n} \xi_i(x_1, \ldots, x_n) \frac{\partial f}{\partial x_i}$$

einer infinitesimalen Transformation einführt. Die Transformation (1) wird dabei im Grunde durch Hinzunahme von zwei Veränderlichen z_1, z_2 erweitert, die gar nicht transformiert werden und also numerisch invariant bleiben. Die eine z_1 wird durch f vertreten, und die andere z_2 durch das Symbol Xf.

Man beachte, daß die numerische Invarianz immer zugrundeliegt, wenn es sich darum handelt, die neue Form festzustellen, die irgendein Ausdruck bei einer Transformation annimmt. Diese neue Form, die in den neuen Veränderlichen auszudrücken ist, wird geradezu dadurch bestimmt, daß sie der ursprünglichen Form des Ausdrucks in den ursprünglichen Veränderlichen numerisch gleich ist.

9. Man betrachte jetzt statt einer einzelnen Transformation (1) eine kontinuierliche, etwa eine r-gliedrige Gruppe von Transformationen, die von den r unabhängigen infinitesimalen Transformationen:

$$X_k f = \sum_i^{1\ldots n} \xi_{ki}(x_1, \ldots, x_n) \frac{\partial f}{\partial x_i} \quad (k = 1, \ldots, r)$$

erzeugt ist. Die endlichen Transformationen der Gruppe, die in der Umgebung der identischen Transformation liegen, haben die Form:

$$x_i' = x_i + \sum_i^{1\ldots r} e_k \xi_{ki} + \tfrac{1}{1.2} \sum_{kj}^{1\ldots r} e_k e_j X_k \xi_{ji} + \ldots,$$

wofür geschrieben werden möge:

$$(2) \qquad x_i' = f_i(x_1, \ldots, x_n, e_1, \ldots, e_r) \quad (i = 1, \ldots, n).$$

Durch Hinzunahme von m Veränderlichen $z_1, \ldots, z_m$, die nicht transformiert werden:

$$(2') \qquad z_\mu' = z_\mu \quad (\mu = 1, \ldots, m),$$

erhält man dann stets eine erweiterte r-gliedrige Gruppe in den $n + m$ Veränderlichen $x_1, \ldots, x_n, z_1, \ldots, z_m$, und man kann jetzt den Begriff der numerischen Invarianz auf alle Transformationen dieser Gruppe anwenden. Ist $f(x_1, \ldots, x_n)$ eine etwa gerade q-deutige Funktion, die in dem Punkte $x_1, \ldots, x_n$ die q Zahlenwerte $r_1, \ldots, r_q$ besitzt, so wird diese Funktion bei jeder Transformation der Gruppe derart transformiert, daß dem Punkte $x_1', \ldots, x_n'$, in den $x_1, \ldots, x_n$ durch die Transformation übergeht, dieselber Zahlenwerte $r_1, \ldots, r_q$ der transformierten Funktion zugeordnet sind. Dabei entspricht dem Werte r_k in dem Punkte $x_1, \ldots, x_n$ jedesmal wieder der Wer r_k der transformierten Funktion in $x_1', \ldots, x_n'$. Das gilt auch dann noch wenn $x_1, \ldots, x_n$ eine solche besondere Lage hat, daß einzelne, im allgemeinen verschiedene der Zahlen $r_1, \ldots, r_q$ zusammenfallen.

10. Es ist klar, daß unser Begriff der numerischen Invarianz nicht etwa von den Funktionenelementen abhängt, von denen wir bei der analytischen Darstellung unserer Gruppe ausgehen, sondern daß er auf alle Transformationen der Gruppe in deren ganzer Ausdehnung anwendbar ist. Der Begriff der numerischen Invarianz ist eben keine Eigenschaft, die der Funktion $f(x_1, \ldots, x_n)$ gegenüber der Gruppe zukommt, sondern er beruht einzig und allein auf einer von uns getroffenen Festsetzung.

§ 2. Formelle Invarianz.

11. Der Begriff der formellen Invarianz tritt in zwei verschiedenen Bedeutungen auf. Erstens benutzt man ihn in dem Sinne, daß ein Ausdruck, oder ein Gleichungssystem bei gewissen Transformationen, die dann immer eine endliche oder unendliche Gruppe bilden, seine allgemeine Form behält. So geht z. B. ein quadratisches Bogenelement: $E\,du^2 + 2\,F\,du\,dv + G\,dv^2$ bei jeder Transformation der u, v wieder in ein quadratisches Bogenelement über. Ferner verwandelt sich jede Differentialgleichung 2. Ordnung von der besonderen Form:

$$y'' = \alpha_0(x, y) + \alpha_1 y' + \alpha_2 y'^2 + \alpha_3 y'^3$$

in eine Differentialgleichung von derselben besonderen Form.

Die Betrachtung solcher Ausdrücke oder Gleichungensysteme führt dann immer dazu, die vorliegende Gruppe durch Hinzunahme neuer Veränderlicher zu erweitern. Im ersten Falle erhält man eine unendliche Gruppe in den Veränderlichen u, v, E, F, G, im zweiten Falle eine Gruppe in $x, y, \alpha_0, \alpha_1, \alpha_2, \alpha_3$. Jedesmal handelt es sich dann darum, die Invariantentheorie der erweiterten Gruppe zu entwickeln.

12. Die zweite Art der formellen Invarianz tritt auf, wenn in den Veränderlichen $x_1, \ldots, x_n$ eine Gruppe vorgelegt ist, und die Funktionen bestimmt werden sollen, die bei dieser Gruppe invariant bleiben, das heißt, ihre Form bewahren. Man denkt sich dann die Gruppe erweitert durch Hinzunahme einer Veränderlichen z, die gar nicht transformiert wird. Die Funktion $z = f(x_1, \ldots, x_n)$ bleibt bei allen Transformationen der Gruppe numerisch invariant, und es handelt sich darum, unter allen Funktionen f diejenigen auszusuchen, die zugleich formell invariant bleiben, so daß $f(x_1, \ldots, x_n)$ bei jeder Transformation der Gruppe gerade in die Funktion $f(x_1', \ldots, x_n')$ übergeht.

§ 3. Formell invariante Funktionenelemente.

13. Um etwas Bestimmtes aussagen zu können, müssen wir uns zunächst auf solche Transformationen der Gruppe beschränken, die in einer gewissen Umgebung der identischen Transformation liegen, und müssen ferner ein bestimmtes Funktionenelement von $f(x_1, \ldots, x_n)$ ins Auge fassen.

In den infinitesimalen Transformationen $X_k f$ der Gruppe seien die ξ_{ki} gewöhnliche Potenzreihen von $x_1 - x_1^0, \ldots, x_n - x_n^0$. Dabei setzen wir nicht voraus, daß $x_1^0, \ldots, x_n^0$ gegenüber der Gruppe ein Punkt von allgemeiner Lage ist; wir schließen also die Möglichkeit nicht aus, daß sich der Rang der Matrix der ξ_{ki} für $x_1 = x_1^0, \ldots, x_n = x_n^0$ erniedrigt. Für die allgemeine infinitesimale Transformation $\Sigma e_k X_k f$ der Gruppe schreiben wir der Bequemlichkeit wegen $X f$. Es sei ferner die analytische Funktion $f(x_1, \ldots, x_n)$ durch eines ihrer Elemente gegeben, das eine gewöhnliche Potenzreihe von $x_1 - x_1^0, \ldots, x_n - x_n^0$ ist. Sind dann die absoluten Beträge der $x_i - x_i^0$ und der e_k genügend klein, so gilt die Gleichung

$$f(x_1, \ldots, x_n) = f' - \tfrac{1}{1!} X' f' + \tfrac{1}{2!} X' X' f' - \ldots,$$

wo $f' = f(x_1', \ldots, x_n')$ ist, und zwar kann die rechte Seite in eine unbedingt konvergente gewöhnliche Potenzreihe von $x_1' - x_1^0, \ldots, x_n' - x_n^0, e_1, \ldots, e_r$ entwickelt werden. Dadurch ist die neue Form bestimmt, die das Funktionenelement $f(x_1, \ldots, x_n)$ bei allen den Transformationen der Gruppe annimmt, die der identischen Transformation genügend naheliegen.

14. Verlangen wir nun, daß die Funktion $f(x_1, \ldots, x_n)$ bei den Transformationen der Gruppe formell invariant bleibt, daß sie also in $f(x_1', \ldots, x_n')$ übergeht, so ist jedenfalls notwendig, daß das gegebene Element von $f(x_1, \ldots, x_n)$ eine gemeinsame Lösung der r Gleichungen $X_k f = 0$ ist. Tritt dieser Fall wirklich ein, so ist die formelle Invarianz des Funktionenelementes $f(x_1, \ldots, x_n)$ bei allen den Transformationen der Gruppe gesichert, die in einer gewissen Umgebung der identischen Transformation liegen. Sind also die absoluten Beträge der $x_i - x_i^0$ und der e_k genügend klein, so ziehen dann die Gleichungen:

$$x_i' = f_i(x_1, \ldots, x_n, e_1, \ldots, e_r) \quad (i = 1, \ldots, n), \quad z' = z$$

in Verbindung mit:

$$z = f(x_1, \ldots, x_n)$$

die Gleichung:

$$z' = f(x_1', \ldots, x_n')$$

nach sich.

15. Diese Eigenschaft der formellen Invarianz kommt übrigens nicht bloß dem gegebenen Funktionenelemente von f zu, sondern jeder analytischen Funktion des gegebenen Elementes von f, die definiert ist, sobald die absoluten Beträge der $x_i - x_i^0$ genügend klein bleiben. Bei einer mehrdeutigen Funktion des Elementes f bleibt dann jeder einzelne Zweig für sich formell invariant.

Entsprechendes gilt, wenn die Anzahl der von einander unabhängigen Lösungen der Gleichungen $X_k f = 0$, die in gewöhnliche Potenzreihen von $x_1 - x_1^0, \ldots, x_n - x_n^0$ entwickelbar sind, größer ist als eins. Jede analytische Funktion der Funktionenelemente, die in der Umgebung von $x_1^0, \ldots, x_n^0$ Lösungen sind, bleibt ebenfalls formell invariant.

Aber wohlbemerkt, wenn hier von formeller Invarianz die Rede ist, so handelt es sich immer nur um die Invarianz von Funktionenelementen und außerdem um Invarianz gegenüber solchen Transformationen der Gruppe, die in genügender Nähe der identischen Transformation liegen. Es sei ausdrücklich hervorgehoben, daß bei allen allgemeinen Sätzen, die in dem Werke „Theorie der Transformationsgruppen" ausgesprochen sind, immer stillschweigend diese Voraussetzungen gemacht werden. Nur unter diesen Voraussetzungen sind die Sätze gültig, sonst haben sie überhaupt keine Bedeutung.

§ 4. Analytische Fortsetzung der Gruppe in der Umgebung der identischen Transformation.

16. Man wisse, daß ein in der Umgebung des Punktes x_i^0 entwickeltes Element der analytischen Funktion $f(x_1, \ldots, x_n)$ die r Gleichungen $X_k f = 0$ befriedigt, daß es also bei allen in der Umgebung der identischen Transformation liegenden Transformationen der Gruppe formell invariant bleibt. Dann muß man noch zweierlei feststellen: erstens, wie sich die durch analytische Fortsetzung entstehenden Elemente von f bei diesen Transformationen verhalten, und zweitens, was aus den Funktionenelementen wird, wenn man auch solche Tranformationen der Gruppe in Betracht zieht, die nicht in der Umgebung der identischen Transformation liegen.

Lie selbst hat diese Fragen nirgends behandelt, auch kann ich mich nicht entsinnen, daß er sie in seinen Gesprächen mit mir genauer erörtert hätte. Immerhin zeigen die Entwickelungen auf S. 35—40 des 2. Kapitels in Bd. I der Transformationsgruppen, daß ihm derartige Betrachtungen nicht fernlagen.

17. Die in der Nähe der identischen Transformation liegenden Transformationen der Gruppe sind bis jetzt durch die Gleichungen (2) definiert, die nur anwendbar sind, wenn der Punkt x_i in einer gewissen Umgebung von x_i^0 liegt. Will man diese Gleichungen im Gebiete der x_i analytisch fortsetzen, so braucht man bloß das System der Funktionenelemente ξ_{ki} analytisch fortzusetzen und in den Gleichungen (2), die einer solchen Fortsetzung entsprechen, die absoluten Beträge der e_k genügend einzuschränken. Ist ein Element der Funktion f eine Lösung der Gleichungen $X_k f = 0$, so sind für dieses Element alle $X_k f = 0$. Es sind das Identitäten, die bei simultaner analytischer Fortsetzung der ξ_{ki} und des Funktionenelementes f fortbestehen. Demnach bleibt jedes Element der analytischen Funktion f, zu dem man durch solche simultane analytische Fortsetzung gelangt, formell invariant bei den in der Umgebung der Identität liegenden Transformationen der Gruppe, zu denen man gelangt.

18. Ist das System der analytischen Funktionen, das durch die Funktionenelemente ξ_{ki} bestimmt wird, mehrdeutig, so ist die Schar der Transformationen, aus denen die Umgebung der identischen Transformation besteht, von dem Wege abhängig, auf dem man die analytische Fortsetzung bewerkstelligt. Ist das eben erwähnte System eindeutig, so ist es allerdings nicht nötig, innerhalb der Gruppe zwischen verschiedenen Umgebungen der identischen Transformation zu unterscheiden. Da aber die Funktion f mehrdeutig sein kann, muß man auch dann darauf achten, daß das System der Funktionenelemente ξ_{ki} und das Element der Funktion f simultan analytisch fortgesetzt werden. Nur dann, wenn auch f eine eindeutige Funktion ist, stellt sich die Sache einfacher. Ist $\bar{x}_1, \ldots, \bar{x}_n$ ein Wertsystem von solcher Beschaffenheit, daß zwischen $x_1^0, \ldots, x_n^0$ und $\bar{x}_1, \ldots, \bar{x}_n$ eine kontinuierliche Folge von Wertsystemen eingeschaltet werden kann, für deren jedes sich die ξ_{ki} und f regulär verhalten, so ist man sicher, daß das zur Umgebung von $\bar{x}_1, \ldots, \bar{x}_n$ gehörige Element der Funktion f bei allen in der Umgebung der identischen Transformation liegenden Transformationen der Gruppe formell invariant bleibt.

§ 5. Analytische Fortsetzung der Gruppe über die Umgebung der identischen Transformation hinaus.

19. Um jetzt zweitens auch solche Transformationen der Gruppe anwenden zu können, die nicht in der nächsten Umgebung der identischen Transformation liegen, müssen wir die Gruppe über diese Umgebung hinaus analytisch fortsetzen. Es ist aber nicht zweckmäßig, das durch analytische Fortsetzung der Gleichungen (2) zu tun, denn diese stellen nur solche endliche Transformationen der Gruppe dar, die von infinitesimalen Transformationen der Gruppe erzeugt sind. Es kann aber endliche Transformationen der Gruppe geben, die nicht auf diese Weise erzeugt sind, zu denen also keine endlichen Werte der kanonischen Parameter $e_1, \ldots, e_r$ gehören. Zu denen würde man durch analytische Fortsetzung der Gleichungen (2) niemals gelangen. Man muß daher die analytische Fortsetzung der Gruppe in der Weise ausführen, daß man sich die Gruppeneigenschaft zunutze macht. Hinter jeder der Gruppe angehörigen Transformation, die man schon gefunden hat, muß man alle Transformationen der Gruppe ausführen, die in einer gewissen Umgebung der identischen Transformation liegen, so daß also durch jede Transformation der Gruppe zugleich ein Element der Gruppe bestimmt ist.

20. Man erhält allerdings auf diese Weise keine einheitliche Darstellung aller Transformationen der Gruppe mit Hilfe eines einzigen Systems von Parametern. Auch kann man nicht von vornherein wissen, ob zwei verschiedene Gruppenelemente, die man so gefunden hat, Transformationen gemein haben, oder nicht. Aber die ganze Betrachtungsweise leistet für Gruppen das, was die Betrachtung der Funktionenelemente für eine einzelne analytische Funktion leistet. Für unsere Zwecke reicht sie vollkommen aus. Sie ist es in der Tat, die allen gruppentheoretischen Untersuchungen Lies zugrunde liegt. Nur bei gewissen Gruppen, namentlich bei projektiven, ist man in der Lage, eine analytische Darstellung zu geben, die von vornherein alle Transformationen der Gruppe umfaßt.

21. Der Bequemlichkeit wegen nehmen wir an, daß die ξ_{ki} gewöhnliche Potenzreihen von $x_1, \ldots, x_n$ sind, und zwar bleibe der Punkt $x_i = 0$ bei der Gruppe nicht invariant, so daß für $x_1 = \ldots = x_n = 0$ nicht alle ξ_{ki} verschwinden. Ist dann $\mathfrak{P}(x_1, \ldots, x_n)$ ein Element der analytischen Funktion $f(x_1, \ldots, x_n)$, das die r Gleichungen $X_k f = 0$ befriedigt, so gilt die Gleichung:

$$(3) \qquad \mathfrak{P}(x_1, \ldots, x_n) = \mathfrak{P}(x_1', \ldots, x_n')$$

vermöge (2) jedenfalls dann, wenn die absoluten Beträge der x_i und der e_k genügend klein sind, und es ist auch:

$$\sum_{i}^{1\ldots n} \xi_{ki}(x') \frac{\partial \mathfrak{P}(x')}{\partial x_i'} \equiv 0 \qquad (k = 1, \ldots, r).$$

22. Wir wählen nun ein bestimmtes Wertsystem e_k^0, dessen absolute Beträge so klein sind, daß das Wertsystem $x_i^0 = f_i(0, e^0)$ im Innern des Gebietes liegt, in dem sowohl die ξ_{ki} als $\mathfrak{P}$ unbedingt konvergieren, und daß überdies die Funktionen $f_i(x, e)$ in unbedingt konvergente gewöhnliche Potenzreihen der $x_\nu - x_\nu^0$, $e_k - e_k^0$ entwickelbar sind. Dann kann man die $\xi_{ki}(x')$ und $\mathfrak{P}(x')$ nach Potenzen der $x_\nu' - x_\nu^0$ entwickeln:

$$\xi_{ki}(x_1', \ldots, x_n') = \varXi_{ki}(x_1' - x_1^0, \ldots, x_n' - x_n^0),$$
$$\mathfrak{P}(x_1', \ldots, x_n') = P(x_1' - x_1^0, \ldots, x_n' - x_n^0),$$

und es sind die Gleichungen:

$$\sum_i^{1\ldots n} \varXi_{ki}(x')\,\frac{\partial P}{\partial x_i'} = 0 \qquad (k = 1, \ldots, r)$$

identisch erfüllt.

23. Wir können ferner die in der Umgebung der identischen Transformation liegenden Transformationen unserer Gruppe durch Gleichungen von der Form:

$$(4) \qquad x_i'' = F_i(x_1', \ldots, x_n', \varepsilon_1, \ldots, \varepsilon_r) \qquad (i = 1, \ldots, n)$$

darstellen, wo die F_i gewöhnliche Potenzreihen der $x_\nu' - x_\nu^0$, ε_k sind, und wo die x_i'' in einer gewissen Umgebung von x_i^0 liegen, sobald die absoluten Beträge der $x_\nu' - x_\nu^0$, ε_k genügend klein sind. Unter diesen Voraussetzungen wird dann zugleich:

$$P(x_1'' - x_1^0, \ldots, x_n'' - x_n^0) = P(x_1' - x_1^0, \ldots, x_n' - x_n^0).$$

24. Denken wir uns endlich hinter der Transformation:

$$(2^*) \qquad x_i' = f_i(x_1, \ldots, x_n, e_1^0, \ldots, e_r^0) \qquad (i = 1, \ldots, n)$$

die Transformation (4) ausgeführt, und beschränken wir die absoluten Beträge der ε_k geeignet, so erhalten wir alle Transformationen der Gruppe, die in einer gewissen Umgebung der Transformation (2*) liegen, und vermöge dieser Transformationen erhält $\mathfrak{P}(x_1, \ldots, x_n)$ die Form:

$$(5) \qquad \mathfrak{P}(x_1, \ldots, x_n) = P(x_1'' - x_1^0, \ldots, x_n'' - x_n^0).$$

Hier sind die linke und die rechte Seite zwei verschiedene Elemente derselben analytischen Funktion $f(x_1, \ldots, x_n)$: das eine entwickelt in der Umgebung des Koordinatenanfangs, das andere in der Umgebung des Punktes x_i^n. Dieser ist der Gruppe gegenüber mit dem Koordinatenanfange äquivalent, weil er durch Ausführung der Transformation $x_i' = f_i(x, e^0)$ erhalten wird.

25. Bei der Transformation unserer Gruppe, die durch Nacheinanderausführung von (2*) und (4) erhalten wird, geht also das Funktionenelement $\mathfrak{P}(x_1, \ldots, x_n)$ in das Element $P(x_1'' - x_1^0, \ldots, x_n'' - x_n^0)$ über, während jedes dieser beiden Elemente bei allen den Transformationen der Gruppe formell invariant bleibt, die in einer gewissen Umgebung der Identität liegen.

Aus dem Gesagten geht noch hervor, daß die Gleichung (5) für die beiden Punkte $x_i = 0$ und $x_i'' = x_i^0$ erfüllt ist, und ebenso für je zwei gegenüber der Gruppe äquivalente Punkte x_i und x_i'', die in den Umgebungen dieser beiden Punkte liegen.

§ 6. Definition der Invarianten einer r-gliedrigen Gruppe.

26. Wenn wir das eben auseinandergesetzte Verfahren beliebig oft wiederholen, ergibt sich folgendes:

Es sei $x_1^n, \ldots, x_n^0$ ein Punkt, für den sich die ξ_{ki} regulär verhalten und $\mathfrak{P}(x_1 - x_1^0, \ldots, x_n - x_n^0)$ sei eine Lösung der Gleichungen $X_k f = 0$. Führt dann eine endliche Transformation der Gruppe den Punkt x_i^0 in den Punkt y_i^0 über, so verwandelt sie das Element $\mathfrak{P}(x - x^0)$ in ein Element $\Pi(x_1' - y_1^0, \ldots, x_n' - y_n^0)$ derselben analytischen Funktion. Die Gleichung:

$$\mathfrak{P}(x_1 - x_1^0, \ldots, x_n - x_n^0) = \Pi(x_1' - y_1^0, \ldots, x_n' - y_n^0)$$

gilt für jedes Paar von äquivalenten Punkten, das in einer gewissen Umgebung der bei der Gruppe äquivalenten Punkte x_i^0, y_i^0 liegt. Überdies bleibt jedes der beiden Elemente $\mathfrak{P}$ und Π formell unverändert bei allen Transformationen der Gruppe, die in einer gewissen Umgebung der identischen Transformation liegen.

27. Um keinen Zweifel zu hinterlassen, wollen wir noch ausdrücklich erwähnen, daß die betrachtete endliche Transformation der Gruppe dadurch erhalten wird, daß man eine Anzahl von endlichen Transformationen hinter einander ausführt, deren jede von einer infinitesimalen Transformation der Gruppe erzeugt ist und kanonische Parameter hat, deren absolute Beträge unter gewissen Grenzen liegen. Ist

$$x_i' = \mathfrak{P}_i(x_1 - x_1^{(\mu)}, \ldots, x_n - x_n^{(\mu)}) \quad (i = 1, \ldots, n)$$

eine dieser Transformationen und hat $\mathfrak{P}_i(0, \ldots, 0)$ den Wert $x_i^{(\mu+1)}$, so hat die nächste auszuführende Transformation die Gestalt:

$$x_i'' = \mathfrak{P}_i(x_1 - x_1^{(\mu+1)}, \ldots, x_n - x_n^{(\mu+1)}) \quad (i = 1, \ldots, n).$$

Die zwischen x_i^0 und y_i^0 eingeschalteten Punkte $x_i^{(\mu)}$ sind also alle unter einander und mit x_i^0 und y_i^0 äquivalent.

28. In dem vorhin Gesagten liegt die Berechtigung dafür, daß wir die durch das Funktionenelement $\mathfrak{P}(x_1 - x_1^0, \ldots, x_n - x_n^0)$ bestimmte analytische Funktion $f(x_1, \ldots, x_n)$ als eine **Invariante** der Gruppe bezeichnen.

29. Hat die Matrix der ξ_{ki} den Rang m, wo m notwendig $\leq n$ ist, so ist $x_1^0, \ldots, x_n^0$ ein Punkt von allgemeiner Lage gegenüber der Gruppe, wenn der Rang der Matrix auch für ihn den Wert m besitzt. Ist dabei $m = n$, so haben die Gleichungen $X_k f = 0$ keine Lösung gemein, die Gruppe hat also überhaupt keine Invariante, sie ist **transitiv**. Zwei Punkte von allgemeiner Lage sind dann gegenüber der Gruppe äquivalent, das heißt, jeder von beiden ist in den andern überführbar, wenn es möglich ist, zwischen den beiden Punkten eine kontinuierliche Folge von Punkten allgemeiner Lage einzuschalten. Ob das der Fall ist, darüber wird man entscheiden können, wenn man die Funktionenelemente der ξ_{ki} in der Umgebung jedes Punktes von allgemeiner Lage angeben kann. Zum Beispiel wird man bei einer projektiven Gruppe immer dazu imstande sein, wenn man insbesondere die unendlich fernen Punkte durch projektive Transformationen ins Endliche verlegt. Doch wird man im allgemeinen besser tun, wenn man eine projektive Gruppe des R_n in $n + 1$ homogenen Koordinaten schreibt, weil dann die unendlich fernen Punkte keiner besonderen Behandlung bedürfen.

30. Ist andererseits $m < n$ und ist x_i^0 ein Punkt von allgemeiner Lage, so haben die r Gleichungen $X_k f = 0$ gerade $n - m$ unabhängige Lösungen, die gewöhnliche Potenzreihen von $x_1 - x_1^0, \ldots, x_n - x_n^0$ sind. Die Gruppe ist in diesem Falle intransitiv. Setzt man die Invarianten gleich willkürlichen Konstanten, so wird der R_n in $\infty^{\,n-m}$ einzeln invariante m-fach ausgedehnte Mannigfaltigkeiten zerlegt. Man vergesse übrigens nicht, daß jede willkürliche Funktion der $n - m$ Invarianten ebenfalls eine Invariante liefert (Nr. 15).

31. Ist eine Invariante $f(x_1, \ldots, x_n)$ vorhanden und ist diese eine überall eindeutige Funktion ihrer Argumente, so ist das Funktionenelement $\Pi(x - y^0)$ schon durch Angabe des Punktes $y_1^0, \ldots, y_n^0$ bestimmt. Ist dagegen die Invariante mehrdeutig, etwa endlichdeutig und gerade q-deutig, und hat sie für $x_i = x_i^0$ gerade q verschiedene Werte und q verschiedene reguläre Elemente:

$$\mathfrak{P}_k(x_1 - x_1^0, \ldots, x_n - x_n^0) \quad (k = 1, \ldots, q),$$

so hat $f(x)$ in jedem mit x_i^0 äquivalenten Punkte y_i^0 ebenfalls q verschiedene Werte, die den q Werten im Punkte x_i^0 der Reihe nach gleich sind, und q verschiedene reguläre Elemente:

$$\Pi_k(x_1' - y_1^0, \ldots, x_n' - y_n^0) \quad (k = 1, \ldots, q),$$

die wir uns so numeriert denken können, daß für $x_i' = y_i^0$ und $x_i = x_i^0$ die q Gleichungen $\Pi_k = \mathfrak{P}_k$ gelten.

Jede Transformation unserer Gruppe, die den Punkt x_i^0 in den Punkt y_i^0 überführt, verwandelt dann das Element $\mathfrak{P}_k$ gerade in das Element Π_k, und die Zuordnung zwischen diesen Elementen in den äquivalenten Punkten x_i^0 und y_i^0 ist schon aus den Zahlenwerten zu entnehmen, die die Elemente in diesen Punkten haben.

32. Es kann freilich auch vorkommen, daß die q-deutige Invariante in der Umgebung von x_i^0 zwar q verschiedene reguläre Funktionenelemente besitzt, daß sie aber in dem Punkte x_i^0 nicht lauter verschiedene Zahlenwerte $\mathfrak{P}^{(0)}_{\,i}$ hat. Zum Beispiel mögen $\mathfrak{P}_1^{(0)}, \ldots, \mathfrak{P}_l^{(0)}$ alle einander gleich sein, während $\mathfrak{P}_{l+1}^{(0)}, \ldots, \mathfrak{P}_q^{(0)}$ von $\mathfrak{P}_1^{(0)}$ verschieden sind. In diesem Falle kann man nur sagen, daß jede Transformation der Gruppe, die den Punkt x_i^0 in y_i^0 überführt, gleichzeitig jedes der Elemente $\mathfrak{P}_1, \ldots, \mathfrak{P}_l$ in eines der Elemente $\Pi_1, \ldots, \Pi_l$ verwandelt. Dagegen kann die Zuordnung zwischen diesen Elementen für zwei verschiedene Transformationen der Gruppe, welche die Überführung leisten, verschieden ausfallen, dann nämlich, wenn die größte Untergruppe, die den Punkt x_i^0 invariant läßt, nicht kontinuierlich ist, sondern eine gemischte Gruppe.

33. Jedenfalls sehen wir, daß die Funktionenelemente einer Invariante bei den Transformationen der Gruppe unter einander vertauscht werden. Man kann daher, wenn man will, sagen, daß jede Invariante, als Ganzes betrachtet, bei der Gruppe formell invariant bleibt.

34. Kennt man also von einer kontinuierlichen Transformationsgruppe eine mehrdeutige, etwa eine q-deutige Invariante, und ist P ein Punkt, in dessen Umgebung diese Invariante q verschiedene reguläre Funktionenelemente besitzt und in dem sie q verschiedene Werte hat, so liefert diese Invariante in jedem der Gruppe gegenüber mit P äquivalenten Punkte P' dieselbe Reihe von Zahlenwerten. Man kann sich die q-deutige Invariante im Punkte P durch ihre q Zahlenwerte ersetzt denken derart, daß bei jeder Transformation der Gruppe, die P in P' überführt, jeder dieser Zahlenwerte ungeändert bleibt. Durch eine Art Orientierungsprozeß kann man mithin für jeden solchen Punkt P die q-deutige Invariante durch q eindeutig bestimmte numerische Invarianten ersetzen, die dann auch zu allen mit P äquivalenten Punkten gehören.

35. Man beachte, worauf dieser Orientierungsprozeß beruht: Die formelle Invarianz hört scheinbar auf, sobald man durch Transformationen der Gruppe aus einem Funktionenelemente der Invariante in ein neues gelangt, sie reicht infolgedessen nicht mehr aus, um die q Werte der Invariante in der Umgebung eines Punktes zu denen in der Umgebung eines äquivalenten Punktes in Beziehung zu setzen. Da tritt die numerische Invarianz ergänzend ein und ermöglicht die Herstellung dieser Beziehung auch dann noch. Kann man nur an jedem von zwei äquivalenten Punkten die q Funktionenelemente der Invariante angeben, und liefern diese Funktionenelemente in jedem der beiden Punkte q verschiedene Zahlenwerte, so erlaubt die numerische Invarianz, festzustellen, welches der q Funktionenelemente hier jedem einzelnen der q Funktionenelemente dort entspricht. Man hat also dabei nicht nötig, jedes einzelne der Funktionenelemente für sich analytisch fortzusetzen.

36. Der Unterschied zwischen formeller und numerischer Invarianz tritt hier besonders deutlich zutage. Jene ist eine Eigenschaft, die nur gewissen Funktionen zukommt, diese ist ihrer Definition zufolge auf alle Funktionen anwendbar. Solange die formelle Invarianz wirklich zutage tritt, zieht sie die numerische Invarianz nach sich, und deshalb kann diese zu Hilfe genommen werden, wo jene nicht mehr ausreicht.

37. Lie hat sich die Sache vermutlich so zurechtgelegt: Zwischen der identischen Transformation und einer Transformation T, die den Punkt P in den äquivalenten P' überführt, dachte er sich eine kontinuierliche Schar von Transformationen der Gruppe eingeschaltet. Ist nun S irgendeine der eingeschalteten Transformationen, so kann jede Transformation S' der Gruppe, die in einer gewissen Umgebung von S liegt, dadurch erhalten werden, daß man zuerst S und dann eine in der Umgebung der Identität liegende Transformation der Gruppe ausführt. Das gilt insbesondere auch, wenn S' eine der eingeschalteten Transformationen ist. Werden dann die eingeschalteten Transformationen der Reihe nach durchlaufen, so muß jeder einzelne numerische Wert der Invariante, da er sich niemals sprungweise ändern kann, ganz ungeändert bleiben. Zugleich durchläuft offenbar der Punkt P eine kontinuierliche Folge von äquivalenten Punkten, die ihn mit dem äquivalenten Punkte P' verbindet.

§ 7. Verhalten der Invarianten bei einer gemischten Gruppe, in der die kontinuierliche steckt.

38. Die kontinuierliche Gruppe $X_1 f, \ldots, X_r f$ stecke jetzt als invariante Untergruppe in einer gemischten[1]) Gruppe, die aus mehreren getrennten Scharen von je ∞^r Transformationen besteht. Wie verhalten sich die Invarianten der Gruppe $X_1 f, \ldots, X_r f$ gegenüber der gemischten Gruppe? Der Einfachheit wegen wollen wir dabei voraussetzen, daß die Transformationen beider Gruppen sämtlich eindeutig sind.

39. Die allgemeine endliche Transformation der Gruppe $X_1 f, \ldots, X_r f$ werde mit $S_{(a_1, \ldots, a_r)}$ bezeichnet, und T sei eine Transformation, die nicht dieser Gruppe angehört, bei der aber die Gruppe $X_1 f, \ldots, X_r f$ invariant bleibt. Es gehöre also zu jedem Wertsysteme $a_1, \ldots, a_r$ ein solches $b_1, \ldots, b_r$, daß

$$S_{(a_1, \ldots, a_r)}\, T = T\, S_{(b_1, \ldots, b_r)}$$

wird. Dann gibt es immer eine gemischte Gruppe, die T enthält und in der $X_1 f, \ldots, X_r f$ als einzige kontinuierliche Untergruppe steckt. Diese gemischte

---

1) Für diese Gruppen hat Study später die Bezeichnung: „geschichtete Gruppen" vorgeschlagen.

Gruppe enthält außer $S_{(a_1\ldots,\,a_r)}$ alle Transformationen:

$$S_{(a_1\ldots,\,a_r)}\,T\,,\ S_{(a_1,\,\ldots,\,a_r)}\,T^2,\,\ldots,$$

und jede gemischte Gruppe, der unsere kontinuierliche angehört, kann durch Hinzunahme einer gewissen Anzahl solcher Transformationen T erhalten werden.

Wir können T in der Form:

$$(6)\qquad x_i' = F_i(x_1,\,\ldots,\,x_n)\quad (i=1,\,\ldots,\,n)$$

annehmen, wo die ξ_{ki} und die F_i gewöhnliche Potenzreihen von $x_1,\,\ldots,\,x_n$ sind, und wo die Funktionaldeterminante der F_i für $x_r = 0$ nicht verschwindet. Ist dann $F_i(0,\,\ldots,\,0) = x_i^0$, so muß $x_1^0,\,\ldots,\,x_n^0$ ein Wertsystem sein, in dessen Umgebung sich eine gewisse analytische Fortsetzung des Systems der $\xi_{ki}(x)$ regulär verhält. Bezeichnen wir diese analytische Fortsetzung mit $\overline{\xi}_{ki}(x')$, so bestehen vermöge (6) Gleichungen von der Gestalt:

$$\sum_i^{1\ldots n} \overline{\xi}_{ki}(x')\frac{\partial f}{\partial x_i'} = \sum_j^{1\ldots r} h_{kj} \sum_i^{1\ldots n} \xi_{ji}(x)\frac{\partial f}{\partial x_i}\quad (k=1,\,\ldots,\,r),$$

wo die h_{kj} Konstanten sind, deren Determinante nicht verschwindet.

40. Ist nun $J(x_1,\,\ldots,\,x_n)$ ein Funktionenelement einer eindeutigen Invariante unserer kontinuierlichen Gruppe, und zwar eine gewöhnliche Potenzreihe in $x_1,\,\ldots,\,x_n$, so ergibt die Transformation (6):

$$J(x_1,\,\ldots,\,x_n) = K(x_1',\,\ldots,\,x_n').$$

Hier ist K eine gewöhnliche Potenzreihe der $x_r' - x_r^0$ und offenbar wieder ein Element einer Invariante der kontinuierlichen Gruppe. Die neue Form, welche die Invariante J bei der Transformation T annimmt, ist damit vollständig bestimmt. Jenachdem K eine analytische Fortsetzung von J ist, oder nicht, werden wir sagen müssen, daß die durch das Funktionenelement J bestimmte Invariante bei der Transformation T invariant bleibt, oder daß sie in eine andere Invariante der kontinuierlichen Gruppe übergeht. Dabei ist es denkbar, daß K eine analytische Fortsetzung einer analytischen Funktion von J ist. Es versteht sich von selbst, daß sich die Invariante J bei jeder Transformation $S_{(a_1,\,\ldots,\,a_r)}\,T$ genau so verhält wie bei T selbst.

41. Wir betrachten jetzt eine q-deutige Invariante der kontinuierlichen Gruppe, die wir uns als die Wurzeln einer Gleichung q-ten Grades denken können, deren Koeffizienten eindeutige Invarianten sind. Wir setzen diese Gleichung als irreduzibel voraus in dem Sinne, daß sie nicht in Gleichungen niedrigeren Grades zerlegbar ist, deren Koeffizienten ebenfalls eindeutige

Invarianten sind. Wir beschränken uns aber auf die Betrachtung des Falles, wo die Koeffizienten unserer Gleichung q-ten Grades auch Invarianten der Transformation T sind.

Es seien:

$$\mathfrak{P}_k(x_1, \ldots, x_n) \quad (k = 1, \ldots, q)$$

in der Umgebung des Koordinatenanfanges die q Funktionenelemente unserer q-deutigen Invariante. Dann können wir, weil wir es mit einer mehrdeutigen Funktion zu tun haben, von vornherein gar nichts über die Formen aussagen, die unsere Elemente bei der Transformation T annehmen, wir können vielmehr nur durch Verabredung festsetzen, was wir als diese neuen Formen betrachten wollen. Der einzige Grundsatz, von dem wir uns dabei leiten lassen können, ist der, daß die alte und die neue Form in entsprechenden Punkten x und x' numerisch gleich sein sollen. Demnach verabreden wir, daß als die neuen Formen der $\mathfrak{P}_k$ diejenigen Elemente zu betrachten sind, die aus den $\mathfrak{P}_k$ hervorgehen, wenn man vermöge (6) die x durch die x' ausdrückt. Wird dabei:

$$\mathfrak{P}_k(x_1, \ldots, x_n) = \Pi_k(x_1' - x_1^0, \ldots, x_n' - x_n^0) \quad (k = 1, \ldots, q),$$

so ist hierdurch zugleich die neue Form bestimmt, die jedes $\mathfrak{P}_k$ bei einer beliebigen Transformation:

$$S_{(a_1, \ldots, a_r)} T = T S_{(b_1, \ldots, b_r)}$$

annimmt. Denkt man sich ferner die Transformationsgleichungen (6) und die $\mathfrak{P}_k$ simultan analytisch fortgesetzt, so kann auch darüber kein Zweifel sein, welche Form ein beliebiges System von Funktionenelementen bekommt, das man aus den $\mathfrak{P}_k$ durch analytische Fortsetzung gewinnt.

42. Nun ist in unserem Falle das System der Π_k augenscheinlich ein Lösungensystem der Gleichungen:

$$\sum_i^{1 \ldots n} \bar{\xi}_{ki} \frac{\partial f}{\partial x_i'} = 0 \quad (k = 1, \ldots, r)$$

und befriedigt eine Gleichung q-ten Grades, deren Koeffizienten aus den Koeffizienten der Gleichung für die $\mathfrak{P}_k$ durch analytische Fortsetzung hervorgehen. Es ist wohl nicht sicher, daß man daraus immer schließen kann, daß auch das System der Π_k selber eine analytische Fortsetzung des Systems der $\mathfrak{P}_k$ ist. Wir wollen uns daher auf einen besonders einfachen Fall beschränken, wo darüber kein Zweifel ist, zumal wir doch den allgemeinen Fall nicht behandeln können.

43. Es sei $q = 2$, und die Gleichung q-ten Grades sei eine reine quadratische Gleichung:

$$J^2 = \mathfrak{P}(x_1, \ldots, x_n).$$

Math.-phys. Klasse 1938. Bd. XC.   2

Dabei ist $\mathfrak{P}$ ein für $x_1 = \ldots = x_n = 0$ nicht verschwindendes Element einer eindeutigen Invariante der kontinuierlichen Gruppe und der Transformation T, während die Funktion J nicht in zwei eindeutige Funktionen zerfallen soll. Außerdem wollen wir noch annehmen, daß schon T^2 der kontinuierlichen Gruppe angehört, daß also T eine gemischte Gruppe liefert, die nur aus zwei getrennten Scharen besteht.

Unter diesen Voraussetzungen ist J eine zweideutige Invariante der kontinuierlichen Gruppe und besitzt in der Umgebung des Koordinatenanfangs zwei reguläre Funktionenelemente $\mathfrak{P}_1$ und $\mathfrak{P}_2$, die in der Beziehung: $\mathfrak{P}_1 + \mathfrak{P}_2 \equiv 0$ stehen. Bei der Transformation T gehen diese in zwei reguläre Funktionenelemente Π_1 und Π_2 über, die in der Beziehung $\Pi_1 + \Pi_2 \equiv 0$ stehen und die analytische Fortsetzungen von $\mathfrak{P}_1$ und $\mathfrak{P}_2$ sind. Die analytische Fortsetzung kann man hierbei immer so einrichten, daß Π_1 aus $\mathfrak{P}_2$, und Π_2 aus $\mathfrak{P}_1$ hervorgeht.

44. Geradeso, wie wir zu der kontinuierlichen Gruppe eine oder mehrere Veränderliche hinzufügten, die bei der Gruppe gar nicht transformiert wurden, geradeso erweitern wir jetzt die Schar der Transformationen $T\,S_{(a_1, \ldots, a_r)}$ durch Hinzunahme von zwei Veränderlichen z_1 und z_2, die der Transformation:

$$(7) \qquad z_1' = z_2, \quad z_2' = z_1$$

unterliegen. Diese Transformation ist so gewählt, daß man eine Gruppe erhält, wenn man einerseits zu jeder Transformation $S_{(a_1, \ldots, a_r)}$ die Gleichungen: $z_1' = z_1$, $z_2' = z_2$ hinzufügt, andererseits zu jeder Transformation $T\,S_{(a_1, \ldots, a_r)}$ die Gleichungen (7).

Aus den Gleichungen:

$$z_1 = \mathfrak{P}_1(x_1, \ldots, x_n), \quad z_2 = \mathfrak{P}_2(x_1, \ldots, x_n)$$

folgt jetzt vermöge der Transformation T:

$$z_1' = \Pi_2(x_1' - x_1^0, \ldots, x_n' - x_n^0), \quad z_2' = \Pi_1(x_1' - x_1^0, \ldots, x_n' - x_n^0).$$

Hierdurch ist zwischen den zwei Zahlenwerten von J im Koordinatenanfange und den zwei Zahlenwerten im Punkte x_i^0 eine Beziehung hergestellt, die darin besteht, daß diese Zahlenwerte beim Übergange vom ersten zum zweiten Punkte unter einander vertauscht werden. Da überdies jede Transformation $S_{(a_1, \ldots, a_r)}$ diese Zahlenwerte durch die identische Permutation vertauscht, so ergibt sich folgendes: Nehmen wir einen beliebigen Punkt P, der gegenüber der kontinuierlichen Gruppe mit $x_i = 0$ äquivalent ist, und führen wir P durch eine Transformation $T\,S_{(a_1, \ldots, a_r)}$ in P' über, so werden die beiden zu P gehörigen Zahlenwerte von J beim Übergange zu P' unter einander vertauscht.

45. Denkt man sich jetzt die Lage von P kontinuierlich geändert, jedoch so, daß nur solche Stellen Q durchschritten werden, wo sich T regulär verhält, und wo J zwei verschiedene reguläre Funktionenelemente besitzt, so werden immer, wenn Q bei T in Q' übergeht, gleichzeitig die beiden zu Q gehörigen Zahlenwerte von J unter einander vertauscht. Die neue Form, die jedes einzelne der beiden zu Q gehörigen Funktionenelemente von J bei T erhält, ist dadurch bestimmt, daß jedem Funktionenelemente in Q dasjenige der beiden Funktionenelemente in Q' entspricht, dessen Zahlenwert dem des ursprünglichen in Q entgegengesetzt gleich ist.

Wir sehen also, daß unsere zweideutige Invariante J immer zwei Punkten, die gegenüber einer Transformation $T\,S_{(a_1,\,\ldots,\,a_r)}$ äquivalent sind, ein bestimmtes Paar von Zahlen zuordnet, und daß auf Grund eines gewissen Orientierungsprozesses die beiden Zahlen des Paares unter einander vertauscht werden, wenn man vermöge der Transformation $T\,S_{(a_1,\,\ldots,\,a_r)}$ von dem einen Punkte zum anderen übergeht.

Ohne mich auf bestimmte Erinnerungen berufen zu können, habe ich doch den Eindruck, daß Lie selbst schon ähnliche Betrachtungen angestellt haben muß.

§ 8. Notwendige und hinreichende Bedingungen für die Äquivalenz zweier Punkte, ausgedrückt durch Hauptlösungen.

46. Wir beschränken uns auf die Betrachtung von kontinuierlichen Gruppen mit lauter eindeutigen Transformationen. Wir haben gesehen, daß gegenüber einer solchen Gruppe mit jedem Punkte von allgemeiner Lage die Zahlenwerte aller eindeutigen und aller vieldeutigen Invarianten invariant verknüpft sind. Zwei Punkte von allgemeiner Lage können daher jedenfalls nur dann äquivalent sein, wenn diese Zahlenwerte für beide Punkte übereinstimmen. Damit kennen wir gewisse notwendige Bedingungen für die Äquivalenz.

47. Ist P ein Punkt von allgemeiner Lage, in dessen Umgebung sich die eindeutige Invariante J der kontinuierlichen Gruppe regulär verhält, und ist P' ein anderer Punkt von allgemeiner Lage, so ist zwischen P und P' Äquivalenz jedenfalls nur dann möglich, wenn sich J für P' ebenfalls regulär verhält und in P' denselben Zahlenwert hat wie in P. Ist andererseits J eine q-deutige Invariante, die in der Umgebung von P gerade q reguläre Funktionenelemente besitzt, so ist zur Äquivalenz von P' und P notwendig, daß J in der Umgebung von P' gerade q reguläre Funktionenelemente besitzt, und daß die q Werte von

2*

J im Punkte P' bei geeigneter Anordnung den q Werten von J im Punkte P der Reihe nach gleich sind. Diese Bedingungen müssen auch dann erfüllt sein, wenn die Invariante J zwar $(q + l)$-deutig ist, aber doch in der Umgebung von P bloß q reguläre Funktionenelemente besitzt. Es ist das ein Fall, der bei den Invarianten, die Hauptlösungen sind, wirklich vorkommen kann.

48. Wir müssen jetzt versuchen, notwendige und hinreichende Bedingungen für die Äquivalenz zu finden. Zu diesem Zwecke gehen wir von irgendeinem Punkte x^0 oder P von allgemeiner Lage aus und suchen zunächst alle in einer gewissen Umgebung von P liegenden mit P äquivalenten Punkte durch Invarianten zu kennzeichnen.

Die Matrix der ξ_{ki} habe den Rang m, und P sei ein Punkt von allgemeiner Lage, also ein solcher, für den sich die ξ_{ki} regulär verhalten, und der Rang der Matrix sich nicht erniedrigt. Dann lassen sich m der r Gleichungen $X_k f = 0$ nach m Ableitungen, etwa nach $f_{x_1}, \ldots, f_{x_m}$ auflösen, und die r Gleichungen besitzen $n - m$ unabhängige Hauptlösungen $u_{m+1}, \ldots, u_n$ in bezug auf $x_1 = x_1^0, \ldots, x_m^0 = x_m^0$. Das heißt, die u_{m+k} sind gewöhnliche Potenzreihen von $x_1 - x_1^0, \ldots, x_n - x_n^0$, die den r Gleichungen $X_k f = 0$ identisch genügen, und jedes u_{m+j} verwandelt sich für $x_1 = x_1^0, \ldots, x_m = x_m^0$ gerade in x_{m+j}. Es läßt sich dann leicht beweisen, daß die Transformationen der r-gliedrigen Gruppe, die in der Umgebung der identischen Transformation liegen, den Punkt P in jeden Punkt P' überführen, der die Gleichungen:

$$(8) \qquad u_{m+j}(x_1, \ldots, x_n) = x_{m+j}^0 \qquad (j = 1, \ldots, n-m)$$

befriedigt und der in einer gewissen Umgebung von P liegt.

49. Demnach werden alle in einer gewissen Umgebung von P liegenden, mit P äquivalenten Punkte durch die Gleichungen (8) ausgeschieden, mit anderen Worten: diese mit P äquivalenten Punkte sind diejenigen, in denen die $n - m$ Invarianten u_{m+j} dieselben Zahlenwerte haben, wie in P.

50. Erwähnt muß werden, daß die Gleichungen (8) in einer gewissen Umgebung von P eine eindeutig bestimmte Auflösung:

$$(8') \qquad x_{m+j} - x_{m+j}^0 = \psi_{m+j}(x_1 - x_1^0, \ldots, x_m - x_m^0) \qquad (j = 1, \ldots, n - m)$$

zulassen, wo die ψ_{m+k} gewöhnliche Potenzreihen sind, die für $x_1 = x_1^0, \ldots, x_m = x_m^0$ verschwinden. Die in einer gewissen Umgebung von x_i^0 liegenden, mit x_i^0 äquivalenten Punkte werden daher durch die Gleichungen (8') dargestellt, wo die absoluten Beträge $|x_1 - x_1^0|, \ldots, |x_m - x_m^0|$ unterhalb gewisser Grenzen liegen müssen, sonst aber ganz beliebig wählbar sind. Auf der Möglichkeit dieser Auflösung beruht, was vorhin über die Gleichungen (8) gesagt wurde.

§ 9. Äquivalenzbedingungen ausgedrückt durch beliebige Invarianten.

51. Weniger einfach wird die Sache, wenn man statt der Hauptlösungen irgend $n - m$ beliebige Invarianten $J_{m+1}, \ldots, J_n$ betrachtet, die von einander unabhängig sind und sich im Punkte P regulär verhalten. Wir werden sehen, daß die Gleichungen:

$$(9) \qquad J_{m+j}(x_1, \ldots, x_n) = J_{m+j}(x_1^0, \ldots, x_n^0) \qquad (j = 1, \ldots, n - m)$$

allein nicht immer ausreichen, um die mit P äquivalenten Punkte in der Umgebung von P zu kennzeichnen.

52. Die Invarianten J_{m+j} lassen sich bekanntlich als Funktionen der Hauptlösungen allein darstellen, und zwar wird offenbar:

$$J_{m+j}(x_1, \ldots, x_n) = J_{m+j}(x_1^0, \ldots, x_m^0, u_{m+1}, \ldots, u_n),$$

wofür wir:

$$(10) \qquad J_{m+j}(x_1, \ldots, x_n) = w_{m+j}(u_{m+1}, \ldots, u_n) \qquad (j = 1, \ldots, n - m)$$

schreiben. Hier ist:

$$w_{m+j}(x_{m+1}^0, \ldots, x_n^0) = J_{m+j}(x_1^0, \ldots, x_n^0),$$

und die w_{m+j} sind gewöhnliche Potenzreihen der $u_{m+\tau} - x_{m+\tau}^0$.

Aus den Gleichungen:

$$\frac{\partial J_{m+j}}{\partial x_{m+k}} = \sum_{\tau}^{1 \ldots, n-m} \frac{\partial w_{m+j}}{\partial u_{m+\tau}} \frac{\partial u_{m+\tau}}{\partial x_{m+k}}$$

folgt, daß die Determinante:

$$(11) \qquad \sum \pm \frac{\partial J_{m+1}}{\partial x_{m+1}} \cdots \frac{\partial J_n}{\partial x_n}$$

gleich ist dem Produkte der beiden Determinanten:

$$(12) \qquad \sum \pm \frac{\partial w_{m+1}}{\partial u_{m+1}} \cdots \frac{\partial w_n}{\partial u_n}$$

und:

$$\sum \pm \frac{\partial u_{m+1}}{\partial x_{m+1}} \cdots \frac{\partial u_n}{\partial x_n},$$

die unter den gemachten Voraussetzungen sicher nicht identisch verschwinden.

53. Wegen der Eigenschaften der Hauptlösungen erhält man ferner, wenn man die Substitution: $x_1 = x_1^0, \ldots, x_m = x_m^0$ durch Einschließen in eckige Klammern andeutet:

$$\left[\frac{\partial J_{m+k}}{\partial u_{m+j}}\right] = \frac{\partial}{\partial x_{m+j}} w_{m+k}(x_{m+1}, \ldots, x_n),$$

und ebenso wird jede nach irgendwelchen der Veränderlichen $x_{m+1}, \ldots, x_n$ genommene Ableitung von J_{m+k} bei der Substitution [ ] gleich der ebenso gebildeten Ableitung von $w_{m+k}(x_{m+1}, \ldots, x_n)$.

Hieraus folgt zunächst, daß die Determinante (11) für $x_1 = x_1^0, \ldots,$ $x_m = x_m^0$ dann und nur dann verschwindet, wenn die Determinante (12) dies für $u_{m+1} = x_{m+1}^0, \ldots, u_n = x_n^0$ tut. Tritt dieser Fall nicht ein, so ist das Gleichungensystem (9) in einer gewissen Umgebung von P durch:

$$(9') \qquad w_{m+k}(u_{m+1}, \ldots, u_n) = w_{m+k}^0(x_{m+1}^0, \ldots, x_n^0) \qquad (k = 1, \ldots, n - m)$$

ersetzbar, ist also in dieser Umgebung mit (8) gleichbedeutend und bestimmt alle P benachbarten mit P äquivalenten Punkte.

54. Erwähnt sei noch, daß die Gleichungen (10) unter der eben gemachten Voraussetzung in einer gewissen Umgebung von P eine eindeutig bestimmte Auflösung:

$$(10') \qquad u_{m+j} = \Omega_{m+j}(J_{m+1}, \ldots, J_n) \qquad (j = 1, \ldots, n - m)$$

zulassen. Hier sind, wenn man $J_{m+\tau}(x_1^0, \ldots, x_n^0)$ mit $J_{m+\tau}^0$ bezeichnet, die Ω_{m+k} gewöhnliche Potenzreihen der $J_{m+\tau} - J_{m+\tau}^0$ und $\Omega_{m+j}(J_{m+1}^0, \ldots, J_n^0)$ $= x_{m+j}^0$. Die Hauptlösungen u_{m+j} sind also durch die Invarianten J_{m+j} eindeutig bestimmt.

55. Ist andrerseits die Determinante (11) in dem Punkte P gleich Null, so ist zwar klar, daß alle in der Umgebung von P liegenden, mit P äquivalenten Punkte die Gleichungen (9) erfüllen, aber es ist nicht sicher, ob sie die einzigen Punkte sind, die das tun. Wir müssen daher untersuchen, ob man unter den Punkten der Umgebung von P, die (9) erfüllen, die mit P äquivalenten absondern kann.

Nach dem früher Gesagten ist in diesem Falle offenbar der Rang $p < n - m$, den die Determinante (11) für P hat, gleich dem Range, den die Determinante (12) für $u_{m+1} = x_{m+1}^0, \ldots, u_n = x_n^0$ hat. Wählen wir überhaupt unter $J_{m+1}, \ldots, J_n$ irgend l aus, etwa $J_{m+1}, \ldots, J_{m+l}$, so hat im Punkte P die zugehörige Funktionalmatrix in bezug auf $x_{m+1}, \ldots, x_n$ denselben Rang, den die Funktionalmatrix von $w_{m+1}(u), \ldots, w_{m+l}(u)$ in bezug auf $u_{m+1}, \ldots, u_n$ für das Wertsystem $u_{m+j} = x_{m+j}^0$ besitzt. Ist dieser letztere Rang $< l$, etwa $= h$, so erfüllen die in der Umgebung von P liegenden, mit P äquivalenten Punkte außer (9) auch noch alle die Gleichungen, die man durch Nullsetzen aller $(h + 1)$-reihigen Determinanten der Funktionalmatrix von $J_{m+1}, \ldots,$ J_{m+l} in bezug auf $x_{m+1}, \ldots, x_n$ erhält. Diese mit P äquivalenten Punkte in der Umgebung von P sind ja durch die Gleichungen $u_{m+j} = x_{m+j}^0$ definiert, sie erfüllen also auch jede Gleichung, die man erhält, wenn man für irgendwelche Funktionen von $u_{m+1}, \ldots, u_n$ eine Funktionaldeterminante in bezug auf gewisse der x_{m+j} bildet und diese gleich dem Ausdrucke setzt, der für $x_{m+1} = x^0_{m+1}, \ldots, x_n = x^0_n$ herauskommt.

56. Hierdurch wird das folgende Verfahren nahegelegt: Unter $J_{m+1}, \ldots, J_n$ wählen wir auf jede mögliche Art $l + 1 (0 \leq l \leq p)$ solche aus, daß die zugehörige Funktionalmatrix in bezug auf $x_{m+1}, \ldots, x_n$ für P den Rang l und keinen kleineren Rang erhält. Von jeder so erhaltenen Matrix setzen wir alle $(l + 1)$-reihigen Determinanten gleich Null. Da diese Determinanten offenbar nicht alle identisch verschwinden, liefert das eine Anzahl Gleichungen:

$$(13) \qquad \Delta_1 = 0, \ldots, \Delta_{s_1} = 0,$$

die wir zu (9) hinzufügen. Wir bekommen so ein Gleichungensystem, das von allen in der Umgebung von P liegenden, mit P äquivalenten Punkten erfüllt wird, das also lauter Identitäten ergibt, sobald man $x_{m+1}, \ldots, x_n$ vermöge (8') durch $x_1, \ldots, x_m$ ausdrückt.

Bei der Ausführung dieser Rechnungen wird man natürlich nicht nötig haben, alle sich zunächst ergebenden Gleichungen (13) wirklich hinzuschreiben, sondern wird gewisse darunter von vornherein weglassen können; welche, darüber gibt die Bildung gewisser Funktionaldeterminanten in bezug auf $x_{m+1}, \ldots, x_n$ Auskunft, die man aber nur für den Punkt P zu berechnen braucht.

57. Hat jetzt die Funktionalmatrix von $J_{m+1}, \ldots, J_n, \Delta_1, \ldots, \Delta_{s_1}$ für P gerade den Rang $n - m$, so lassen $n - m$ unter den vereinigten Gleichungen (9), (13) in der Umgebung von P eine eindeutig bestimmte Auflösung nach $x_{m+1}, \ldots, x_n$ zu, die notwendig mit (8') zusammenfällt. Demnach sind dann durch (9) und (13) zusammen alle in der Umgebung von P liegenden, mit P äquivalenten Punkte bestimmt.

58. Hat andererseits die eben erwähnte Funktionalmatrix für P einen Rang $p_1 < n - m$, so ist p_1 sicher $\geq p$. Wir wählen dann unter den Größen J und Δ auf alle möglichen Arten $l + 1$ solche aus $(0 \leq l \leq p_1)$, daß der Rang der zugehörigen Funktionalmatrix in bezug auf $x_{m+1}, \ldots, x_n$ für den Punkt P gerade gleich l wird, setzen von jeder solchen Matrix alle $(l + 1)$-reihigen Determinanten gleich Null und gelangen so zu einem neuen Gleichungensysteme:

$$(13') \qquad \Delta_{s_1+1} = 0, \ldots, \Delta_{s_2} = 0,$$

das, wie man unmittelbar sieht, ebenfalls von allen in der Umgebung von P liegenden, mit P äquivalenten Punkten erfüllt wird. Ist $p_2 \geq p_1$ der Rang, den die Funktionalmatrix von $J_{m+1}, \ldots, J_n, \varDelta_1, \ldots, \varDelta_{s_2}$ in bezug auf $x_{m+1}, \ldots, x_n$ für den Punkt P hat, und ist p_2 ebenfalls $< n - m$, so wiederholen wir dasselbe Verfahren, und so fort.

59. Wir finden auf diese Weise eine Reihe von ganzen Zahlen $p \leqq p_1 \leqq p_2 \ldots$, die alle $\leqq n - m$ sind. Zu jeder Zahl h bekommen wir ein Gleichungensystem

$$(13'') \qquad\qquad \varDelta_1 = 0, \ldots, \varDelta_{s_h} = 0,$$

das von allen mit P äquivalenten Punkten in der Umgebung von P erfüllt wird, das sich also bei der Substitution (8′) in lauter Identitäten verwandelt. Die Zahl p_h ist der Rang der Funktionalmatrix von $J_{m+1}, \ldots, J_n, \varDelta_1, \ldots, \varDelta_{s_h}$ für den Punkt P. Wählt man dann unter den Größen $J_{m+1}, \ldots, J_n, \varDelta_1, \ldots, \varDelta_{s_h}$ auf alle möglichen Arten $l + 1\,(0 \leqq l \leqq p_h)$ solche aus, daß die zugehörige Funktionalmatrix in bezug auf $x_{m+1}, \ldots, x_n$ für den Punkt P den Rang l bekommt, und setzt man alle $(l + 1)$-reihigen Determinanten jeder solchen Matrix gleich Null, so erhält man die Gleichungen:

$$\varDelta_{s_h+1} = 0, \ldots, \varDelta_{s_{h+1}} = 0,$$

und so fort.

60. Offenbar sind hier nur zwei Fälle möglich. Entweder gibt es ein endliches h von solcher Beschaffenheit, daß p_h gerade gleich $n - m$ wird, oder es gibt kein solches h. Im zweiten Falle muß man schließlich zu einem solchen endlichen h kommen, daß zwar $p_h > p_{h-1}$ ist, daß aber $p_{h+1}, p_{h+2}, \ldots$ alle gleich p_h sind, während p_h selbst $< n - m$ ist.

Im ersten Falle bestimmen augenscheinlich die vereinigten Gleichungen (9) und (13″) alle in der Umgebung von P liegenden, mit P äquivalenten Punkte. Wir können diese also, zwar nicht durch die Invarianten J_{m+j} allein definieren, wohl aber durch ein Gleichungensystem, das aus (9) durch eine endliche Anzahl von Differentiationen und durch Addition und Multiplikation ableitbar ist.

Im zweiten Falle dagegen läßt sich aus den Invarianten J_{m+j} allein keine solche Definition der betreffenden Punkte herstellen. Die Gleichungen (9) und (13″) bestimmen dann in der Umgebung von P eine bei unserer Gruppe invariante $(n - p_h)$-fach ausgedehnte Mannigfaltigkeit, welche die $n - (n-m)$ $= m$-fache ausgedehnte Mannigfaltigkeit der mit P äquivalenten Punkte als Teil enthält. Will man diese äquivalenten Punkte für sich haben, so muß man auf der gefundenen Mannigfaltigkeit durch Integration die Invarianten bestimmen, die gleich willkürlichen Konstanten gesetzt, die invarianten m-fach ausgedehnten Mannigfaltigkeiten liefern.

61. Eine andere Frage, auf die wir nicht eingehen wollen, ist die, ob es immer möglich ist, die mit P äquivalenten Punkte in der Umgebung von P dadurch zu erhalten, daß man zu $J_{m+1}, \ldots, J_n$ geeignete analytische Funktionen von $J_{m+1}, \ldots, J_n$ hinzufügt, die ja, wie wir wissen, sämtlich auch Invarianten unserer Gruppe sind. Es liegt auf der Hand, daß diese Frage nur in besonderen Fällen beantwortet werden kann.

§ 10. Ein Beispiel für die allgemeinen Entwickelungen von § 9.

62. Gegenüber der eingliedrigen Gruppe:

$$X f = x_1 q_1 - y_1 p_1 + x_2 q_2 - y_2 p_2$$

des R_4 ist der Punkt $x_1^0 = x_2^0 = a$, $y_1^0 = y_2^0 = b$ ein Punkt P von allgemeiner Lage, wenn nur a und b nicht beide verschwinden. Es sei etwa $a \neq 0$. Ferner sind:

$$J_1 = x_1^2 + y_1^2, \; J_2 = x_2^2 + y_2^2, \; J_3 = x_1 x_2 + y_1 y_2$$

drei unabhängige Invarianten der Gruppe.

63. Da für unseren Punkt P die Funktionaldeterminante:

$$\begin{pmatrix} J_1 \, J_2 \, J_3 \\ x_1 \, y_1 \, x_2 \end{pmatrix} = - 4 \, x_2 \, (x_1 y_2 - x_2 y_1)$$

verschwindet und ebenso jede andere dreireihige Funktionaldeterminante von J_1, J_2, J_3, so reichen die Gleichungen:

$$x_1^2 + y_1^2 = a^2 + b^2, \; x_2^2 + y_2^2 = a^2 + b^2, \; x_1 x_2 + y_1 y_2 = a^2 + b^2$$

nicht aus, um die P benachbarten, mit P äquivalenten Punkte zu bestimmen. Man muß vielmehr, um das zu erreichen, noch die Gleichung:

$$x_1 y_2 - x_2 y_1 = 0$$

hinzufügen. Dann ist nämlich $p = 2$, $p_1 = 3$, allerdings nur, solange $a^2 + b^2$ nicht verschwindet. Ist dagegen $a^2 + b^2 = 0$, so sind alle Zahlen $p, p_1, p_2, \ldots = 2$, und das Gleichungensystem (9), (13″) definiert in der Umgebung des Punktes P von allgemeiner Lage:

$$x_1^0 = x_2^0 = a, \; y_1^0 = y_2^0 = i\, a \; (a \neq 0)$$

die zweifach ausgedehnte Mannigfaltigkeit:

$$y_1 = i x_1, \; y_2 = i x_2,$$

deren Punkte von der Gruppe intransitiv transformiert werden.

64. Will man für diesen Punkt P die äquivalenten Punkte in seiner Umgebung absondern, so muß man auf der gefundenen Mannigfaltigkeit x_1, x_2

als Punktkoordinaten einführen und erhält die eingliedrige Gruppe $x_1 p_1 + x_2 p_2$ mit der Invariante $x_2 : x_1$. Hinzufügung der Gleichung: $x_2 - x_1 = 0$ leistet daher das Verlangte.

Man kann selbstverständlich auch die drei Hauptlösungen der Gleichung $Xf = 0$, etwa in bezug auf $x_1 = a$, $x_2 = a$, $y_1 = i\,a$ benutzen. Aber diese Hauptlösungen sind keine eindeutigen Invarianten.

§ 11. Äquivalenz zweier Punkte, deren keiner in der Umgebung des anderen liegt.

65. Es sei P ein Punkt von allgemeiner Lage, in dessen Umgebung die $n - m$ unabhängigen Invarianten $n - m$ reguläre Funktionenelemente $J_{m+1}, \ldots, J_n$ haben. Ferner sei entweder die Determinante (11) von Null verschieden, oder, wenn sie verschwindet, sei es möglich, in der in § 9 angegebenen Weise aus $J_{m+1}, \ldots, J_n$ ein Gleichungensystem (13'') abzuleiten, das zusammen mit (9) alle in einer gewissen Umgebung von P liegenden, mit P äquivalenten Punkte bestimmt.

66. Denken wir uns jetzt den Punkt P in einen beliebigen äquivalenten Punkt P' : $y_1^0, \ldots, y_n^0$ übergeführt, indem wir mehrmals hinter einander solche Transformationen der Gruppe anwenden, die in einer gewissen Umgebung der identischen Transformation liegen, so ergibt sich folgendes:

Erstens ist P' selbstverständlich wieder ein Punkt von allgemeiner Lage, für den die r Gleichungen $X_k f = 0$ nach m von den Ableitungen f_{x_k} auflösbar sind, etwa nach:

$$\frac{\partial f}{\partial x_{\mu_{m+1}}}, \ldots, \frac{\partial f}{\partial x_{\mu_n}},$$

unter $\mu_1, \ldots, \mu_n$ eine gewisse Permutation von $1, \ldots, n$ verstanden.

Zweitens verwandeln sich die Funktionenelemente $J_{m+1}, \ldots, J_n$, die sich in der Umgebung von P regulär verhalten, in $n - m$ bestimmte Funktionenelemente $K_{m+1}, \ldots, K_n$, die in der Umgebung von P' regulär und die aus $J_{m+1}, \ldots, J_n$ durch simultane analytische Fortsetzung entstanden sind. Die bei der analytischen Fortsetzung benutzten Zwischenstellen sind sämtlich mit P äquivalent, also sind sie Punkte von allgemeiner Lage und liegen innerhalb des Gebiets, wo sich die ξ_{ki} mit ihren analytischen Fortsetzungen regulär verhalten.

67. Da die Gleichungen (10) bei jeder Transformation der Gruppe erhalten bleiben, die in der Umgebung der identischen Transformation liegt, so ist klar, daß sie überhaupt bei jeder Transformation der Gruppe bestehen bleiben. Denken wir uns also die Hauptlösungen $u_{m+1}, \ldots, u_n$ in P auf demselben

Wege analytisch fortgesetzt, auf dem wir von $J_{m+1}, \ldots, J_n$ zu $K_{m+1}, \ldots, K_n$ gelangen, so erhalten wir $n - m$ gewöhnliche Potenzreihen $v_{m+1}, \ldots, v_n$ von $x_1 - y_1^0, \ldots, x_n - y_n^0$, die zu $K_{m+1}, \ldots, K_n$ in den Beziehungen:

$$(10'') \qquad K_{m+j} = w_{m+1}(v_{m+j}, \ldots, v_n) \qquad (j = 1, \ldots, n - m)$$

stehen.

68. Drittens ist:

$$J_{m+j}(x_1^0, \ldots, x_n^0) = K_{m+j}(y_1^0, \ldots, y_n^0) \qquad (j = 1, \ldots, n - m).$$

Wenn dann die Determinante (11) für P von Null verschieden ist, so ist es auch die Determinante:

$$(11') \qquad \sum \pm \frac{\partial K_{m+1}}{\partial x_{\mu_{m+1}}} \cdots \frac{\partial K_n}{\partial x_{\mu_n}}$$

für den Punkt P'. In diesem Falle sind also die Gleichungen $(10'')$ nach $v_{m+1}, \ldots, v_n$ auflösbar:

$$(10''') \qquad v_{m+j} = \Omega_{m+j}(K_{m+1}, \ldots, K_n) \qquad (j = 1, \ldots, n - m),$$

und durch diese Gleichungen ist daher bestimmt, was aus den Hauptlösungen $u_{m+1}, \ldots, u_n$ wird, wenn man sie simultan mit $J_{m+1}, \ldots, J_n$ auf dem vorhin bezeichneten Wege analytisch fortsetzt.

69. Von Wichtigkeit ist das besonders dann, wenn die Invarianten $J_{m+1}, \ldots, J_n$ eindeutige analytische Funktionen von $x_1, \ldots, x_n$ sind. Da nämlich die Hauptlösungen im allgemeinen vieldeutige Funktionen sind, so ist man auf diese Weise in der Lage, sobald die analytischen Fortsetzungen von $J_{m+1}, \ldots, J_n$ in der Umgebung eines mit P äquivalenten Punktes bekannt sind, auch die zugehörigen analytischen Fortsetzungen der Hauptlösungen $u_{m+1}, \ldots, u_n$ anzugeben. Alles natürlich unter der Voraussetzung, daß die Determinante (11) für P nicht verschwindet.

70. Verschwindet andererseits (11) für P und hat etwa den Rang $l < n - m$, so hat auch $(11')$ für P' den Rang l. Überhaupt, wenn die Funktionalmatrix von irgend h unter den J_{m+j} in bezug auf $x_{m+1}, \ldots, x_n$ für den Punkt P den Rang l hat, so hat auch die Funktionalmatrix der entsprechenden K_{m+j} für den Punkt P' den Rang l. Demnach werden sich dann die in der Umgebung von P' liegenden mit P' äquivalenten Punkte durch ein Gleichungensystem bestimmen lassen, das ähnlich gebildet ist, wie das für den Punkt P aufgestellte.

71. Wir gelangen auf diese Weise zu folgenden notwendigen Bedingungen für die Äquivalenz zweier Punkte P und P' von allgemeiner Lage:

Sind $J_{m+1}, \ldots, J_n$ solche Funktionenelemente von $n - m$ unabhängigen Invarianten, die sich in der Umgebung von P regulär verhalten, so muß es innerhalb des Gebietes, in dem sich die ξ_{ki} mit ihren analytischen Fortsetzungen regulär verhalten, möglich sein, $J_{m+1}, \ldots, J_n$, unter Benutzung von lauter mit P äquivalenten Punkten von allgemeiner Lage, derart simultan analytisch fortzusetzen, daß man $n - m$ Funktionenelemente $K_{m+1}, \ldots, K_n$ erhält, die sich in der Umgebung von P' regulär verhalten. Dabei muß man es so einrichten können, daß erstens:

$$(14) \qquad J_{m+i}(x_1^0, \ldots, x_n^0) = K_{m+i}(y_1^0, \ldots, y_n^0) \qquad (i = 1, \ldots, n - m)$$

wird, und daß zweitens, wenn die Determinante (11) für P nicht verschwindet, auch (11') für P' einen von Null verschiedenen Wert bekommt. Sollte aber (11) für P verschwinden und den Rang $l < n - m$ haben, so muß auch (11') für P' den Rang l haben, außerdem aber müssen noch eine Anzahl ähnlicher Bedingungen erfüllt sein, die sich aus dem in § 9 Gesagten ergeben.

72. Um nicht in allzu große Weitläufigkeiten zu geraten, wollen wir von jetzt ab die Voraussetzung machen, die Lie stillschweigend immer macht, daß (11) für P nicht verschwindet. Es ist das eine Voraussetzung, die stets dadurch verwirklicht werden kann, daß man als unabhängige Invarianten die Hauptlösungen $u_{m+1}, \ldots, u_n$ benutzt. Die Invarianten $K_{m+1}, \ldots, K_n$ sind dann freilich im allgemeinen nicht die Hauptlösungen im Punkte P'. Überhaupt bieten gerade die Hauptlösungen für die analytische Fortsetzung besondere Schwierigkeiten, weil sie im allgemeinen keine eindeutigen Funktionen sind.

73. Die vorhin angegebenen Bedingungen für die Äquivalenz von P und P sind nun zwar notwendig in dem Sinne, daß, wenn sie nicht erfüllt sind, P und P' sicher nicht äquivalent sein können. Dagegen bleibt es, wenn P und P' die Bedingungen erfüllen, immer noch zweifelhaft, ob sie auch wirklich der kontinuierlichen Gruppe gegenüber äquivalent sind. Die bloße Möglichkeit $K_{m+1}, \ldots, K_n$ aus $J_{m+1}, \ldots, J_n$ durch simultane analytische Fortsetzung ableiten zu können, sichert eben die Äquivalenz von P und P' noch nicht, auch wenn alle sonstigen Bedingungen erfüllt sind. Notwendig und hinreichend für die Äquivalenz ist vielmehr, daß diese analytische Fortsetzung in der Weise ausführbar ist, daß man als Zwischenstellen, in deren Umgebung man der Reihe nach die einzelnen Funktionenelemente bildet, lauter mit P äquivalente Stellen benutzt, also lauter Stellen, an denen jede der $n - m$ Invarianten denselben Zahlenwert hat wie in P.

Es ist nicht abzusehen, wie die bloße Möglichkeit, $K_{m+1}, \ldots, K_n$ aus $J_{m+1}, \ldots, J_n$ durch analytische Fortsetzung abzuleiten, zusammen mit jenen anderen Bedingungen, die Möglichkeit jener besonderen Art von analytischer Fortsetzung nach sich ziehen soll.

§ 12. Der Fall einer eingliedrigen Gruppe in zwei Veränderlichen.

74. Die Schwierigkeiten, die hier vorliegen, treten schon in dem in der Überschrift bezeichneten einfachem Falle so deutlich hervor, daß es angebracht erscheint, etwas näher auf diesen einzugehen.

Es sei:

$$Xf = \xi(x, y)\,p + \eta(x, y)q$$

die infinitesimale Transformation einer eingliedrigen Gruppe in der Ebene, und zwar seien ξ und η eindeutige analytische Funktionen, bestimmt durch zwei Funktionenelemente, gewöhnliche Potenzreihen in x, y. Der Koordinatenanfang sei ein Punkt von allgemeiner Lage, für den, wie wir annehmen können, ξ nicht verschwindet. Ferner sei x_0, y_0 ein zweiter Punkt von allgemeiner Lage, der auf seine Äquivalenz mit dem Koordinatenanfange untersucht werden soll. Durch eine Drehung um den Koordinatenanfang verlegen wir diesen Punkt in die y-Achse, so daß $x_0 = 0$ wird. Die Funktionenelemente von ξ, η in der Umgebung des Punktes $0, y_0$ sind gewöhnliche Potenzreihen von x, $y - y_0$ und mögen mit $\bar{\xi}, \bar{\eta}$ bezeichnet werden.

75. Ist $\mathfrak{P}(x, y) = u$ die Hauptlösung von $Xf = 0$ in bezug auf $x = 0$, und also $\mathfrak{P}(0, y) \equiv y$, so stellt $\mathfrak{P}(x, y) = 0$ die durch den Punkt $0, 0$ gehende Bahnkurve von Xf dar. Diese Gleichung besitzt in der Umgebung des Koordinatenanfangs eine eindeutig bestimmte Auflösung: $y = \varphi(x)$, wo $\varphi(x)$ eine für $x = 0$ verschwindende gewöhnliche Potenzreihe ist. Soll der Punkt $0, y_0$ mit dem Koordinatenanfange äquivalent sein, so muß er auf dieser Bahnkurve liegen, und es muß in der Umgebung von $0, y_0$ eine analytische Fortsetzung von $\mathfrak{P}(x, y)$ geben, etwa die Potenzreihe $P(x, y - y_0)$, die für $x = 0, y = y_0$ den Wert Null annimmt.

Dabei ist $P(x, y - y_0)$ eine Lösung der Differentialgleichung:

$$Xf = \bar{\xi}\,p + \bar{\eta}\,q = 0;$$

aber selbst dann, wenn $\bar{\xi}$ für $x = 0$, $y = y_0$ nicht verschwindet, kann $P(x, y - y_0)$ nicht die Hauptlösung v in bezug auf $x = 0$ sein, denn diese liefert für $x = 0$, $y = y_0$ den Wert $v = y_0$. Wir können nur behaupten, daß $P(x, y - y_0) \equiv P(0, v - y_0)$ ist. Wir könnten andererseits auf der y-Achse zwischen $y = 0$ und $y = y_0$ eine kontinuierliche Folge von solchen Punkten $x = 0$, y einschalten, daß die analytische Funktion $\xi(x, y)$ für keinen dieser

Punkte verschwände, und könnten die Funktionen ξ, η, u, indem wir diese Punkte als Zwischenstellen benutzten, simultan analytisch fortsetzen. Dann würden wir die Differentialgleichung $\overline{\xi}p + \overline{\eta}q = 0$ erhalten und gleichzeitig als analytische Fortsetzung von u gerade deren Hauptlösung v für $x = 0$.

Die analytische Funktion, die an der Stelle $0, 0$ durch die Hauptlösung u definiert ist, würde also an der Stelle $x = 0$, $y = y_0$ zwei verschiedene Funktionenelemente besitzen, nämlich v und $P(x, y - y_0) = P(0, v - y_0)$. An der Stelle $0, 0$ aber würde neben dem Funktionenelemente u auch noch ein zweites $\overline{P}(0, u)$ auftreten, wo $\overline{P}(0, v)$ eine analytische Fortsetzung von $P(0, v - y_0)$ wäre.

76. Aber alle diese Betrachtungen gewähren nicht die Möglichkeit, zu entscheiden, ob und wann die beiden Bahnkurven: $u = 0$ durch den Koordinatenanfang und $v = y_0$ durch den Punkt $0, y_0$, Stücke einer und derselben Bahnkurve sind. Die ganze Schwierigkeit ist wesentlich funktionentheoretischer Natur. Man kann nicht allgemein entscheiden, ob der Inbegriff aller Punkte x, y, für welche die mehrdeutige Funktion u einen der beiden Werte 0 und y_0 annimmt, ein zerfallendes Gebilde ist, oder nicht.

§ 13. Die Gruppe der Bewegungen in der Ebene.

77. Daß das Erfülltsein der Gleichungen (9) keineswegs die Äquivalenz der beiden Punkte x_i^0 und y_i^0 sichert, wollen wir noch durch ein weiteres Beispiel klarmachen.

In der Ebene betrachten wir ein Punktetripel (Dreieck) x_1, y_1; x_2, y_2; x_3, y_3 und fragen, wann diese drei Punkte in der angegebenen Reihenfolge durch eine Bewegung der Ebene mit drei anderen Punkten x_1', y_1'; x_2', y_2'; x_3', y_3' äquivalent sind.

Das Punktetripel hat gegenüber den Bewegungen der Ebene drei unabhängige zweideutige Invarianten:

$$r_i = \sqrt{(x_k - y_j)^2 + (y_k - y_j)^2}\,,$$

wo i, k, j eine zyklische Vertauschung der Zahlen 1, 2, 3 bedeutet. Wir können die Vorzeichen dieser drei Invarianten, von denen keine verschwinden möge, beliebig wählen. Bezeichnen wir dann die entsprechend gebildeten Ausdrücke für das andere Punktetripel mit r_i', so ist für die Äquivalenz notwendig, daß bei geeigneter Wahl der Vorzeichen der r_i' die Gleichungen:

$$r_i = r_i' \quad (i = 1, 2, 3)$$

erfüllt sind.

78. Aber diese Bedingungen sind bekanntlich nicht hinreichend, es muß vielmehr noch eine vierte Invariante, der Dreiecksinhalt, für beide Punktetripel übereinstimmen. Dieser ist eine eindeutige Funktion der Koordinaten:

$$\tfrac{1}{2} \sum \left(x_1\, y_2 - x_2\, y_1\right),$$

aber eine zweideutige der r_i:

$$\tfrac{1}{2}\sqrt{(r_1 + r_2 + r_3)\,(r_1 + r_2 - r_3)\,(r_2 + r_3 - r_1)\,(r_3 + r_1 - r_2)}\,.$$

Hier ist also die Äquivalenz durch die Gleichheit der Invarianten r_i für beide Punktetripel noch nicht gesichert, sondern erst dadurch, daß eine zweideutige Funktion dieser Invarianten, die in zwei eindeutige Funktionen der Koordinaten zerfällt, für beide Punktetripel denselben Wert hat.

79. So wird es überhaupt sein. Außer dem Bestehen der Gleichungen (9) muß noch jede Funktion $\varphi(J_{m+1}, \ldots, J_n)$ für beide Punkte x_i^0 und y_i^0 denselben Wert haben, das heißt, wenn φ in der Umgebung von x_i^0 ein reguläres Funktionenelement $\mathfrak{P}$ hat, muß unter den Funktionenelementen, die man in der Umgebung von $x_i = y_i^0$ durch analytische Fortsetzung von $\mathfrak{P}$ erhält, eines vorhanden sein, das für $x_i = y_i^0$ denselben Wert annimmt, wie $\mathfrak{P}$ für $x_i = x_i^0$. Bei dieser Fassung ist es gleichgültig, ob φ eine mehrdeutige Funktion der J, aber eine eindeutige Funktion der x ist. Die Schwierigkeit ist nur immer, festzustellen, ob die J_{m+k} für sich allein über die Äquivalenz entscheiden, und wenn sie es nicht tun, welche Funktionen $\varphi(J_{m+1}, \ldots, J_n)$ man noch hinzunehmen muß. Diese Schwierigkeit wird, wie wir schon vorhin bemerkt haben, nur in besonderen Fällen überwunden werden können.

80. Lie hat die hier geschilderten Schwierigkeiten nirgends hervorgehoben, was man ihm mit Recht zum Vorwurfe machen kann. Man darf jedoch daraus nicht schließen, daß er sie sich überhaupt nicht zum Bewußtsein gebracht habe. Daß er sie wirklich empfunden hat, darauf scheint auch eine Bemerkung hinzudeuten, die er am Schlusse der Abhandlng: „Zur Invariantentheorie der Gruppe der Bewegungen", Leipz. Ber. 1896, S. 466—477 (Ges. Abh. Bd. VI, Abh. XXVI) gemacht hat. Er sagt da: „Zu beachten bleibt immerhin, daß die Beweise meiner Sätze nur innerhalb passend gewählter Bereiche gelten, und daß dementsprechend in dieser Note Symmetrie als Kongruenz aufgefaßt wird." Lie war sich also ganz klar darüber, daß die Äquivalenztheorie einer kontinuierlichen Gruppe durch den Umstand erschwert werden kann, daß die Gruppe in einer gemischten Gruppe steckt, und daß in diesem Falle die Äquivalenz zweier Punkte von allgemeiner Lage durch die Gleichheit der Invarianten möglicherweise noch nicht gesichert ist.

81. Auf die Äquivalenztheorie von Punkten spezieller Lage will ich hier nicht näher eingehen. Nur soviel sei bemerkt, daß der Inbegriff aller Punkte x_i, für welche die Matrix aller ξ_{ki} einen bestimmten Rang $l < m$ besitzt, eine bei der Gruppe invariante Mannigfaltigkeit bildet, vorausgesetzt, daß es überhaupt solche Punkte gibt. Diese Mannigfaltigkeit kann dann in mehrere, einzeln invariante, irreduzible Teilgebiete zerfallen, deren jedes durch eine zugehörige kontinuierliche Gruppe transformiert wird. Innerhalb eines solchen Teilgebietes muß dann das Äquivalenzproblem für die Punkte von allgemeiner Lage gelöst werden, also für die, in denen der Rang der Matrix der ξ_{ki} nicht kleiner wird als l. Dabei können zwei wesentlich verschiedene Fälle eintreten, je nachdem die Punkte des invarianten Teilgebietes transitiv transformiert werden, oder intransitiv.

In einer gewissen Umgebung jedes dem Teilgebiete angehörigen Punktes P von allgemeiner Lage gestaltet sich die Bestimmung der mit dem betreffenden Punkte äquivalenten Punkte genau so wie in § 8 und 9. Die Frage nach den mit P äquivalenten Punkten, die nicht dieser Umgebung angehören, leidet an denselben Schwierigkeiten wie die entsprechende Frage bei Punkten, die gegenüber der vorgelegten Gruppe allgemeine Lage haben.

§ 14. Äquivalenz von Raumkurven gegenüber Bewegungen.

82. Wir wollen schließlich die in der Überschrift bezeichnete Frage etwas näher besprechen, weil deren Behandlung durch Lie in der Tat Mängel aufweist, die Studys Kritik in gewissen Beziehungen gerechtfertigt erscheinen lassen, in gewissen Beziehungen, aber nicht in allen.

83. Der Krümmungshalbmesser einer Raumkurve ist eine zweideutige Invariante der zweimal erweiterten Gruppe der Euklidischen Bewegungen. Sein Quadrat ist eine eindeutige Invariante nicht bloß dieser Gruppe, sondern auch der Gruppe, die aus den Bewegungen und den Umlegungen besteht. Nach den Entwickelungen von § 6 gilt daher folgendes: Haben wir eine Kurve C und auf dieser einen Punkt P von allgemeiner Lage, so ist dessen Krümmungshalbmesser endlich und von Null verschieden. Durch eine Art Orientierungsprozeß können wir festsetzen, daß jede Euklidische Bewegung, bei der die Kurve C in eine neue Kurve C', und der Punkt P auf C in einen neuen Punkt P' auf C' übergeht, jedem der beiden Werte, die der Krümmungshalbmesser der Kurve C in dem Punkte P besitzt, den numerisch gleichen Wert des Krümmungshalbmessers der Kurve C' in dem Punkte P' entsprechen läßt.

84. Wir können uns das in der Weise anschaulich vorstellen, daß wir zu den sieben Koordinaten x, y, z, y', z', y'', z'' der Elemente zweiter Ordnung eine achte Koordinate t hinzunehmen, die wir der Reihe nach gleich den beiden Werten r und $-r$ des Krümmungshalbmessers setzen. Denken wir uns t als eine Veränderliche, die bei unserer Gruppe gar nicht transformiert wird, so haben wir einen R_8, dessen siebenfach ausgedehnte Ebenen $t = $ const. sämtlich in Ruhe bleiben. Jedem Punkte der Kurve C entspricht ein Punkt des R_7 $t = 0$, und diesem Punkte sind zwei Punkte des R_8 zugeordnet, einer in der Ebene $t = r$, einer in der Ebene $t = -r$. Man kann daher von vornherein sagen: sollen zwei Kurven C und C' durch Bewegung äquivalent sein derart. daß dem Punkte P auf C der Punkt P' auf C' entspricht, so muß jede Bewegung, die diesen Übergang vermittelt, die beiden P zugeordneten Punkte des R_8 in die beiden P' zugeordneten Punkte des R_8 überführen, und zwar jeden in den mit derselben Koordinate t.

Der hier beschriebene einfache Orientierungsprozeß ist von derselben Art, wie die Orientierung, die man bei einer Kurve vornimmt, indem man einen Durchlaufungssinn festsetzt. Hier wird nämlich schon zu den fünf Koordinaten x, y, z, y', z' der Elemente erster Ordnung eine sechste Koordinate hinzugefügt, die nicht transformiert wird. Diese hat dann immer einen der beiden Werte, die die Quadratwurzel aus $1 + y'^2 + z'^2$ besitzt.

85. Faßt man jetzt die Umlegungen des R_3 auf als solche Operationen des vorhin erwähnten R_8, bei denen der R_7 $t = 0$ invariant bleibt, so kann man offenbar verabreden, sich so auszudrücken: Bei jeder Umlegung des R_3 werden die beiden entgegengesetzt gleichen zu P gehörigen Werte des Krümmungshalbmessers unter einander vertauscht. Der Umlegung entspricht dann eine ganz bestimmte Transformation jenes R_8.

86. Nehmen wir weiter an, daß der Krümmungshalbmesser nicht längs der ganzen Kurve C konstant ist, so besitzt die Kurve eine zweideutige Differentialinvariante dritter Ordnung $dr:ds$. Hat diese in P einen von Null verschiedenen Wert, so können wir genau so verfahren, wie vorhin beim Krümmungshalbmesser, das heißt, wir können verabreden: jede Bewegung, die C mit P darauf in C' mit P' darauf überführt, ordnet jedem der beiden Werte von $dr:ds$ in P den numerisch gleichen der beiden Werte von $dr:ds$ in P' zu.

87. Wählen wir auf C in P unter den beiden Werten von r einen bestimmten aus, etwa $r = r_0 \neq 0$, und ebenso einen bestimmten Wert von $dr:ds$, etwa $a \neq 0$, so wird in der Umgebung von P auf der Kurve die Größe $dr:ds$ eine gewöhnliche Potenzreihe von $r - r_0$, die für $r = r_0$ den Wert a hat:

$$(15) \qquad \frac{dr}{ds} = \omega\,(r)\,.$$

Soll daher C durch eine Bewegung in C' übergehen derart, daß zugleich P in P' übergeht, so ist notwendig, daß in P' die beiden von uns ausgewählten Werte $r = r_0$ und $dr:ds = a$ auftreten, und daß in der Umgebung von P' dieselbe Beziehung (15) gilt, wie auf C in der Umgebung von P.

88. Stellt sich heraus, daß auf C' in der Umgebung von P' die Gleichung

$$(15') \qquad \frac{dr}{ds} = \varphi\,(r)$$

gilt, und ist $\varphi(r) \equiv \omega(r)$, so ist eine notwendige Bedingung der Äquivalenz erfüllt. Ist andererseits $\varphi(r) \not\equiv \omega(r)$, so kann die gewöhnliche Potenzreihe $\varphi(r)$ eine analytische Fortsetzung von $\omega(r)$ sein, und dann gibt es auf C' einen von P' verschiedenen Punkt P'', in dem r und $dr:ds$ dieselben Werte haben, wie in P auf C. Für den Punkt P'' ist dann eine notwendige Bedingung der Äquivalenz erfüllt. Tritt auch dieser Fall nicht ein, so kann man zunächst nur sagen, daß C und C' nicht derart äquivalent sein können, daß P in P' übergeht, während r und $dr:ds$ ihre Werte behalten.

89. Da nun P und P' bei etwaiger Äquivalenz von C und C' einander sicher nicht derart entsprechen können, daß für beide Punkte $r = r_0$ und $dr:ds = a$ wird, so fällt auch jeder Grund weg, den Größen r und $dr:ds$ in P' dieselben Werte zu erteilen, wie in P, und die Zweideutigkeit beider Größen tritt wieder in Kraft. Es kann also in P' auch $r = -\,r_0$ und $dr:ds = -\,a$ sein. Daraus folgt aber, daß je nach der Festsetzung, die man über r und $dr:ds$ trifft, die Gleichung (15′) in der Umgebung von P' auf C' außer der Form (15′) auch noch eine der drei folgenden:

$$\frac{dr}{ds} = \varphi\,(-\,r)\,, \quad \frac{dr}{ds} = -\,\varphi\,(r)\,, \quad \frac{dr}{ds} = -\,\varphi\,(-\,r)$$

haben kann.

Ist keines der vier Funktionenelemente: $\varphi(r)$, $\varphi(-\,r)$, $-\,\varphi(r)$, $-\,\varphi(-\,r)$ mit $\omega(r)$ identisch und auch keines eine analytische Fortsetzung von $\omega(r)$, so sind C und C' sicher nicht äquivalent. Ist aber eines dieser Funktionenelemente mit $\omega(r)$ identisch, oder wenigstens eine analytische Fortsetzung von $\omega(r)$, so ist eine notwendige Bedingung für die Äquivalenz erfüllt. Denn in diesem Falle gibt es auf C' einen von P' verschiedenen Punkt P'', für den $r = \pm\,r_0$ und $dr:ds = \pm\,a$ ist, und für den, wenn man $r = r_0$ und $dr:ds = a$ wählt, auf C' gerade die Gleichung (15) herauskommt.

90. Damit ist eine der Lieschen Äquivalenzbedingungen auf ihre wahre Form gebracht. Die Liesche Fassung ist deswegen mangelhaft, weil sie gar nicht hervortreten läßt, daß $dr:ds$ an und für sich nur als vierdeutige Funktion von r definiert ist, und zwar als eine vierdeutige Funktion, die unter Umständen in zwei zweideutige, ja sogar in eine doppelt zählende zweideutige zerfallen kann.

91. Nebenbei bemerkt kann man auf dieselbe Weise eine notwendige Bedingung dafür aufstellen, daß C und C' durch eine Umlegung äquivalent sind. Wir können nämlich durch eine Art Orientierungsprozeß erreichen, daß bei einer Umlegung, die C mit dem Punkte P darauf in C' mit dem Punkte P' darauf überführt, den zu P gehörigen Werten von r und von $dr:ds$ beim Punkte P' gerade die entgegengesetzt gleichen entsprechen. Zu dieser Art von Äquivalenz der beiden Kurven ist deshalb notwendig, daß eines der vier Funktionenelemente:

$$\varphi(r), \ \varphi(-r), \ -\varphi(r), \ -\varphi(-r)$$

entweder mit $-\omega(-r)$ identisch, oder eine analytische Fortsetzung davon ist.

92. Die zweite notwendige Bedingung für die Äquivalenz wird durch die Torsion τ geliefert. Auch diese ist bei Lie nicht befriedigend gefaßt, weil er die Torsion an der einzigen Stelle, wo er eine Formel dafür angibt[1]), als Quadratwurzel aus einer eindeutigen Differentialinvariante darstellt, so daß sie nicht selber als eindeutige Differentialinvariante erscheint, was sie doch ist und was ihm auch geläufig war. Erwähnt er doch die gewöhnliche Darstellung der Torsion, bei der die Bogenlänge als unabhängige Veränderliche benutzt wird, eine Darstellung, aus der die Eindeutigkeit der Torsion unmittelbar ersichtlich ist. Offenbar hat sich Lie durch die vermeintliche Eleganz der a. a. O. abgeleiteten Formel für die Torsion verleiten lassen, auf deren Eindeutigkeit kein Gewicht zu legen, und das ist eine grobe Nachlässigkeit.

93. In der Tat, solange τ bloß als Quadratwurzel aus einer eindeutigen Invariante definiert ist, kann man zwar behaupten, daß in zwei entsprechenden Punkten P und P' zweier durch Bewegung äquivalenter Kurven C und C' numerisch gleiche Werte von τ einander zugeordnet sind, und man kann so zu einer notwendigen Bedingung der Äquivalenz gelangen. Man kann aber niemals mit Sicherheit entscheiden, ob wirklich Äquivalenz eintritt, weil man nicht weiß, ob in zwei Punkten P und P', die möglicherweise bei Äquivalenz von C und C' einander entsprechen, die zugehörigen eindeutig bestimmten Werte der Torsion übereinstimmen.

94. Die in § 13 besprochene Frage der Äquivalenz zweier Dreiecke in der Ebene macht den Sachverhalt vielleicht noch deutlicher. Dort ist es der Dreiecksinhalt, der einmal als eindeutige Funktion der Koordinaten der Ecken, das andere Mal als zweideutige Funktion der Dreiecksseiten erscheint.

---

1) Lie-Scheffers, „Vorlesungen über kontinuierliche Gruppen", S. 679.

3*

95. Wir denken uns nunmehr die Torsion τ als eindeutige Differential-invariante dargestellt. In dem Punkte P unserer Kurve hat dann τ einen ganz bestimmten Wert, etwa τ_0, während r zwei Werte r_0, $- r_0$ und $dr:ds$ zwei Werte a, $- a$ haben kann. Wählen wir unter diesen Möglichkeiten eine bestimmte aus, etwa $r = r_0$ und $dr:ds = a$, so erhalten wir zwei ganz be-stimmte Gleichungen:

$$(16) \qquad \frac{dr}{ds} = \omega\,(r)\,, \quad \tau = \vartheta\,(r)\,,$$

wo $\omega(r)$ und $\vartheta(r)$ gewöhnliche Potenzreihen von $r - r_0$ sind, die für $r = r_0$ die Werte a und τ_0 annehmen.

96. Soll die Kurve C mit dem auf ihr liegenden Punkte P äquivalent sein mit der Kurve C' und dem Punkte P' darauf, so muß r in P' einen der Werte r_0, $- r_0$ haben, $dr:ds$ einen der Werte a, $- a$, endlich τ den Wert τ_0. Nehmen wir etwa $r = r_0$ und $dr:ds = a$ an und erhalten wir unter diesen Voraus-setzungen für C' die Gleichungen:

$$(17) \qquad \frac{dr}{ds} = \varphi\,(r)\,, \quad \tau = \psi\,(r)\,,$$

so liefern die anderen möglichen Annahmen die drei Gleichungensysteme:

$$(17') \qquad \frac{dr}{ds} = -\,\varphi\,(r)\,, \quad \tau = \psi\,(r)\,,$$

$$(17'') \qquad \frac{dr}{ds} = -\,\varphi\,(-\,r)\,, \quad \tau = \psi\,(-\,r)\,,$$

$$(17''') \qquad \frac{dr}{ds} = \varphi\,(-\,r)\,, \quad \tau = \psi\,(-\,r)\,.$$

Die verlangte Äquivalenz kann daher nur stattfinden, wenn eines dieser vier Gleichungensysteme entweder mit dem Gleichungensysteme (16) identisch ist, oder durch simultane analytische Fortsetzung der beiden auf der rechten Seite stehenden Funktionen von r in das System (16) übergeführt werden kann.

97. Sollen daher zwei Raumkurven, bei denen r nicht konstant ist, durch Bewegung äquivalent sein, so muß es möglich sein, es so einzurichten, daß für beide Kurven dieselben Gleichungen (16) gelten.

Diese notwendigen Bedingungen sind aber auch hinreichend. Man habe nämlich auf der einen Kurve C einen Punkt P, und auf der anderen C' einen Punkt P' derart, daß zu beiden gleiche Werte von r gehören und daß in der Umgebung beider die Gleichungen (16) gelten. Nimmt man dann der Einfach-heit wegen an, daß $dr:ds$ für P nicht verschwindet, so kann man C durch eine Bewegung in eine solche Lage C'' bringen, daß P auf P', die Tangente von P auf die Tangente von P' und die Schmiegungsebene von P auf die Schmiegungsebene von P' fällt. Dabei kann man es, weil die Schmiegungsebene in sich und auch um die Tangente gedreht werden kann, so einrichten, daß in dem Punkte P' von C'' drei aufeinander folgende Punkte von C'' mit solchen Punkten von C' zusammenfallen, die dieselben Krümmungshalbmesser haben. Unter diesen Voraussetzungen läßt sich aber streng beweisen, daß C'' mit C' zusammenfällt, daß also C wirklich mit C' durch Bewegung äquivalent ist.

98. Wir haben also hier einen Fall, den die Lieschen Kennzeichen der Äquivalenz vollständig beherrschen, wenn sie nur mit der nötigen Sorgfalt ausgesprochen werden.

Sollen die beiden Kurven durch eine Umlegung äquivalent sein, so ist folgendes notwendig und hinreichend: Wenn für die eine Kurve die Gleichungen (16) bestehen, so muß man es bei der zweiten so einrichten können, daß für diese die Gleichungen:

$$(17) \qquad \frac{dr}{ds} = -\,\omega\,(-\,r)\,,\ \tau = -\,\vartheta\,(-\,r)$$

gelten. Ist diese Forderung erfüllt, und können überdies $-\,\omega\,(-\,r)$ und $-\,\vartheta\,(-\,r)$ durch simultane analytische Fortsetzung aus $\omega\,(r)$ und $\vartheta\,(r)$ abgeleitet werden, so sind die beiden Kurven sowohl durch Bewegung als durch Umlegung äquivalent.

99. Ersetzt man r, $dr:ds$ und τ durch die bekannten Differentialausdrücke, so sind:

$$(18) \qquad \frac{dr}{ds} = \omega\,(r)\,,\ \tau = \vartheta\,(r)$$

die Differentialgleichungen aller Kurven, die mit C durch Bewegung äquivalent sind, und:

$$(19) \qquad \frac{dr}{ds} = \omega\,(r)\,,\ \tau = -\,\vartheta\,(r)$$

die Differentialgleichungen aller mit C durch Umlegung äquivalenten Kurven. Daß diese Differentialgleichungen hier in mehrdeutiger Form erscheinen, ist nicht zu vermeiden. Es ist eben unmöglich für alle diese Kurven eine gemeinsame eindeutige Darstellung zu geben. Es hilft auch nichts, wenn man an Stelle von r und $dr:ds$ die eindeutigen Differentialinvarianten r^2 und $dr^2:ds^2$ benutzt, was in mancher Beziehung vorteilhaft ist.

100. Die Gleichungen (18) sind die natürlichen Gleichungen der Raumkurven, bei denen der Krümmungshalbmesser nicht konstant ist. Man pflegt allerdings höchst sonderbarerweise statt dieser Gleichungen solche zu schreiben, in denen die Bogenlänge selbst vorkommt. Daß darin noch der willkürliche Anfangspunkt der Bogenlängen auftritt, widerspricht eigentlich dem Begriffe, den man mit dem Ausdrucke: „natürliche Gleichungen" verbinden sollte.

Warum drückt man aber nicht alles durch die eindeutige Größe τ aus? Man sollte die natürlichen Gleichungen aller Kurven mit nicht konstanter Torsion in der Form:

$$r = \varphi(\tau), \; dr:ds = \chi(\tau)$$

schreiben!

101. Hier ist wohl auch die geeignete Stelle für die folgende Bemerkung: Daß Lie unter den Kurven, für die $\tau = 0$ ist, die Kurven in den Minimalebenen vergessen hat, war mir schon längere Zeit, bevor mich Study darauf aufmerksam machte, aufgefallen. Dieses Vergessen, das mir eigentlich gerade bei Lie höchst verwunderlich ist, wäre an und für sich entschuldbar. Doch hat es, da es nicht früh genug richtig gestellt worden ist, noch andere Irrtümer veranlaßt, und Study hat daher Recht, wenn er es nicht als harmlos gelten lassen will. Ich selbst fühle mich dabei mitschuldig, weil ich unterlassen habe, darauf hinzuweisen, sobald es mir aufgefallen war.

102. Zum Schlusse möchte ich noch einmal wiederholen, was ich im Anfange gesagt habe. Der Liesche Invariantenbegriff hält jeder Kritik stand und kann analytisch vollständig scharf gefaßt werden. Auch die Lieschen Kriterien für die Äquivalenz von Punkten sind in Ordnung, sobald man sich auf eine genügend kleine Umgebung eines Punktes P beschränkt und nur nach den mit P äquivalenten Punkten fragt, die in dieser Umgebung liegen. Sobald man aber über diese Umgebung hinausgeht, sind die Lieschen Kennzeichen für die Äquivalenz eines Punktes mit P bloß notwendige Bedingungen, deren Erfülltsein die Äquivalenz nicht sicherstellt. Ob wirklich Äquivalenz stattfindet, das erfordert noch eine besondere Untersuchung, die in vielen Fällen durchführbar ist; es ist aber unmöglich, allgemeine Vorschriften zu geben, die für alle Fälle ausreichen. Daß es so ist, liegt in der Natur der Sache, denn die auftretenden funktionentheoretischen Schwierigkeiten sind zu groß und im allgemeinen unüberwindlich. Lie hat das nicht genügend beachtet und deshalb die Tragweite seiner Kennzeichen weit überschätzt. Insoweit ist die von Study geübte Kritik wirklich berechtigt.

Gießen, im Juni 1938.

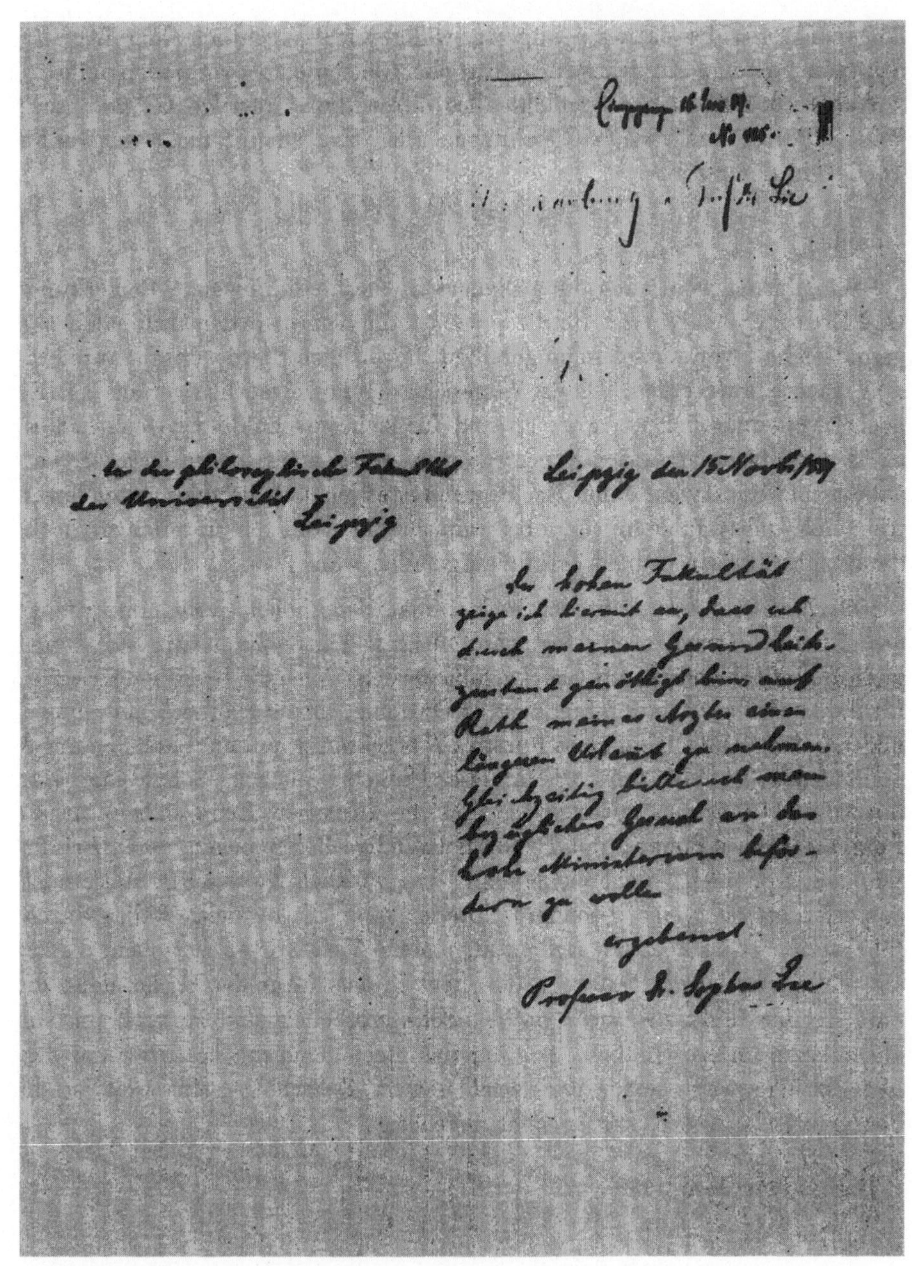

Gesuch von Sophus Lie an die philosophische Fakultät der Universität Leipzig vom 15. November 1889

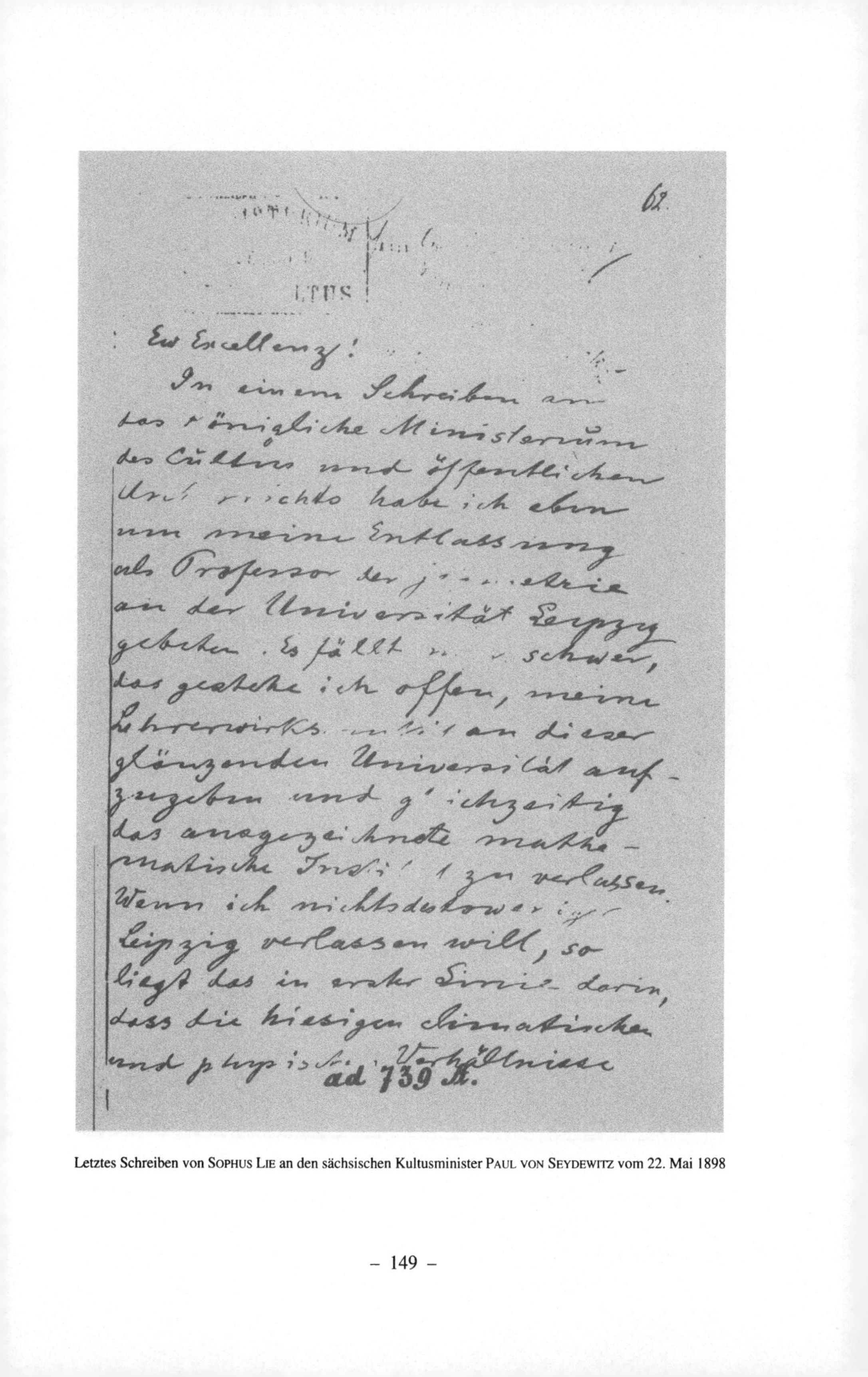

nicht für mich günstig sind. Ich brauche noch viele Jahre um meine litterär Pläne zu realisiren und ich halte es für ausserord. w... wahrscheinlich, dass Christiania für meine Gesundheit und für meine Arbeits- kraft günstiger als Leipzig sein wird.

Die Güte, die mir Ew Excellenz mir neuerdings gezeigt haben, hat m... tief gerührt. Das Wohlwollen das Ew. Excellenz mir bei vielen Gelegenheiten gezeigt haben, werde ich immer in dank... Erinnerung bewahren

In grösster Ehrerbietung und in aufrichtiger Dankbarkeit zeichnet

Professor Sophus Lie

Leipzig. 12. 7. 1887.

Eing. 13. Juli 87.

Sehr geehrter Herr Decan,

Auf Ihr geehrtes Schreiben vom
10. d. M. beehre ich mich zu erwiedern,
dass die von mir angekuendigte Vorlesung
ueber mechanische Waermetheorie, wie
ich sie zu halten gedenke, keinen Gegenstand betrifft, der dem Gebiete der Physik
angehoert, sondern eben so gut eine
mathematische Vorlesung ist, wie etwa eine
Vorlesung ueber Mechanik oder theoretische
Optik. Ich bin daher auch nicht in
der Lage, meine Ankuendigung zu
rueckzuziehen. Sollten Sie jedoch nur
an der Bezeichnung meiner Vorlesung
Anstoss nehmen, so bin ich natuerlich

Schreiben von EDUARD STUDY an den Dekan der philosophischen Fakultät der Universität Leipzig vom 12. Juli 1887

gerne bereit, falls Sie es wuenschen,
den Titel in „Mathematische Theorie
der Waerme" abzuaendern. Ich wuerde
in diesem Falle nur Benachrichtigung
von Ihrer Seite erbitten, falls es Ihnen
nicht bequemer ist, selbst die betreffende
Aenderung im Catalog zu veranlassen.

Mit vorzueglicher Hochachtung
Ihr ganz ergebener
E. Study,
Privatdocent. —

N° 336.
fing. 5. April 1904.

Leipzig-Gohlis 16.3.04.

Hochgeehrter Herr Dekan!

Hierdurch beehre ich mich, Ihnen anzuzeigen, dass ich heut die vom 7. März d. J. datirte Ernennung zum ordentlichen Professor der Mathematik an der Universität Greifswald erhalten habe, und dass ich infolgedessen, nachdem auch

Schreiben von FRIEDRICH ENGEL an den Dekan der philosophischen Fakultät der Universität Leipzig vom 16. März 1904

das Königliche Ministerium der
Kultus- und öffentlichen Unterrichts meine Entlassung für den
1. April d. J. genehmigt hat,
mit diesem Tage aus dem
Lehrkörper der Universität Leipzig
ausscheide.

Mit ausgezeichneter Hoch-
achtung

Ganz ergebenst

Prof. Dr. Friedrich Engel

Kommentierender Anhang

1. Lie-Theorie und Differentialinvarianten in ursprünglicher Form

Von den drei namhaften Mathematikern LIE, ENGEL und STUDY, die mit ihren Arbeiten im Mittelpunkt dieses Bandes stehen, ist sicherlich SOPHUS LIE der bedeutendste. Die hier wiedergegebenen Arbeiten über Differentialinvarianten, insbesondere zu den Invarianten der Bewegungsgruppe, vermitteln einen Einblick in ein gemeinsames Arbeitsgebiet aller drei Mathematiker und machen auch unterschiedliche Auffassungen deutlich. In Bezug auf das Werk von LIE stellen die hier enthaltenen Beiträge nur einen kleinen Ausschnitt aus seinem Schaffen dar, weisen jedoch auf wesentliche Aspekte und Begriffsbildungen der von ihm entwickelten Theorie hin. Hier sollen zunächst LIE's grundlegende Ideen und die Weiterentwicklung seiner Theorie im Überblick dargestellt werden. Sehr allgemein und in gedrängter Form läßt sie sich dadurch charakterisieren, daß zwei grundlegende mathematische Disziplinen, die Analysis und die Gruppentheorie, zusammengeführt werden. Die Auswirkungen betreffen aber nicht nur diese beiden Gebiete, sondern einen großen Teil der gesamten Mathematik. So schreibt J. DIEUDONNÉ [10] im Zusammenhang mit der Entstehung der fundamentalen Lieschen Ideen, „ . . . daß weniger als ein Jahrhundert später die ‚kontinuierlichen Gruppen‘ (seitdem in berechtigter Würdigung ihres Erfinders ‚Liesche Gruppen‘ genannt) der zentrale und wichtigste Teil der modernen Mathematik wurden, der Teil, um den allmählich, wie um eine gigantische Achse, die verschiedensten und unerwartetsten Theorien, von der Arithmetik bis zur Quantenphysik, zu kreisen begannen.“

LIE kann wohl mit Recht als der Begründer von gruppentheoretischen Methoden in der Analysis bezeichnet werden. Daß bei seinen Überlegungen vorwiegend Fragestellungen zur Invariantentheorie, zur Theorie der Differentialgleichungen oder geometrische Fragen (etwa der Kurven- und Flächentheorie) im Mittelpunkt standen, muß auch aus historischer Sicht erklärt werden. Zu Beginn seines Schaffens (etwa um 1870) hatte sich der Gruppenbegriff deutlicher ausgeprägt, wobei vor allem die Galois-Theorie und die Invariantentheorie als wesentliche Quellen gruppentheoretischer Gesichtspunkte anzusehen sind. Es war ein ursprüngliches Anliegen von S. LIE, nach dem Vorbild der Galois-Theorie eine Theorie zur Behandlung von Differentialgleichungen mit gruppentheoretischen Methoden zu schaffen.

Im Hinblick auf viele geometrische Bezüge muß aber auch unbedingt auf die enge Zusammenarbeit von S. LIE mit F. KLEIN verwiesen werden, der 1870 mit seinem berühmt gewordenen „Erlanger Programm“ die Auffassung von Geometrie als Invariantentheorie einer gewissen Gruppe begründet hat. Zwischen beiden bestand damals nach S. LIE [33] eine verabredete Arbeitsteilung: Während KLEIN sich mehr den „diskreten“ Gruppen widmete, wollte sich LIE vor allem den Fragen der „continuierlichen“ Gruppen zuwenden. Später haben dann aber Differenzen zwischen ihnen zur Trennung geführt.

Will man die Liesche Theorie inhaltlich näher erläutern, so muß vor allem auf den fundamentalen Begriff der „r-gliedrigen continuierlichen Gruppe“ eingegangen werden. Aus heutiger Sicht geht es um eine Begründung des Konzeptes einer r-dimensionalen Lie-Gruppe, wobei jedoch folgendes zu bemerken ist: Der Begriff der „r-gliedrigen Gruppe“ bei LIE umfaßt sowohl die „endlichen Transformationen" als auch die „infinitesimalen Transformationen". Nach der heutigen Terminologie würden die endlichen Transformationen die Lie-Gruppe selbst bilden, während die infinitesimalen Transformationen gerade der zu dieser Gruppe gehörenden Lie-Algebra zuzurechnen sind.

Die „endlichen" Transformationen, die zu einer r-gliedrigen Gruppe gehören, werden bei Lie in der Form

$$x'_i = f_i(x_1, \dots, x_n, \alpha_1, \dots, \alpha_r) \quad (i = 1, \dots, n)$$

geschrieben, wobei die $x_1, \dots, x_n$ bzw. $x'_1, \dots, x'_n$ die Koordinaten eines Punktes bzw. die des entsprechenden Bildpunktes sind. Die $\alpha_1, \dots, \alpha_r$ sind Parameterwerte, die die Transformation selbst kennzeichnen, d. h. ihr r-Tupel kann als Koordinaten-r-Tupel der jeweiligen Transformation aus der Gruppe betrachtet werden.

Die infinitesimalen Transformationen werden bei Lie mit Xf, Af, Uf usw. bezeichnet oder ausführlich in der Form

$$Xf = \xi_1 \frac{\partial f}{\partial x_1} + \dots + \xi_n \frac{\partial f}{\partial x_n}$$

geschrieben. Sie ergeben sich formal dadurch, daß den Variablen „Incremente" (Zuwachse) erteilt werden und dann für

$$f(x_1 + \delta t, \dots, x_n + \delta t)$$

eine Taylor-Entwicklung bis zur ersten Näherung vorgenommen wird. Dies entspricht einer auch heute üblichen Interpretation der Elemente der Lie-Algebra einer Transformationsgruppe als „infinitesimale Erzeuger", d. h. als Differentialoperatoren der Form

$$X = \xi_1 \frac{\partial}{\partial x_1} + \dots + \xi_n \frac{\partial}{\partial x_n}$$

(s. Abschnitt 2), die auf dem Raum $C^\infty(\mathbf{R}^n)$ wirken.

Dabei wird deutlich zwischen dem Erzeuger X als Operator und dem Ergebnis seiner Anwendung auf die Funktion f, also Xf, unterschieden, während Lie's Symbolik und Sprechweise von der „infinitesimalen Transformation Xf" noch beides vermischt.

Im Konzept der kontinuierlichen Gruppen kommt den infinitesimalen Transformationen eine zentrale Rolle zu, da sie es gestatten, die Gruppenoperationen bzw. die Wirkung der Gruppe im Sinne der Differentialrechnung zu linearisieren. Durch Lie wurden zu einer r-gliedrigen Gruppe die zugehörigen infinitesimalen Transformationen konstruiert. Er konnte zeigen, daß diese einen r-dimensionalen linearen Raum bilden und daß mit je zwei solchen Transformationen $X_1 f, X_2 f$ auch ihr Kommutator, d. h.

$$(X_1, X_2) = X_1(X_2 f) - X_2(X_1 f)$$

(man beachte hier die Schreibweise von Lie!), wieder eine infinitesimale Transformation ist. Diese Struktur (später als Liescher Ring, heute als Lie-Algebra bezeichnet) hängt sehr eng mit der eigentlichen Gruppenstruktur der kontinuierlichen Gruppe zusammen. Die wesentlichen Aussagen dazu sind in den drei von Lie bewiesenen Fundamentalsätzen seiner Theorie enthalten [29].

Der erste Satz beinhaltet die Beschreibung von kontinuierlichen Transformationsgruppen durch Systeme von Differentialgleichungen:

1. Fundamentalsatz: Sind $x'_i = f_i(x_1, \dots ,x_n,a_1, \dots ,a_r)$, $(i = 1, \dots ,n)$, die Transformationsgleichungen einer r-gliedrigen Gruppe, dann genügen die Funktionen x'_i einem Differentialgleichungssystem

$$\frac{\partial x'_i}{\partial a_k} = \sum_{j=1}^{r} \Psi_{jk}(a_1, \dots ,a_r)\, \xi_{ij}(x'_1, \dots ,x'_n).$$

Umgekehrt bildet jede r-parametrige Schar von Transformationen, die einem solchen Differentialgleichungssystem genügt und die identische Transformation enthält, eine r-gliedrige Gruppe.

Der zweite Satz charakterisiert eine r-gliedrige Gruppe mittels der infinitesimalen Transformationen:

2. Fundamentalsatz: Sind

$$X_k f = \sum_{v=1}^{n} \xi_{kv}\, \frac{\partial f}{\partial x_v}$$

r unabhängige infinitesimale Transformationen einer r-gliedrigen Gruppe, dann bestehen Relationen von der Form

$$(X_i, X_k) = \sum_{s} C_{iks}\, X_s f$$

und umgekehrt erzeugen r unabhängige infinitesimale Transformationen $X_1 f, \dots , X_r f$, für die derartige Relationen bestehen, stets eine r-gliedrige Gruppe.

Die Zahlen C_{iks} stellen gerade die sogenannten Strukturkonstanten einer Lie-Gruppe (bzw. der entsprechenden Lie-Algebra) dar, und der dritte Satz ist den Relationen zwischen diesen Konstanten gewidmet.

Diese Relationen folgen aus den Eigenschaften der Kommutatoren (Antisymmetrie, Jacobi-Identität):

3. Fundamentalsatz: Die Konstanten C_{iks} einer r-gliedrigen Gruppe genügen den Relationen

$$C_{iks} + C_{kis} = 0,$$

$$\sum_{v} C_{ikv}\, C_{vjs} + C_{kjv}\, C_{vis} + C_{jiv}\, C_{vks} = 0,$$

und jedes diesen Relationen genügende System von r Konstanten bestimmt eine r-gliedrige Gruppe.

Auf diese Weise kann die Untersuchung bzw. Einteilung von Transformationsgruppen zurückgeführt werden auf die Aufgabe, alle Systeme von infinitesimalen Transformationen zu bestimmen, die den entsprechenden Relationen genügen. Das heißt, es geht in moderner Sprechweise um die Untersuchung von Lie-Algebren, die von infinitesimalen Erzeugern gebildet werden. Von Lie selbst wurden in z. T. aufwendigen Untersuchungen viele Resultate dazu erzielt, insbesondere zu Darstellungen von Lie-Algebren geringer Dimension.

Was die Theorie der Differentialinvarianten betrifft, so ist hier das wichtigste Hilfsmittel die Fortsetzung einer Transformation auf Räume von Linien- oder Flächenelementen (Jet-Räume) einer bestimmten Ordnung. So ergibt sich etwa für eine Transformation T des $\mathbf{R}^2$,

$$\begin{aligned} T(x,y) &= \quad (\bar{x}, \bar{y}), \\ \bar{x} &= \Phi(x, y), \\ \bar{y} &= \Psi(x, y), \end{aligned}$$

durch Differenzieren als Fortsetzung eine Transformation T' im Raum der Linienelemente (x, y, y') erster Ordnung: Mit der Schreibweise

$$p \text{ für } y' \text{ und } \bar{p} \text{ für } d\bar{y}/d\bar{x}$$

kann man T' in der Form $(x, y, p) \rightarrow (\bar{x}, \bar{y}, \bar{p})$ mit

$$\bar{p} = \frac{\Psi_x + p\Psi_y}{\Phi_x + p\Phi_y}$$

schreiben. Entsprechendes gilt für die Fortsetzung von Transformationen auf Räume von Linien- oder Flächenelementen höherer Ordnung. Diese Fortsetzung ist von Lie vorgenommen worden, wobei bereits ein großer Vorteil des verwendeten Kalküls (Beschreibung durch infinitesimale Transformationen) deutlich wird:

Die Fortsetzung der infinitesimalen Transformationen geschieht mit sehr einfachen Rechnungen (im wesentlichen Differentiationen) und ist sehr viel einfacher als die Fortsetzung der eigentlichen (d.h. der „endlichen") Transformationen.

So würde sich etwa in Bezug auf das letzte Beispiel eine infinitesimale Transformation (schon als Erzeuger, d. h. als Differentialoperator geschrieben)

$$X = \xi(x, y) \frac{\partial}{\partial x} + \eta(x, y) \frac{\partial}{\partial y}$$

wie folgt auf den Raum der Linienelemente erster Ordnung fortsetzen:

$$X' = \xi(x, y) \frac{\partial}{\partial x} + \eta(x, y) \frac{\partial}{\partial y} + \eta_1(x, y, p) \frac{\partial}{\partial p} \quad .$$

Dabei ist

$$\begin{aligned} \eta_1(x, y, p) &= \frac{d}{dx} \eta(x + y) - p \frac{d}{dx} \xi(x, y) \\ &= \eta_x + p(\eta_y - \xi_x) - p^2 \xi_y \quad . \end{aligned}$$

Eine Differentialinvariante 1. Ordnung bezüglich einer Gruppe G ist dann eine Funktion $\Omega(x, y, p)$, die gegenüber allen fortgesetzten Transformationen aus G invariant ist, und das ist dann gleichwertig zu der Forderung

$$X'(\Omega(x, y, p)) = 0$$

für alle infinitesimalen Transformationen X aus G. Auf diese Weise erhält man Systeme von linearen partiellen Differentialgleichungen erster Ordnung zur Bestimmung der Differentialinvarianten. Die Anzahl der Differentialgleichungen ist dabei gleich der Dimension von G.

Bei den von LIE bearbeiteten Aufgaben zu Invarianten läßt sich im wesentlichen eine Zweiteilung bzw. ein Wechselspiel erkennen: Zum einen geht es bei einer Transformationsgruppe um die Bestimmung von Objekten (Flächen- oder Kurvenscharen, Funktionen, Differentialgleichungen usw.), die invariant bleiben. Zum anderen kann man für jedes solche Objekt nach der Gruppe fragen, „die es gestattet" (d. h. bezüglich derer es invariant ist).

Beispielsweise kann man zu einer gegebenen Differentialgleichung nach den Transformationen fragen, die die Lösungsschar (als Kurven- oder Flächenschar) invariant lassen. Die entsprechenden infinitesimalen Transformationen oder Erzeuger heißen Symmetrien der Differentialgleichung, ihre Kenntnis gestattet zumeist eine Vereinfachung bzw. Zurückführung auf Differentialgleichungen geringerer Ordnung. Bei gewöhnlichen Differentialgleichungen mit hinreichend vielen Symmetrien ist sogar die Berechnung der allgemeinen Lösung ohne Quadraturen möglich. Die hierzu von LIE entwickelten Methoden haben sich als wirksam erwiesen, sind aber bis heute noch nicht Allgemeingut geworden, da eine gewisse Schwerfälligkeit des Kalküls und hoher Rechenaufwand nicht zu übersehen sind. Erst in den letzten zwei Jahrzehnten haben wieder verstärkt Untersuchungen zur algorithmischen Behandlung von Differentialgleichungen nach Lieschen Methoden eingesetzt, eine wesentliche Rolle spielen dabei die neu geschaffenen Möglichkeiten der Computer-Algebra [3, 41, 48, 51].

2. Moderne Terminologie

Während bei S. LIE, bedingt durch die konkreten Problemstellungen und den - in Bezug auf globale und topologische Aspekte - noch unscharf ausgeprägten Gruppenbegriff, fast ausschließlich Transformationsgruppen eines Raumes betrachtet werden, hat sich in der nachfolgenden Entwicklung der Gruppenbegriff und insbesondere der der kontinuierlichen Gruppe verselbständigt. Gruppen wurden eigenständige, nicht notwendig auf einen zu transformierenden Grundraum zu beziehende Strukturen. Der moderne Begriff einer Lie-Gruppe G läßt sich kurz durch drei wesentliche Eigenschaften erfassen:

(1) G ist eine Gruppe.
(2) G ist eine differenzierbare Mannigfaltigkeit.
(3) Die Gruppenoperationen in G werden durch die differenzierbare Abbildung
$(x, y) \rightarrow x\,y^{-1}$ von $G \times G$ in G beschrieben.

Die Dimension der Mannigfaltigkeit G wird als Dimension der Lie-Gruppe bezeichnet. In einer n-dimensionalen Lie-Gruppe ist damit lokal (d. h. in einer Umgebung eines Elementes) die Struktur des Euklidischen Raumes $\mathbf{R}^n$ gegeben. Durch die positive Lösung des V. Hilbertschen Problems [37] wurde später bewiesen, daß umgekehrt die lokale Euklidizität einer Gruppe zusammen mit der Stetigkeit der Gruppenoperationen auch hinreichend für ihre Lie-Gruppenstruktur ist, d. h., die Differenzierbarkeitsforderungen in (2) und (3) sind überflüssig und lassen sich bei geeigneter Koordinatenwahl stets erfüllen. Als einfache Beispiele für Lie-Gruppen können die bekannten Matrizengruppen, z. B. GL(n), SL(n), SO(n) dienen, dabei wird jeweils eine geeignete Anzahl von Koeffizienten als (lokales) Koordinatensystem in der jeweiligen Gruppe ausgezeichnet. Es gibt aber auch Lie-Gruppen, die sich nicht als lineare Gruppen auffassen lassen. Der Begriff der Lie-Algebra (früher Liescher Ring) ist durch Abstraktion aus der Struktur in der Menge der infinitesimalen Transformationen einer kontinuierlichen Gruppe entstanden:

Eine Lie-Algebra L ist ein Vektorraum mit einem bilinearen Produkt $[X, Y]$ (Lie-Produkt oder Liescher Kommutator), das antikommutativ ist,

$$[X, Y] = - [Y, X] \text{ für alle } X, Y \text{ aus } L,$$

und für das die Jacobi-Identität

$$[X, [Y, Z]] + [Y, [Z, X]] + [Z, [X, Y]] = 0$$

gilt. Einfachste Beispiele sind wieder Lie-Algebren von Matrizen:

$\mathrm{gl}(n)$ ist die Lie-Algebra aller n-reihigen quadratischen Matrizen,

$\mathrm{sl}(n)$ ist die Lie-Algebra der n-reihigen quadratischen Matrizen mit Spur 0,

$\mathrm{so}(n)$ ist die Lie-Algebra der n-reihigen schiefsymmetrischen Matrizen.

Das Lie-Produkt hat hier jeweils die Form $[X, Y] = X Y - Y X$.

Zu jeder Lie-Gruppe G kann man nun eine Lie-Algebra L der gleichen Dimension konstruieren, die in enger Beziehung zu G steht. Besonders einfach geschieht das im Fall einer Matrizengruppe G:

Hier besteht die Lie-Algebra aus allen Matrizen, die sich durch Differentiation von Kurven in G im Einselement ergeben,

$$L = \left\{ X : X = \left. \frac{\mathrm{d}}{\mathrm{d}t} Z(t) \right|_{t=0}, Z(t) \text{ Kurve in } G \text{ mit } Z(0) = e \right\},$$

siehe z. B. [4]. Die so konstruierte Menge ist eine Lie-Algebra mit dem Produkt $[X, Y] = XY - YX$, und die Exponentialabbildung

$$\mathrm{EXP}(X) = \sum_{n=0}^{\infty} \frac{X^n}{n!}$$

bildet gerade L in G ab.

Im allgemeinen Fall, also bei einer beliebigen Lie-Gruppe G, wird diese Konstruktion abstrakt in einem differentialgeometrischen Kalkül vollzogen:

Die Lie-Algebra L von G besteht aus allen rechtsinvarianten Vektorfeldern auf G. Das sind Differentialoperatoren 1. Ordnung im Raum $C^{\infty}(G)$ der beliebig oft differenzierbaren Funktionen auf G, in Koordinaten $x_1, ..., x_n$ haben sie die Form

$$X = \xi_1 \frac{\partial}{\partial x_1} + ... + \xi_n \frac{\partial}{\partial x_n}.$$

Rechtsinvarianz bedeutet dabei, daß diese Vektorfelder bei Rechtstranslationen $g \to ga$ $(g, a \in G)$ in sich übergehen. Die durch X bewirkte Differentiation ist in einem Punkt a daher schon eindeutig festgelegt durch die Differentiation in $a = e$, dies schlägt die Brücke zur vorherigen Konstruktion für Matrizengruppen:

Das Lie-Produkt ist jetzt der Kommutator $[X, Y] = XY - YX$ der beiden Vektorfelder (als Differentialoperatoren). Auch die Exponentialabbildung läßt sich abstrakt definieren:

Zu jedem rechtsinvarianten Vektorfeld $X \in L$ existiert genau eine einparametrige Untergruppe von G (d.h. ein Homomorphismus λ_X von $\mathbb{R}$ in G) mit

$$Xf(\mathrm{e}) \;=\; \frac{\mathrm{d}}{\mathrm{d}t} f(\lambda_X(t))\Big|_{t=0} \qquad \text{für alle } f \in C^\infty(G),$$

und man definiert $\mathrm{EXP}\,(X) \;=\; \lambda_X(1)$.

Damit ist die Exponentialabbildung EXP eine Abbildung von L in G. Wie sich herausstellt, bildet sie eine Nullumgebung von L diffeomorph auf eine Einsumgebung in G ab, wobei die Gruppenstruktur von G sich lokal völlig durch die Lie-Algebra-Struktur von L beschreiben läßt. Es gilt nämlich die sogenannte Campbell-Hausdorff-Formel

$$\mathrm{EXP}\,(X)\;\mathrm{EXP}\,(Y) \;=\; \mathrm{EXP}\,(\mathrm{CH}(X,Y)),$$

dabei ist $\mathrm{CH}(X,Y) \;=\; X + Y + 1/2\,[X,Y] + \dots$ eine lokal (d. h. für alle X, Y aus einer Nullumgebung von L) konvergente Potenzreihe, die nur aus Lie-Produkten von X, Y gebildet wird. Die obige Formel ist damit so zu interpretieren, daß sich die Multiplikation in G und das Lie-Produkt in L gegenseitig bestimmen (zumindest lokal). Dies wird mitunter auch so formuliert: Zwei Lie-Gruppen mit isomorphen Lie-Algebren sind lokal isomorph. Auf dieser Grundlage hat man verschiedene von LIE abgeleitete Aussagen (so etwa den 2. Fundamentalsatz) über die Existenz und Zusammensetzung von Gruppen, wenn die infinitesimalen Transformationen gegeben sind, zunächst als lokale Aussagen zu interpretieren. Später wurde erst bewiesen, daß zu jeder endlichdimensionalen Lie-Algebra L eine (globale) Lie-Gruppe existiert, deren Lie-Algebra L ist [43].

Die von LIE entwickelten Methoden und Kriterien zur Bestimmung von Differentialinvarianten einer Gruppe G, die auf der Betrachtung von infinitesimalen Transformationen basieren, liefern damit nur Objekte, die gegenüber allen Transformationen in einer Umgebung der Identität invariant sind. Unter Benutzung der Gruppeneigenschaft folgt daraus die Invarianz gegenüber allen Transformationen aus der Zusammenhangskomponente von G (das ist die Untergruppe von G, die von allen einparametrigen Untergruppen erzeugt wird).

Auf diese Weise hat die weiterentwickelte Theorie zu einer Präzisierung geführt und vorhandene Unschärfen in Aussagen bei LIE beseitigt. Genau diese Diskrepanz zwischen lokalen und globalen Aussagen ist andererseits, vom inhaltlichen Standpunkt gesehen, ein wesentlicher Ansatzpunkt der Kritik in den Arbeiten von STUDY und ENGEL. Bei der Untersuchung von Differentialinvarianten der Bewegungsgruppe erhält man nach den Methoden von LIE nämlich nur die Invarianten bezüglich ihrer Zusammenhangskomponente, das sind alle Bewegungen, die eine echte Drehung enthalten. Die „Umlegungen", also Bewegungen mit einem Drehspiegelungsanteil, werden damit durch die Betrachtung von infinitesimalen Transformationen (d. h. von einparametrigen Untergruppen) nicht erfaßt. Pauschal kann man sagen, daß durch die Liesche Theorie nur die Invarianz gegenüber solchen Transformationen untersucht werden kann, die sich stetig aus der Identität entwickeln lassen. „Diskrete" Transformationen, wie etwa Translationen mit einem festen Vektor oder einzelne Spiegelungen, werden i. allg. nicht erfaßt.

Bisher haben wir die heutigen Begriffsbildungen nur vom Standpunkt der Lie-Gruppen als selbständige abstrakte Objekte erörtert. Um aber den Anschluß an LIES Untersuchungen zu Transformationsgruppen herzustellen, muß man die heutige Sicht auf sein Konzept dieser Gruppen wiedergeben. Grundlegend ist dabei der Zusammenhang zwischen einparametrigen Transformationsgruppen und ihren Erzeugern, den wir der Übersichtlichkeit halber nur für Transformationsgruppen auf dem $\mathbf{R}^2$ darstellen:

Eine einparametrige Transformationsgruppe auf dem $\mathbf{R}^2$ ist eine Schar von Transformationen

$$\{T_t\},\quad t \in \mathbf{R},\qquad T_t(x,y) = \quad (\bar{x}, \bar{y})$$
$$\text{mit } \bar{x} = \Phi(x, y, t),\ \bar{y} = \Psi(x, y, t).$$

Dabei soll gelten $T_0 = \mathrm{Id}$, $T_s T_t = T_{s+t}$, und die Funktionen Φ, Ψ sollen glatt (beliebig oft differenzierbar) sein. Zu jeder solchen einparametrigen Transformationsgruppe $G = \{T_t\}$ existiert ein Erzeuger X (oft in Anlehnung an Lie's Terminologie auch „infinitesimaler Erzeuger" genannt), das ist ein Differentialoperator auf dem Raum $C^\infty(\mathbf{R}^2)$:

$$Xf(x, y) = \left. \frac{\partial}{\partial t} f(T_t(x,y)) \right|_{t=0}$$

$$= \xi(x, y) \frac{\partial f}{\partial x} + \eta(x, y) \frac{\partial f}{\partial y}$$

mit

$$\xi(x, y) = \left. \frac{\partial \Phi(x, y, t)}{\partial t} \right|_{t=0}, \quad \eta(x, y) = \left. \frac{\partial \Psi(x, y, t)}{\partial t} \right|_{t=0}.$$

Umgekehrt läßt sich aus dem Erzeuger X die einparametrige Transformationsgruppe G wiedergewinnen, indem man das Differentialgleichungssystem

$$\frac{\mathrm{d}\bar{x}}{\mathrm{d}t} = \xi(\bar{x}, \bar{y}), \qquad\qquad \frac{\mathrm{d}\bar{y}}{\mathrm{d}t} = \eta(\bar{x}, \bar{y})$$

mit den Anfangswerten $\bar{x}(0) = x$, $\bar{y}(0) = y$ integriert. So ist z. B.

$$X = \frac{\partial}{\partial x}$$

der Erzeuger für die einparametrige Gruppe der Translationen in x-Richtung,

$$T_t(x, y) = (x + t, y),\ \text{oder}$$

$$X = x \frac{\partial}{\partial y} - y \frac{\partial}{\partial x}$$

erzeugt die einparametrige Gruppe von Drehungen um den Koordinatenursprung in der x, y - Ebene.

Dies ist die heutige Version zu den Begriffen „infinitesimale" bzw. „endliche" Transformationen bei Lie. Schon beim Durchrechnen einfacher Beispiele, etwa für den Erzeuger

$$X = x^2 \frac{\partial}{\partial x},$$

insbesondere aber bei der Frage, ob es zu jedem Erzeuger eine entsprechende einparametrige Transformationsgruppe gibt, zeigen sich jedoch Probleme: Die sich aus der Lösung des jeweiligen Differentialgleichungssystems ergebenden Transformationen sind i. allg. nur partiell definiert! Letztendlich beruhen die Mängel darauf, daß auch hier ein lokaler Standpunkt einzunehmen ist. Sie werden aufgehoben in dem von E. CARTAN stammenden Konzept der Pseudo-Lie-Gruppen für die Beschreibung von Transformationsgruppen auf Mannigfaltigkeiten.

Wir geben hier als Beispiel nur den Begriff einer einparametrigen Pseudo-Lie-Gruppe von Transformationen im $\mathbf{R}^2$ an:

Dies ist eine Schar $\{T_t\}$ von lokal definierten Transformationen T_t. Dabei ist $T_0 = \mathrm{Id}$, und zu jeder kompakten Menge $U \subseteqq \mathbf{R}^2$ existiert ein $\varepsilon > 0$, so daß alle t mit $|t| < \varepsilon$ die T_t auf U definiert sind. Die Gleichung $T_s T_t = T_{s+t}$ gilt nun auf U für kleine s und t, ferner sollen die Transformationsfunktionen wieder glatt sein. Es gilt jetzt der Satz:

Zu jeder einparametrigen Pseudo-Lie-Gruppe von Transformationen auf dem $\mathbf{R}^n$ existiert ein Erzeuger, und umgekehrt bestimmt jeder Erzeuger auch eine solche Pseudo-Lie-Gruppe.

Durch E. CARTAN konnten auf dieser Basis die Fundamentalsätze von S. LIE als Aussagen über Pseudo-Lie-Gruppen von lokalen Diffeomorphismen auf einer Mannigfaltigkeit formuliert und bewiesen werden, gleichzeitig wurde durch ihn LIE's Konzept der unendlichen kontinuierlichen Gruppen verallgemeinert.

So ergibt sich schließlich aus dem Wandel ursprünglicher Liescher Ideen der etwas paradox anmutende Sachverhalt, daß die von ihm eigentlich betrachteten „Gruppen von Transformationen" mitunter keine Gruppen im Sinne der heutigen Terminologie sind und „Pseudo-Lie-Gruppen" genannt werden, während sich die Entwicklung der kontinuierlichen Gruppen in einer von LIE weniger betrachteten Richtung zur Theorie der „Lie-Gruppen" verselbständigt hat. Die eigentlichen Transformationsgruppen werden heute in der Theorie der sogenannten symmetrischen Räume untersucht [20].

3. Spätere Entwicklung der Theorie

Auf verschiedene Aspekte der Entwicklung nach S. LIE ist bereits in den ersten Abschnitten verwiesen worden. Hier soll nur ein grober Überblick über wesentliche Begriffsbildungen und Richtungen der Forschung gegeben werden, ohne Vollständigkeit anzustreben. Im großen Rahmen wäre der Gesamtkomplex der Harmonischen Analysis abzustecken, deren Herausbildung und Entwicklung eng mit Lieschen Ideen verbunden ist.

Nach der Formierung wesentlicher Grundlagen in der Theorie der Lie-Gruppen ging es naturgemäß um die Erforschung ihrer Struktur, insbesondere um eine übersichtliche Einteilung nach strukturellen Gesichtspunkten. Dabei hat es sich als zweckmäßig erwiesen, nicht die Gruppen selbst zu betrachten, sondern eine Klassifikation der Lie-Algebren anzustreben, da diese als lineare Strukturen leichter zu behandeln sind. Für komplexe einfache Lie-Algebren ist eine Übersicht schon frühzeitig (1889) von W. KILLING [26] gewonnen worden: Es gibt 4 Hauptserien und 5 weitere Ausnahme-Algebren. Später wurden diese Ergebnisse durch E. CARTAN auf den Fall reeller einfacher Lie-Algebren ausgedehnt. Nach einem Satz von E. LEVI und A. I. MALZEW bilden die halbeinfachen und die auflösbaren Lie-Algebren in gewissem Sinne die Grundbestandteile jeder endlichdimensionalen Lie-

Algebra: Jede endlich-dimensionale Lie-Algebra ist das semidirekte Produkt einer halbeinfachen und einer auflösbaren Lie-Algebra. Während nun die endlichdimensionalen halbeinfachen Lie-Algebren schon lange bekannt sind, ist das Klassifikationsproblem für die auflösbaren Lie-Algebren, die zu den Abelschen in besonderer Beziehung stehen, noch immer nicht gelöst.

In letzter Zeit hat sich die Theorie der Lie-Algebren besonders in zwei Richtungen entwickelt: Zum einen werden in zunehmendem Maße unendlichdimensionale Lie-Algebren untersucht. Die betrachteten Prototypen, so die Kac-Moody- oder die Virasoro-Algebren [17], lassen eine besonders reichhaltige Struktur mit zahlreichen Anwendungsmöglichkeiten erkennen. Zum anderen werden Super-Lie-Algebren erforscht [46], das sind Lie-Algebren mit einer $\mathbb{Z}_2$-Graduierung, in denen neben den bisher betrachteten Lie-Kommutatoren auch „Anti-Kommutatoren" mit der Vertauschungsregel $[x, y] = [y, x]$ vorkommen. Durch solche Strukturen können unterschiedliche Teilchenstatistiken der Quantenphysik in einem einheitlichen Konzept behandelt werden.

Mit den Namen von E. Cartan und H. Poincaré ist eine weitere Entwicklung der Lie-Theorie, insbesondere im Hinblick auf geometrische und differentialgeometrische Gesichtspunkte, verbunden. So geht auf E. Cartan der Kalkül der Differentialformen mit einer entsprechenden Beschreibung der Lie-Struktur (Maurer-Cartansche Gleichungen) zurück. Ihm ist auch die Erkenntnis zu verdanken, daß für die infinitesimalen Methoden Lie's die Wirkung der Gruppe auf den Tangentialvektoren im jeweiligen Punkt entscheidend ist. In der Fortführung dieser Idee sind die modernen Strukturen der Faser- bzw. Vektorbündel geprägt worden. Die enge Verbindung von Differentialgeometrie und Lie-Theorie findet ihre besondere Ausprägung in der Theorie der symmetrischen Räume.

Naturgemäß spielen innerhalb der Klasse der Lieschen Gruppen die linearen Gruppen eine besondere Rolle. Die Darstellungstheorie von Gruppen fragt nach allen Homomorphismen einer gegebenen Gruppe G in lineare Gruppen oder, anders ausgedrückt, nach den Möglichkeiten, G als Gruppe von Transformationen auf einem linearen Raum zu interpretieren. Auch bei dieser Frage erweist sich das Linearisierungskonzept von den Lie-Gruppen zu den Lie-Algebren als sehr nützlich, denn es besteht eine sehr enge Beziehung zwischen den Darstellungen beider Strukturen. Erste Ergebnisse zur Darstellungstheorie von Lie-Algebren stellen schon die Sätze von Lie und Engel zur Realisierung von nilpotenten bzw. auflösbaren Lie-Algebren als Lie-Algebren von Dreiecks-Matrizen dar. Ein 1935 von Ado bewiesener Satz besagt, daß sich jede endlichdimensionale Lie-Algebra als Matrizen-Lie-Algebra darstellen läßt.

In der Darstellungstheorie von Lie-Gruppen haben vor allem die Ideen von H. Weyl eine stürmische Entwicklung ausgelöst. Die grundlegende Arbeit [42] klärt im wesentlichen die Frage nach den Darstellungen kompakter Lie-Gruppen, insbesondere ist jede solche Gruppe zu einer linearen Gruppe isomorph. In der Folgezeit setzten sowohl Untersuchungen zu allgemeinen darstellungstheoretischen Fragen als auch zur Darstellungstheorie vieler konkreter Gruppen, darunter der bekannten klassischen Gruppen, ein. Hier müssen vor allem die zahlreichen Ergebnisse der sowjetischen Schule um I. M. Gelfand [14,15,27,56] genannt werden. Diese Entwicklung hält bis heute mit zahlreichen neuen Fragestellungen an und hat eine Fülle von Anwendungen in Mathematik, Physik und anderen Naturwissenschaften gebracht. Als Beispiele seien hier die Anwendungen in der Quanten- und Elementarteilchenphysik (Darstellungen der Lorentzgruppe, der Poincaré-Gruppe, der SU(3) usw.), die

Untersuchungen zu Kristallgittern, Atom- und Molekülstrukturen (Darstellungen diskreter Symmetriegruppen [36]) oder der darstellungstheoretische Zugang zu speziellen Funktionen [56] und Integraltransformationen genannt. In allgemeiner Formulierung geht es dabei um eine Gruppe, die in einem bestimmten Modell als Gruppe von Symmetrien bzw. Transformationen wirkt, und die Darstellungstheorie trägt zur Klärung der Frage bei, wie sich bestimmte lineare Objekte wie Funktionen, Vektoren, Tensoren usw. dabei verhalten, welche insbesondere invariant bleiben oder sich einfach transformieren. Der Zusammenhang zu früheren Fragen der Invariantentheorie ist offensichtlich, so kann die Darstellungstheorie von Gruppen als eine Form der Ausprägung und Weiterentwicklung Liescher Ideen zur Invariantentheorie angesehen werden.

In Korrespondenz zu den bei den Lie-Algebren angeführten modernen Themen hat in letzter Zeit besonders die Darstellungstheorie von unendlichdimensionalen Lie-Algebren und von Super-Lie-Algebren einen starken Aufschwung erfahren.

Am Ende soll hier noch auf die umfangreiche Theorie der topologischen Gruppen eingegangen werden, ohne die ein Überblick über die nach LIE einsetzende Entwicklung nicht denkbar wäre. Der Begriff der topologischen Gruppe entstand als Verallgemeinerung von LIE's Konzept der kontinuierlichen Gruppe und geht auf O. SCHREIER [47] zurück. Eine topologische Gruppe ist zugleich Gruppe und topologischer Raum, wobei die Gruppenoperationen durch stetige Abbildungen beschrieben werden. Es existiert heute eine umfangreiche Theorie dieser Gruppen, am besten sind wohl die kompakten und die lokal kompakten Gruppen untersucht. Als richtungsweisend für lange Zeit erwies sich auf diesem Gebiet das bereits erwähnte, von D. HILBERT 1900 formulierte Problem mit der Frage, ob in LIE's Konzept der kontinuierlichen Transformationsgruppen die Differenzierbarkeitsforderungen wesentlich sind [50]. Im Zuge eines Abrückens von der alleinigen Betrachtung von Transformationsgruppen und mit der Verselbständigung des Gruppenkonzepts entstand daraus die Frage: „Ist jede lokal euklidische Gruppe eine Lie-Gruppe?" In dieser Formulierung wurde das Hilbert-Problem zunächst 1933 von J. v. NEUMANN [38] für kompakte Gruppen und 1934 von L. S. PONTRJAGIN [44] für lokal kompakte Abelsche Gruppen positiv entschieden. 1952 beantworteten dann MONTGOMERY, GLEASON und ZIPPIN [37] die Frage im allgemeinen Fall positiv. In Verbindung mit Untersuchungen von YAMABE [58] ergaben sich dabei gleichzeitig wesentliche Aussagen zur Struktur lokal kompakter Gruppen [16].

Hinsichtlich der ursprünglichen Fragestellung von HILBERT ist die Sachlage diffiziler, siehe dazu etwa [49,59].

In der Retrospektive kann man die Theorie der topologischen Gruppen in ihrer Verbindung zur Lie-Theorie etwa wie folgt interpretieren: Nachdem die Struktur „Topologische Gruppe" als Verallgemeinerung des Lie-Gruppenbegriffs erst einmal etabliert war, begannen Bemühungen zur Anreicherung der Struktur, Auszeichnung besonderer Eigenschaften und zur Aufklärung der Zusammenhänge zwischen topologischen und LIEschen Gruppen. Ein Markstein in dieser Beziehung waren die Konstruktion des invarianten Integrals für lokal kompakte Gruppen 1933 durch A. HAAR [19] und die sich daraus ergebenden Möglichkeiten der Darstellungstheorie, die in der Betrachtung von Funktionenräumen bzw. -algebren auf Gruppen bestehen. Diese Bemühungen zur Strukturanreicherung setzen sich bis in die jüngste Zeit fort mit Differenzierbarkeitskonzepten [7] für topologische Gruppen, der Betrachtung von Distributionen auf Gruppen usw.

Die schon zitierte Arbeit [42] von Peter und Weyl und die Untersuchungen von Pontrjagin über lokal kompakte Abelsche Gruppen waren auch der Ausgangspunkt für die Entwicklung der Dualitätstheorie mit einer gruppentheoretischen Begründung der Fourier-Analysis. Ihr Kern besteht darin, daß der Raum der irreduziblen unitären Darstellungen einer Gruppe G als neue Struktur (als das zu G duale Objekt) betrachtet und in seiner Dualität zu G untersucht wird. Während sich für lokal kompakte Abelsche sowie für kompakte Gruppen ein geschlossenes Bild ergibt, sind für den allgemeinen Fall lokal kompakter Gruppen noch viele Fragen offen.

4. Anmerkungen zu den Arbeiten von S. Lie, E. Study und F. Engel

Die Arbeit „Über Gruppen von Transformationen" von Sophus Lie aus dem Jahre 1874 steht mit grundlegenden Begriffsbildungen und ersten Resultaten sowie vorausschauenden Betrachtungen am Ursprung seiner Ideen zur Untersuchung von Transformationsgruppen und ihren Anwendungen. Man vergleiche dazu auch zwei Briefe von Lie an A. Mayer (enthalten im Bd. V der Gesammelten Abhandlungen). Zunächst wird der Begriff der r-gliedrigen Gruppe definiert als eine Schar von Transformationen

$$x'_i = f_i(x_1, \dots, x_n, \alpha_1, \dots, \alpha_r) \quad (i = 1, \dots, n),$$

die bezüglich der Komposition von Abbildungen abgeschlossen ist. Hier ist die Forderung nach Existenz von Einselement und inversem Element in dieser Schar noch nicht enthalten, erst in späteren Arbeiten wird darauf noch eingegangen, wie auch auf die Forderung der Assoziativität; diese ergibt sich aber sofort, wenn man sich ausschließlich auf Transformationsgruppen mit der Nacheinanderausführung als Gruppenoperation beschränkt.

Der dann folgende Ähnlichkeitsbegriff ist bedeutsam für die weiteren Betrachtungen, werden doch dadurch andere einfachere Beschreibungen der Wirkung einer Gruppe möglich, indem man im zugrunde liegenden Raum $\mathbb{R}^n$ zu neuen Koordinaten übergeht (siehe etwa die folgende Reduktion einer eingliedrigen Gruppe zu einer Translationsgruppe).

Das wichtigste Ergebnis besteht aber wohl in der Beschreibung von Transformationsgruppen durch „unendlich kleine Transformationen"

$$dx = X\,d\alpha$$

und in der Erkenntnis, daß zwei unendlich kleine Transformationen

$$d_1 x = X_1\,d\alpha_1, \quad d_2 x = X_2\,d\alpha_2$$

genau dann eine zweigliedrige Gruppe erzeugen, wenn

$$X_1 \frac{dX_2}{dx} - X_2 \frac{dX_1}{dx}$$

eine Linearkombination von X_1 und X_2 ist. In der heutigen Sprechweise heißt dies, daß der Kommutator der beiden entsprechenden infinitesimalen Erzeuger sich aus diesen beiden linear kombinieren läßt und beide damit eine zweidimensionale Lie-Algebra erzeugen. Damit sind hier im einfachsten Fall, nämlich für Transformationsgruppen auf einem eindimensionalen Raum, schon die Ideen und Konturen für die Resultate erkennbar, wie sie später in den Fundamentalsätzen ihren Ausdruck fanden.

Das wesentliche verwendete Mittel zur Ableitung der unendlich kleinen Transformationen sowie bei weiteren Konstruktionen besteht zunächst in Taylor-Entwicklungen für die Transformationsfunktionen bis maximal zur zweiten Näherung. Dies reicht hin, um die möglichen Gruppen von Punkttransformationen im Fall einer Variablen durch ihre unendlich kleinen Transformationen (Erzeuger) zu charakterisieren. Es sind in heutiger Terminologie folgende Fälle (L bezeichnet die Lie-Algebra von Erzeugern, $< >$ stehe für die lineare Hülle):

$$L \; = \; < \frac{\partial}{\partial x} > \qquad\qquad\qquad \text{(Translationen, 1 Erzeuger)},$$

$$L \; = \; < \frac{\partial}{\partial x}, \; x\frac{\partial}{\partial x} > \qquad\qquad \text{(affine Transformationen, 2 Erzeuger)},$$

$$L \; = \; < \frac{\partial}{\partial x}, \; x\frac{\partial}{\partial x}, \; x^2\frac{\partial}{\partial x} > \qquad \text{(projektive Transformationen, 3 Erzeuger)}.$$

Transformationsgruppen mit einer noch größeren Zahl von (wesentlichen) Parametern existieren im Falle einer Variablen nicht.

Zu den weiteren Betrachtungen über Transformationsgruppen im Fall zweier Variabler soll hier nur vermerkt werden, daß S. LIE in späteren Arbeiten mit z. T. aufwendigen Rechnungen in vielen Fällen konkrete Transformationsgruppen über ihre Erzeuger berechnet und nach ihren „kanonischen Formen" (das sind Äquivalenzklassen bezüglich Punktformationen) klassifiziert hat. Dazu bemerkt F. ENGEL im Vorwort zum Band V der „Gesammelten Abhandlungen":

„Wie ein alter Hauptmann jeden Mann seiner Kompanie kennt oder ein erfahrener Lehrer jeden Schüler seiner Klasse, gerade so, ja noch genauer, kannte Lie jede einzelne der kanonischen Formen, die er für die kontinuierlichen Gruppen der Ebene aufgestellt hatte, jede war ihm in allen ihren Eigenschaften und nach ihren Beziehungen zu den anderen Gruppen der Ebene vollständig gegenwärtig."

Hier soll nur noch erwähnt werden, daß S. LIE sich nicht nur auf die Betrachtung von Punkttransformationen beschränkt, sondern auch auf Berührungstransformationen eingeht (Einbeziehung von Ableitungen in Transformationsformeln). Dies fand später seine weitere Ausprägung, bis hin zum Begriff der sogenannten Lie-Bäcklund-Transformationen, die heute in zunehmendem Maße bei Symmetriebetrachtungen für Differentialgleichungen und anderen Fragen eine Rolle spielen [1].

Die Arbeit „Über Differentialinvarianten" von SOPHUS LIE aus dem Jahre 1884 enthält sowohl wesentliche Elemente seiner Theorie als auch die ausführliche Darlegung seiner Methoden zur Bestimmung von Differentialinvarianten mit Hilfe von Differentialgleichungen. Zum Schluß werden diese an einer Reihe von Beispielen demonstriert.

Ein erster größerer Teil enthält in längeren Passagen die Entwicklung seiner Ideen und Arbeiten, ihr Umfeld sowie die Motivation durch Fragen zur Geometrie, zur Theorie der Differentialgleichungen und die Beziehungen zur alten Invariantentheorie. Besonders wichtig sind hier die Hinweise in Punkt 3. auf die Arbeit [28] zusammen mit F. KLEIN, in der gruppentheoretische Ideen sehr anschaulich demonstriert werden, sowie auf das Erlanger Programm und die gemeinsamen Vorstellungen ihrer Arbeit.

Unter Punkt 2. ist der grundlegende Begriff „Differentialinvariante" definiert: Es ist eine Funktion

$$\Omega\,(x_1, \dots , x_n, z_1, \dots , \frac{\partial^2 z_j}{\partial x_i \partial x_m}, \dots) \,,$$

die bei allen Transformationen

$$(x_1, \dots , z_k) \;\rightarrow\; (x'_1, \dots , z'_k)$$

einer gewissen Gruppe invariant bleibt. Dann folgt gleich das Hauptergebnis der Arbeit: „Jede unendliche (wie endliche) kontinuierliche Gruppe bestimmt eine unendliche Reihe von Differentialinvarianten, die sich als Lösungen vollständiger Systeme definieren lassen."

Wesentlich und über das bis dahin Bekannte hinausgehend ist dabei die Formulierung der Aussage für unendliche kontinuierliche Gruppen. Doch vor der Ableitung dieses Resultates wird zunächst in Punkt 9. des Resümee über das entsprechende Ergebnis für endliche kontinuierliche Gruppen gegeben, nach heutiger Terminologie hat man dazu wie folgt vorzugehen:

Zu der gegebenen r-dimensionalen Gruppe G (betrachtet als Transformationsgruppe auf dem $\mathbb{R}^n$) werden die entsprechenden Erzeuger $B_1, \dots, B_r$ als Differentialoperatoren auf $C^\infty(\mathbb{R}^n)$ konstruiert, sie bilden eine Basis der Lie-Algebra L von G. Zur Bestimmung von Differentialinvarianten q-ter Ordnung wird G zunächst als Transformationsgruppe auf den Raum der Linien- bzw. Flächenelemente q-ter Ordnung (q-Jets) fortgesetzt, dies geschieht durch Fortsetzung der Erzeuger. Dabei ergeben sich Differentialoperatoren $B_1^{(q)}, \dots, B_r^{(q)}$, die als Erzeuger die Wirkung der Fortsetzung $G^{(q)}$ von G auf dem Raum der q-Jets beschreiben und eine zu L isomorphe Lie-Algebra bilden. Eine Differentialinvariante q-ter Ordnung wird nun als Lösung des Systems von linearen Differentialgleichungen

$$\begin{aligned}
B_1^{(q)}\,(\Omega) &= 0 \\
B_2^{(q)}\,(\Omega) &= 0 \\
&\;\;\vdots \\
B_r^{(q)}\,(\Omega) &= 0
\end{aligned}$$

bestimmt. Die linke Seite einer Gleichung $B_r^{(q)}\,(\Omega) = 0$ ist gerade die sogenannte Lie-Ableitung von Ω längs des Vektorfeldes B_k, und Ω ist genau dann gegenüber der zu B_k gehörenden einparametrigen Gruppe invariant, wenn diese Ableitung verschwindet. Bei großem q sind auch die entsprechenden Jet-Räume hochdimensional, während die Anzahl der Differentialgleichungen stets r ist. Dies sichert die Existenz nichttrivialer Lösungen Ω.

Das Ergebnis ist in Satz 1 zusammengefaßt, der zweite Teil dieses Satzes ist aber mit Vorsicht zu interpretieren: „Ausführbare Operationen" sind bei LIE i. allg. Differentiation, Quadraturen, Auflösung von Gleichungen, Eliminieren von Variablen, und sie können im konkreten Fall sehr langwierige Rechnungen erfordern oder im Sinne der analytischen Auswertung durch „bekannte" Funktionen sogar unüberwindliche Hindernisse darstellen!

Die Übertragung dieses Resultats auf unendliche kontinuierliche Transformationsgruppen erfolgt nun durch eine entsprechende Beschränkung im Begriff der „unendlichen kontinuierlichen Gruppe". Die Definition erfolgt eigentlich vom Gesichtspunkt der infinitesimalen

Transformationen, es wird letztendlich eine gewisse unendlichdimensionale Lie-Algebra von Erzeugern definiert.

Kritisch zu bewerten ist Punkt 2. der Definition: Es wird verlangt, daß jede endliche Transformation durch „unendliche Wiederholung einer infinitesimalen Transformation" entsteht (also zu einer einparametrigen Gruppe gehört). Ähnliche Formulierungen finden sich schon in Punkt 4., wo über endliche und infinitesimale Transformationen resümiert wird. Der Mangel ist zu beheben, wenn man die abgeleiteten Invarianzaussagen stets auf Gruppen bezieht, die von ihren einparametrigen Untergruppen erzeugt werden, also zusammenhängend sind (siehe auch dazu die Erörterung hier in Abschnitt 2.).

Der wesentliche Einschnitt in der Definition der unendlichen kontinuierlichen Gruppe von LIE ist die Beschränkung auf ein System von Erzeugern, deren Koeffizientenfunktionen einem gewissen linearen Differentialgleichungssystem genügen. Dies ist ein Standpunkt, der (beim Begriff der Pseudo-Lie-Gruppe) noch heute gilt. Eine solche Gruppe heißt endlich bzw. unendlich, je nachdem, ob endlich viele frei wählbare Parameter oder frei wählbare Funktionen in die allgemeine Form der Koeffizienten eingehen. Zudem ist dieser Begriff genau zugeschnitten auf die Symmetriegruppen von Differentialgleichungen, erhält man doch zur Bestimmung derjenigen Erzeuger, die Symmetrien repräsentieren, ein homogenes lineares Differentialgleichungssystem, die sogenannten „definierenden Gleichungen".

Im Kontext der Differentialinvarianten dienen diese Differentialgleichungen bei LIE dazu, die Anzahl der frei wählbaren Koeffizientenfunktionen bei den Erzeugern einzuschränken und damit nichttriviale Invarianten zu erhalten. Dazu kommt noch die Hinzunahme von „nicht transformierten Variablen", die dem Leser als ein etwas undurchsichtiger Trick erscheinen mag, werden auf diese Weise doch „per definitionem" neue Invarianten geschaffen. Im Kern geht es aber um die Wirkung der Gruppe auf geeigneten höherdimensionalen Räumen, und die durch Differentiation abgeleiteten Invarianten lassen sich dann als invariante Differentialformen o. ä. deuten.

So beinhaltet das erste Beispiel in Punkt 12. die Invarianz der äußeren Differentialform $dx \wedge dy = I\, d\bar{x} \wedge d\bar{x}$ die den Inhalt im $\mathbb{R}^2$ beschreibt, denn durch die Vektorfelder

$$X \frac{\partial}{\partial x} + Y \frac{\partial}{\partial y} \quad \text{mit} \quad X_x + Y_y = 0$$

werden quellenfreie Strömungen beschrieben. Die am Schluß von Punkt 11. stehenden Invarianten geben nochmals diesen Sachverhalt wieder, aber jetzt in der Form

$$dx \wedge dy = I_1\, d\bar{x} \wedge d\bar{y} + I_2\, d\bar{x} \wedge d\bar{y} + I_3\, d\bar{y} \wedge d\bar{z}$$

für die entsprechende äußere Differentialform auf einer Fläche im Raum.

Der zum Ende der Arbeit vorgestellte Weg zur Berechnung von Differentialinvarianten für Differentialgleichungen (bezüglich der Gruppe aller Punkttransformationen) führt auf umfangreiche Rechnungen. Diese Invarianten dienen zur Klassifikation von Differentialgleichungen. Das sogenannte Äquivalenzproblem für Differentialgleichungen beinhaltet die Frage zu entscheiden, wann zwei vorgegebene Differentialgleichungen durch eine Transformation ineinander überführbar sind, für gewöhnliche Differentialgleichungen 2. Ordnung siehe dazu etwa [24].

In der 1893 erschienenen Arbeit „Über die Gruppe der Bewegungen und ihre Differentialinvarianten" wendet S. LIE die von ihm geschaffenen Methoden zur Invariantenbestimmung auf die Bewegungsgruppe des dreidimensionalen Raumes an, dabei steht insbesondere das Äquivalenzproblem für Raumkurven als Anwendung im Mittelpunkt: Für eine gegebene Transformationsgruppe des Raumes ist zu entscheiden, wann zwei Kurven im Raum zueinander äquivalent sind in dem Sinne, daß sie durch eine Transformation der Gruppe ineinander überführt werden können. Die Analogie zum oben genannten Äquivalenzproblem für Differentialgleichungen liegt auf der Hand.

In der hier vorliegenden Version wird nach Kriterien für die Kongruenz von Raumkurven gesucht. Die Lösung erfolgt durch LIE in der Weise, daß zunächst die Differentialinvarianten der Bewegungsgruppe bestimmt werden, danach werden die Kurven durch „natürliche Gleichungen" beschrieben, in denen nur diese Differentialinvarianten auftreten. Die Problemlösung wird in dieser Arbeit von LIE nur skizziert, eine ausführlichere Darstellung mit den dazugehörenden Rechnungen findet sich in seinem im gleichen Jahr erschienenen Buch „Vorlesungen über continuierliche Gruppen" (Bearbeitung und Herausgabe von G. SCHEFFERS) in Kapitel 22. Aus heutiger Sicht sind besonders folgende Resultate wichtig:

1. Krümmung $1/\rho$ und Torsion τ von Kurven werden als die wesentlichen skalaren Differentialinvarianten der Bewegungsgruppe hergeleitet, die Differentialinvarianten höherer Ordnung ergeben sich dann als Ableitungen

$$\frac{\mathrm{d}^m \rho}{\mathrm{d}s^m}, \quad \frac{\mathrm{d}^n \tau}{\mathrm{d}s^n}$$

oder schließlich als Funktionen dieser Größen. s ist dabei die Bogenlänge - sie wird bei LIE mitunter als Integralinvariante bezeichnet und entsteht aus der invarianten Differentialform $\mathrm{d}s^2$.

2. Abgesehen von „singulären" Fällen, ergeben sich

$$\frac{\mathrm{d}\rho}{\mathrm{d}s} = \Phi(\rho) \quad \text{und} \quad \tau = \Psi(\rho)$$

als natürliche Gleichungen einer Kurve. Zwei Kurven sind genau dann kongruent, wenn sie dieselben natürlichen Gleichungen besitzen (wie die kritische Analyse zeigte, gilt dies nur unter einschränkenden Bedingungen).

Die genannten singulären Fälle beinhalten sämtliche Klassen komplexer Raumkurven. Dem damaligen Trend zur Untersuchung komplexer geometrischer Gebilde auch in der räumlichen Geometrie entsprechend, war ihnen ein wesentlicher Teil der LIEschen Untersuchungen gewidmet. In diesem Zusammenhang muß aber darauf hingewiesen werden, daß hier, wie auch in anderen Arbeiten, viele von LIE's Rechnungen im Komplexen verlaufen, ohne daß dies ausdrücklich erwähnt ist. Ohne diesen Hinweis sind daher Bemerkungen über „Kurven, deren Länge Null ist" bzw. über das Verschwinden von $1 + y'^2 + z'^2$ für den Leser unverständlich.

Die Berechnung der Invarianten hat man sich, wie schon vorher beschrieben, wie folgt vorzustellen: Man geht von den 6 Erzeugern

$$\frac{\partial}{\partial x}, \quad \frac{\partial}{\partial y}, \quad \frac{\partial}{\partial z}, \qquad\qquad \text{(Translationen)}$$

$$x\frac{\partial}{\partial y} - y\frac{\partial}{\partial x}, \quad y\frac{\partial}{\partial z} - z\frac{\partial}{\partial y}, \quad z\frac{\partial}{\partial x} - x\frac{\partial}{\partial z}, \qquad \text{(Drehungen)}$$

der Bewegungsgruppe aus. Zur Ermittlung von Differentialinvarianten zweiter Ordnung werden sie auf den Raum der Linienelemente 2. Ordnung („Krümmungselemente") fortgesetzt, die gesuchten Differentialinvarianten müssen dann von diesen Operatoren annulliert werden. Auf diese Weise erhält man ein System von 6 linearen homogenen Differentialgleichungen. Die bei LIE erwähnten Anzahlen von Differentialinvarianten zweiter oder dritter Ordnung ergeben sich im Prinzip durch Vergleich der Anzahl unabhängiger Differentialgleichungen mit der jeweiligen Variablenzahl.

Obwohl die von LIE entwickelte Methode grundsätzlich korrekt und auch effektiv ist, müssen einzelne Teile und vor allem die im Ergebnis gezogenen Schlußfolgerungen einer Kritik unterzogen werden. In erster Linie geht es dabei um die lokale Gültigkeit von Aussagen und Beziehungen. In vielen Fällen treten bei ihrer Ableitung immer wieder Auflösungsfragen für Gleichungen und Gleichungssysteme sowie die Eliminierung von Variablen auf, die i. allg. nicht global zu bewältigen sind. Bei LIE wird auf solche Schwierigkeiten im Detail kaum verwiesen, meist geht er großzügig darüber hinweg. Interessant dazu sind auch kommentierende Bemerkungen von F. ENGEL im Vorwort zu Bd. 6 der „Gesammelten Abhandlungen" [24].

Als Beispiel kann die Ableitung der Gleichungen

$$\frac{d\rho}{ds} = \Phi(\rho), \quad \tau = \Psi(\rho)$$

in der Arbeit zu den Differentialinvarianten der Bewegungsgruppe dienen. Hier ist klar, daß auch im Falle nicht konstanter Krümmung diese nur lokal als Parameter zu benutzen sein wird und daß man evtl. mehrdeutige Funktionen Φ und Ψ zu erwarten hat.

Von LIE ist in seiner Arbeit auch der Unterschied zwischen den Invarianten der Bewegungsgruppe und den zusätzlich noch spiegelungsinvarianten Größen (d. h. den Differentialinvarianten der „gemischten" Gruppe aus Bewegungen und „Umlegungen") nicht berücksichtigt worden. In seinen Rechnungen arbeitet er zunächst nur mit Größen, die nicht nur drehungs-, sondern auch spiegelungsinvariant sind. Die Torsion τ einer Kurve, die im Endergebnis erscheint, ist jedoch nur drehungsinvariant und wechselt bei Spiegelungen das Vorzeichen.

Dieser Mangel stellt sich dadurch ein, daß LIE in [29, Kap. 22] bei der Lösung der entsprechenden linearen homogenen Differentialgleichungen nur mit ersten Integralen der Form

$$\omega_{ik} = (\chi^{(i)}, \chi^{(k)})$$

wobei $\chi^{(i)}$ die i-te Ableitung von $\chi(t) = (x(t), y(t), z(t))$

ist, als Basis im Lösungsraum gearbeitet hat. Diese sind als Skalarprodukte aber sämtlich auch spiegelungsinvariant.

Statt dessen hätten Spatprodukte der Form

$$(\chi^{(i)} \times \chi^{(k)}, \chi^{(1)})$$

als orientierungsabhängige erste Integrale gebildet werden müssen. Diese kann man nach dem Vorgehen von LIE nun nur noch als Quadratwurzeln aus Funktionen der ω_{ik} zurückerhalten, wobei die Vorzeichenwahl nicht mehr ohne weiteres global entsprechend dem Verhalten bei Spiegelungen zu treffen ist. Deshalb erhält man z. B. bei reellen Kurven statt der Torsion nur deren Betrag usw.

Die beiden angeführten wesentlichen Mängel bilden neben der Tatsache, daß von LIE eine ganze Klasse komplexer Kurven übersehen worden ist, die Hauptansatzpunkte von E. STUDY's Arbeit „Kritische Betrachtungen über Lie's Invariantentheorie der endlichen kontinuierlichen Gruppen" aus dem Jahre 1908. Die darin enthaltenen Hinweise zu den Mängeln in der Lieschen Behandlung des Äquivalenzproblems von Raumkurven sind vom mathematischen Standpunkt voll gerechtfertigt. Es liegt dabei vielleicht in der Natur der Sache, daß eine Würdigung der großen Ideen und Leistungen von S. LIE bei der Entwicklung und Anwendung eines gruppentheoretischen Konzepts der Differentialinvarianten nicht im Vordergrund steht und wohl auch nicht in der Absicht des Verfassers gelegen hat. Auffallend ist für uns die massive und zum Teil aggressiv polemische Form, in der sich STUDY nicht nur mit einzelnen Mängeln in LIE's Theorie, sondern mit dessen mathematischem Stil im allgemeinen auseinandersetzt. In Verbindung damit, und auch als Grundlage seiner kritischen Auslassungen zu sehen, nimmt er scharf Stellung zu Fragen der mathematischen Kultur. Insbesondere wendet er sich strikt gegen alle Tendenzen zum Verzicht auf logische Schärfe und Eindeutigkeit bei Begriffen und Aussagen. Seine Position entspricht damit wohl dem mathematischen Zeitgeist mit der Entwicklung zu mehr Präzision, Axiomatik und Strukturmathematik. LIE hat dagegen mit seiner analytisch-konstruktiven Denkweise, die sich mehr an qualitativen und geometrisch-anschaulichen Gesichtspunkten orientierte, diesem Trend widersprochen und fand nicht immer die ihm gebührende Anerkennung. Von M. NÖTHER wird dies in seinem Nachruf auf S. LIE [39] so formuliert:

„Sein ganzes Denken, wie sein Wissen, stand weitab von jener Richtung, welche, durch große Forscher gepflegt, als ‚Präzisionsmathematik' im Laufe des Jahrhunderts allmählich emporgestiegen ist und am Ende fast die allein herrschende zu sein scheint: gerade ihr gegenüber steht Lie da wie rückweisend auf die früheren Klassiker der infinitesimalen und projektiven Geometrie, als lebendiges Zeugnis, daß auch deren Gedankengebiet unter dem Einfluß eines naiv-schöpferischen Genies, das beide Geometrien vereint, wieder fruchtbar werden und zu unabsehbaren Neuentwicklungen, neu nach Inhalt und Tragweite, gelangen kann."

Neben dieser durch die damaligen Entwicklungstendenzen der Mathematik bedingten schwierigen Lage von LIE, die H. BOSECK [5] sehr kurz und prägnant mit dem Satz „Seine Zeitgenossen haben ihn nicht verstanden, nachfolgende Generationen haben ihn nicht gelesen" beschreibt, gibt es jedoch auch Hinweise auf mehr persönliche Ursachen für gewisse Spannungen zwischen LIE und der mathematischen Umwelt. So treten dem Leser in einigen Arbeiten mit viel Selbstbewußtsein angemeldete Prioritäts- und Geltungsansprüche entgegen, manchmal gepaart mit kritischen, mitunter sogar herabsetzenden Kommentaren zu anderen Beiträgen, selbst Größen wie F. KLEIN waren davon nicht ausgenommen [30, Vorwort zu Bd. III]. Auch deuten STUDY's Bemerkungen über „wissenschaftliche Mythenbildung" und „Autoritätsglauben", aber auch andere Kommentare [39] darauf hin, daß LIE die „Geltendmachung seiner speziellen Richtung" mit vollem Selbstvertrauen und großer Energie betrieben hat.

Durch die Arbeiten „Zu der Studyschen Abhandlung" und „Über Lie's Invariantentheorie der endlichen kontinuierlichen Gruppen" von F. ENGEL wird die Kritik von STUDY relativiert, es wird nochmals der Versuch unternommen, Liesche Ideen bei der Entwicklung der Theorie der Differentialinvarianten zu rekonstruieren, Mängel zu beheben und die Theorie zu bereinigen. Dies geschah mit der zweiten Arbeit, die stärker inhaltlich Bezug nimmt, erst im Jahre 1938, zu einem Zeitpunkt, als zum einen die Arbeit an den „Gesammelten Abhandlungen" fast abgeschlossen war und damit eine Übersicht des Gesamtwerkes von LIE vorlag, zum anderen sich die Theorie in der bereits erwähnten Weise als differentialgeometrische Strukturtheorie von Gruppen zu verselbständigen begonnen hatte und der Schwerpunkt nicht mehr bei den invariantentheoretischen Untersuchungen lag. Gleichwohl sind hier einige Aspekte und Resultate zu nennen, mit denen ENGEL zum klareren Verständnis der Lieschen Methoden beigetragen hat:

Erstens wird der lokale Charakter von Aussagen und Kriterien herausgearbeitet, die sich durch die infinitesimalen Methoden von LIE ergeben. Die Ursachen sind aus gruppentheoretischer Sicht im wesentlichen darin begründet, daß durch ein System kanonischer Koordinaten (und damit durch die infinitesimalen Erzeuger) nur eine Einsumgebung in der Gruppe beschrieben wird. Globale Invarianz ergibt sich erst über die Gruppeneigenschaft sowie mittels analytischer Fortsetzung.

Zweitens werden auch „gemischte" (nach der heutigen Terminologie nicht zusammenhängende) Gruppen behandelt. Ihre Strukturbildung aus der Zusammenhangskomponente und weiteren einzelnen, nicht in ihr liegenden Gruppenelementen wird zur Ableitung weiterer Invarianzbedingungen benutzt: Eine Invariante J der Zusammenhangskomponente ist auch bezüglich der ganzen gemischten Gruppe invariant, wenn die Anwendung beliebiger Gruppenelemente stets analytische Fortsetzungen von J liefert.

Drittens wird schließlich die Möglichkeit aufgezeigt, durch Hinzunahme weiterer Gleichungen aus den Kriterien von LIE, die i. allg. nur notwendige Bedingungen für die Äquivalenz von Punkten liefern, zu hinreichenden Bedingungen zu kommen. Dabei wird allerdings deutlich, daß die Rechnungen wesentlich aufwendiger werden und die Methoden an Eleganz und Übersichtlichkeit einbüßen. Dieser Effekt beim Übergang zum Detail ist aber kein Einzelfall und begründet vielleicht auch LIE's Verzicht auf eine bis ins letzte präzisierte Darstellung zugunsten einer besseren Lesbarkeit, wie dies an verschiedenen Stellen auch von ENGEL selbst bemerkt worden ist.

Zum Verständnis des Lesers sind noch einige Bemerkungen notwendig. Das zu Beginn eingeführte Konzept der Unterscheidung zwischen numerischer und formeller Invarianz erscheint als nicht sehr glücklich gewählt und hat sich in dieser Form auch nicht weiter durchgesetzt. So ist z. B. bei der numerischen Invarianz nicht sofort zu verstehen, daß z zunächst eine nicht mittransformierte Größe ist, dann aber im Nachhinein als Funktion der Variablen $x_1, ..., x_n$ betrachtet wird, die selbst transformiert werden. Im Klartext geht es hier um Gleichheit von Funktionswerten in der Form, daß ein und dieselbe Funktion durch unterschiedliche analytische Ausdrücke beschrieben wird, wenn man im Bereich ihrer Variablen eine Transformation ausführt. Heute benutzt man ein Konzept der Fortsetzung von Transformationen auf entsprechende Abbildungsräume [41], so daß also jede Transformation im $\mathbf{R}^n$ eine Transformation im Raum der Funktionen auf dem $\mathbf{R}^n$ nach sich zieht. Dabei ist die analytische Beschreibung einer Funktion durch bestimmte Ausdrücke ein zufälliges Element und nicht wesentlich. Die formelle Invarianz bedeutet dagegen „Gleichheit der analytischen

Ausdrücke". So kann man etwa nach den Transformationen fragen, die eine Klasse von Differentialgleichungen - z. B. die der linearen - invariant lassen. Bei ENGEL ist dieser Begriff auf die Betrachtung von Funktionselementen, also von Potenzreihen, zugeschnitten, bei denen eine Standardform vorliegt. Die Invarianz eines solchen Funktionselementes gegenüber einer Transformation ist i. allg. nur dann feststellbar, wenn diese dicht bei der Identität liegt, so daß die neue Reihe wieder in die Standardform mit dem alten Mittelpunkt umgeformt werden kann.

Abschließend sei noch darauf hingewiesen, daß bei allen Überlegungen der Fall komplexer Invarianten nicht nur mit einbezogen ist, sondern sogar im Mittelpunkt steht. So wird im Hinblick auf die Anwendungen in der Kurventheorie die Betrachtung mehrdeutiger analytischer Funktionen notwendig, speziell sind Krümmung und Bogenlänge bei komplexen Kurven zweideutig, damit wird

$$\frac{d\rho}{ds}$$

sogar vierdeutig. Die Anzahl der Möglichkeiten zur Beschreibung von Kurven durch (lokal) eindeutige Funktionen wächst deshalb entsprechend den Möglichkeiten, sich für jeweils einen Zweig zu entscheiden.

Literatur

[1]   ANDERSON, R., IBRAGIMOW, N. H.: Lie-Bäcklund Transformations in Applications. SIAM Studies in Applied Mathematics, Philadelphia 1979.

[2]   ARNOL'D, V. I.: Geometrische Methoden in der Theorie der gewöhnlichen Differentialgleichungen. Berlin: Deutscher Verlag der Wissenschaften 1987.

[3]   BLUEMAN, G. W.; KUMEI, S.: Symmetries and Differential Equations. New York, Berlin, Heidelberg, London, Paris, Tokyo, Hong Kong: Springer-Verlag 1989.

[4]   BOERNER, H.: Darstellungen von Gruppen mit Berücksichtigung der Bedürfnisse der modernen Physik. Berlin, Göttingen, Heidelberg: Springer-Verlag 1955.

[5]   BOSECK, H.: Marius Sophus Lie und die nicht kommutative harmonische Analysis. Mitteilungen der MGDDR, Heft 4(1986), 35-52.

[6]   -,-: Zur Entwicklung der Lie-Theorie. Mitteilungen der MGDDR, Heft 3-4 (1989), 3-18.

[7]   BOSECK, H.; CZICHOWSKI, G.; RUDOLPH, K.-P.: Analysis on Topological Groups - General Lie Theory. Teubner-Texte zur Mathematik Bd. 37. Leipzig: Teubner-Verlag 1981.

[8]   BOURBAKI, N.: Groupes et Algebres de Lie. Paris: Hermann 1972.

[9]   CARTAN, E.: Sur la structure des groupes de transformations finis et continus. Paris 1894

[10] DIEUDONNÉ, J.: Die Lieschen Gruppen in der modernen Mathematik. Arbeitsgemeinschaft für Forschung des Landes Nordrhein-Westfalen, Heft 133. Köln und Opladen: Westdeutscher Verlag 1964, 7-30.

[11] DIEUDONNÉ, J.; CARREL, J. B.: Invariant Theory, Old and New. New York - London: Academic Press 1971.

[12] ENGEL, F.: Zu der Studyschen Abhandlung. Jahresbericht der D.M.V. 17 (1908), 143-144.

[13] -,-: über Lie's Invariantentheorie der endlichen kontinuierlichen Gruppen. Ber. über die Verh.d.Königl. Sächs. Ges. d. Wiss. zu Leipzig, Math.-phys. Klasse 90 (1938), 137-174.

[14] GELFAND, I. M.; RAIKOW, D. A.: Irreduzible unitäre Darstellungen lokal kompakter Gruppen. Mat.Sbornik 1943, 2, 301-316.

[15] GELFAND, I. M.; NEUMARK, A. A.: Unitäre Darstellungen der klassischen Gruppen. Berlin: Akademie-Verlag 1957.

[16] GLUSHKOW, W. M.: Struktur lokal kompakter Gruppen und das 5. Hilbertsche Problem (russ.) Usp.Mat.nauk 12, 2 (1957), 137-143.

[17] GODDARD, F.; OLIVE, D.: Kac-Moody and Virasoro Algebras. Advanced series in Mathematical Physics, Vol. 3. World Scientific 1988.

[18] HEWITT, E.; ROSS, K. A.: Abstract Harmonic Analysis, Bd. I; II. Berlin, Heidelberg, New York: Springer-Verlag 1963; 1970.

[19] HAAR, A.: Der Maßbegriff in der Theorie der kontinuierlichen Gruppen. Ann. of Math. II, Ser.34 (1933), 147-

169.

[20]   HELGASON, S.: Differential Geometry and Symmetric Spaces. New York: Academie Press 1962.

[21]   HOWE, R.: Remarks on classical Invariant Theory. Trans.AMS 313, 2 (1989), 539-570.

[22]   IBRAGIMOW, N. H.: Transformationsgruppen in der mathematischen Physik (russ.). Moskau: Nauka 1983.

[23]   KAC, V. G.: Infinite dimensional Lie Algebras. Cambridge: Cambridge University Press 1983.

[24]   KAMRAN, N.: The Equivalence Problem of Elie Cartan, Differential Equations and Computer Algebra. In: [52, 87-114].

[25]   KAPLANSKY, I.: Lie Algebras and Locally Compact Groups. Chicago: University of Chicago Press 1971.

[26]   KILLING, W.: Die Zusammensetzung der stetigen endlichen Transformationsgruppen, I. Math.Ann. 31 (1888), 252-290; II. Math.Ann. 33 (1889), 1-48; III. Math.Ann. 34 (1889), 57-122.

[27]   KIRILLOW, A. A.: Elemente der Darstellungstheorie (russ.). Moskau: Nauka 1978.

[28]   KLEIN, F.; LIE, S.: Über diejenigen ebenen Kurven, welche durch ein geschlossenes System von einfach unendlich vielen vertauschbaren linearen Transformationen in sich übergehen. Math.Ann. IV (1871), 50-84.

[29]   LIE, S.; SCHEFFERS, G.: Vorlesungen über continierliche Gruppen mit geometrischen und anderen Anwendungen. Leipzig: Teubner-Verlag 1893.

[30]   LIE, S.; ENGEL, F.: Theorie der Transformationsgruppen I, II, III. Leipzig: Teubner-Verlag 1888, 1890, 1893.

[31]   LIE, S.: Gesammelte Abhandlungen I - VII. Herausgegeben von F. ENGEL und P. HEEGARD. Leipzig und Kristiania: Teubner-Verlag und H. Aschehoug & Co. 1934, 1935 und 1937, 1922, 1929, 1924, 1927, 1960.

[32]   -,-: über Gruppen von Transformationen. Göttinger Nachrichten 22 (1874), 529-542. In: Ges.Abh. Bd. V, 1-8.

[33]   -,-: über Differentialinvarianten. Math.Ann. 24 (1884), 537-578. In: Ges. Abh. Bd. 6, 95-138.

[34]   -,-: über die Gruppe der Bewegungen und ihre Differentialinvarianten. Ber.über die Verh.d.Königl. Sächs.Ges.d.Wiss. zu Leipzig, Math.-phys. Klasse 45 (1893), 370-378. In: Ges.Abh. Bd.6, 376-383.

[35]   -,-: Zur Invariantentheorie der Gruppe der Bewegungen. Ber.über die Verh.d.Königl.Sächs.Ges.d.Wiss.zu Leipzig, Math.-phys. Klasse 48 (1896), 466-477. In: Ges.Abh. Bd.6, 639-649.

[36]   LJUBARSKI, G. J.: Anwendungen der Gruppentheorie in der Physik. Berlin: Deutscher Verlag der Wissenschaften 1962.

[37]   MONTGOMERY, D.; ZIPPIN, L.: Topological Transformation Groups. New York: Wiley Interscience 1955.

[38]   VON NEUMANN, J.: Die Einführung analytischer Parameter in topologischen Gruppen. Ann. of. Math. 34 (1933), 170-190.

[39]   NÖTHER, M.: Sophus Lie. Math.Ann. 53 (1900), 1-41.

[40]   OLVERS, P. J.: Applications of Lie Groups to Differential Equations.New York: Springer-Verlag 1986.

[41]   OWSJANNIKOW, L. W.: Gruppentheoretische Analyse von Differentialgleichungen (russ.) Moskau: Nauka 1978.

[42]   PETER, F.; WEYL, H.: Die Vollständigkeit der primitiven Darstellungen einer geschlossenen kontinuierlichen Gruppe. Math. Ann. 97 (1927), 737-755.

[43]   PONTRJAGIN, L. S.: Topologische Gruppen (Übers. a. d. Russ.) Leipzig: Teubner-Verlag 1957.

[44]   -,-: The theory of topological commutative groups. Ann. Math. 35 (1934), 361-388.

[45]   -,-: Linear representations of compact topological groups. Mat.Sbornik (n.S.) 1 (43), 3 (1936), 267-271.

[46]   SCHEUNERT, M.: The theory of Lie superalgebras. Lecture Notes in Mathematics 716 (1979).

[47]   SCHREIER, O.: Abstrakte kontinuierliche Gruppen. Abh.Math.Sem. Hamburg 4 (1926), 15-32.

[48]   SCHWARZ, F.: Symmetries of Differential Equations: From Sophus Lie to Computer Algebra. SIAM Review 30/3 (1988).

[49]   SHELOBJENKO, D. P.: Kompakte Lie-Gruppen und ihre Darstellungen (russ.). Moskau: Nauka 1970.

[50]   SKLJARENKO, E. G.: Zum fünften Hilbertschen Problem. In: „Die Hilbertschen Probleme". 3. Aufl. Leipzig: Akademische Verlagsgesellschaft Geest & Portig 1983, 126-144.

[51]   STUDY, E.: Kritische Betrachtungen über Lie's Invariantentheorie der endlichen kontinuierlichen Gruppen. Jahresbericht der D.M.V. 17 (1908), 125-142.

[52]   TOURNIER. E.: Computer Algebra and Differential Equations. London, San Diego, New York, Berkelag, Boston, Sydney, Tokyo, Toronto: Academic Press 1989.

[53]   WEYL, A.: L' integration dans les groupes topologiques et ses applications. Paris: Hermann 1951.

[54]   WEYL, H.: Gruppentheorie und Quantenmechanik. Leipzig: S. Hirzel 1928.

[55]   -,-: The classical groups. Princeton: Princeton University Press 1946.

[56]   WILENKIN, N. J.: Spezielle Funktionen und Darstellungstheorie (russ.). Moskau: Nauka 1965.

[57]   WUSSING, H.: Die Genesis des abstrakten Gruppenbegriffes - ein Beitrag zur Entstehungsgeschichte der abstrakten Gruppentheorie. Berlin: Deutscher Verlag der Wissenschaften 1969.

[58]   YAMABE, H.: A Generalization of a Theorem of Gleason. Ann. of Math. 58 (1958), 351-365.

[59]   YANG, C. T.: Hilbert's Fifth Problem and Related Problems on Transformation Groups. Proceedings of Symposia in Pure Methematics, Vol.28 (1976), 142-146.

Biographische Anmerkungen zu den Beziehungen zwischen Sophus Lie, Friedrich Engel und Eduard Study

„Unsere ganze Würde besteht im Denken. Bemühen wir uns also, richtig zu denken. Das ist der Anfang der Moral."

BLAISE PASCAL

„Richtig denken ist nicht ganz dasselbe wie Richtiges denken. Falsch Gedachtes kann zufällig richtig sein, und richtig Gedachtes ist sogar häufig falsch; dann nämlich, wenn der Ausgangspunkt eine unzutreffende Voraussetzung war, wie bei dem indirekten Beweisverfahren der Mathematik. Gemeint ist folgerechtes Denken; von richtigem Denken reden wir, wenn die Regeln der Logik befolgt sind. Wir haben es nötig, wenn wir im Zusammenstoß mit den Dingen der Außenwelt nicht in Gefahr des Schiffbruchs geraten wollen. Handelt es sich um Erkenntnis, so ist folgerechtes Denken eine Forderung der Wahrheitsliebe."

EDUARD STUDY

Der Werdegang Lies bis zur Zusammenarbeit mit Engel (1842-1884)

SOPHUS LIE wurde am 17. Dezember 1842 als Sohn eines Pastors in Nordfjordeid am Eidsfjord, einem Zweig des norwegischen Nordfjords, geboren. Dort verbrachte er die ersten neun Jahre seines Lebens. 1851 wurde der Vater nach Moss, einer Kleinstadt am Oslofjord, versetzt. Hier besuchte SOPHUS LIE bis 1857 die Schule, und von 1857 bis 1859 absolvierte er eine Lateinschule in Kristiania, dem heutigen Oslo. Da SOPHUS LIE als Schüler in allen Fächern gute Leistungen erreichte, schwankte er zu Beginn des Studiums 1859 zwischen Sprachen und Naturwissenschaften. Seine Entscheidung fiel schließlich zugunsten der Naturwissenschaften aus, die er bis 1865 an der Kristianiaer Universität studierte. Bemerkenswert ist, daß er während des Studiums keine ausgesprochene Vorliebe für die Mathematik zeigte. 1865 legte er das mathematisch-naturwissenschaftliche Lehrerexamen ab und gab danach Schul- und Privatunterricht. Außerdem hielt SOPHUS LIE in diesen Jahren stark beachtete populärwissenschaftliche Vorträge über astronomische Themen.

Erst das Jahr 1868 brachte die entscheidende Wende in LIES Verhältnis zur Mathematik und damit in seinem Leben: er war auf die Werke von PONCELET und PLÜCKER gestoßen. Beider Ideen - sie sind neben MÖBIUS die Schöpfer der projektiven Geometrie - regten ihn zu eigenen intensiven geometrischen Forschungen an. Die Zeit des Suchens war nun vorbei; LIE fühlte sich zur Mathematik berufen. Anfang 1869 entstand die erste der insgesamt 245 Publikationen. Er hatte eine sehr gedrängte Darstellung eines Teils seiner geometrischen Untersuchungen unter dem Titel „Repräsentation der Imaginären der Plangeometrie" in einem Quartheft von 8 Seiten Umfang auf eigene Kosten drucken lassen. Die Arbeit erschien noch im gleichen Jahr im Journal für die reine und angewandte Mathematik („Crelles Journal"). Auf Grund dieser Veröffentlichung erhielt LIE ein Reisestipendium, das ihm von Ende 1869 bis Ende 1870 einen Aufenthalt im Ausland ermöglichte.

Den Winter 1869/70 verbrachte er in Berlin. Durch das Wirken von KRONECKER, KUMMER und WEIERSTRASS war die Stadt damals eines der bedeutendsten mathematischen Zentren der Welt. Junge Gelehrte wie LIE strömten hierher, um ihre Ausbildung zu vervollkommnen. In den Seminaren von KUMMER und WEIERSTRASS hatten sie auch Gelegenheit, eigene Resultate vorzutragen. LIE nahm zwar an diesen Veranstaltungen teil, arbeitete auch für das Kummersche Seminar einen beachteten Vortrag aus, im ganzen blieb ihm aber die Art, wie die Berliner Schule Mathematik betrieb, fremd. Statt der „Arithmetisierung der Mathematik" bevorzugte er die „synthetische" Denkweise, was sein Begriff für ein geometrisches Herangehen an mathematische Probleme war. So ist es nicht verwunderlich, daß er in Berlin mit dem geistesverwandten, sieben Jahre jüngeren Plücker-Schüler FELIX KLEIN (1849-1925) Freundschaft schloß. MAX NOETHER [NOETHER 1900, S. 4-5], der LIE und KLEIN persönlich kannte, charakterisiert ihr damaliges Verhältnis folgendermaßen:
„In Klein, der damals schon, in Verwaltung der Erbschaft Plücker's, den zweiten Band von dessen Liniengeometrie herausgegeben, wie auch eine Reihe eigener Forschungen über allgemeine Liniencomplexe 2ten Grades veröffentlicht hatte, fand Lie nicht nur mannigfache Förderung durch den Hinweis auf ihm bisher fremd gebliebene Gebiete, sondern vor Allem das offene Verständniss für seine liniengeometrischen Interessen, in welchem sich seine eigenen bisher noch unfertigen Gedanken klären konnten. Auch in dem Interesse für Transformationen trafen Beide zusammen, wenn auch Klein, mitten in der modern algebraisch-geometrischen, Clebsch'schen Richtung stehend, mehr den projectiven und constructiven, zuordnenden Charakter betonte, Lie aber, von dem engeren Sinne des Projectiven unbeschränkt, mehr den erzeugenden, den allgemeinen Charakter der Transformationen. Der gegenseitige Anschluss wurde für die Beiden um so enger, als sie für ihre schon festgelegte Richtung bei Weierstrass keine weitere Anregung, nur in Kummer's Seminar einige Aufmunterung erhalten konnten."
Im Frühjahr 1870 verließ LIE Berlin. Er ging zunächst einige Tage nach Göttingen, wo er CLEBSCH besuchte. Dann brach LIE nach Paris auf, wo Ende April auch KLEIN eintraf. Beide suchten hier den persönlichen Kontakt zu jüngeren französischen Mathematikern und fanden ihn insbesondere zu DARBOUX und JORDAN. JORDAN, dessen Werk „Traité des substitutions et des équations algébriques" gerade erschienen war, machte LIE und KLEIN auf die Galoissche Theorie aufmerksam. Die beiden Freunde hatten zwar den Gruppenbegriff intuitiv schon früher verwandt, aber in Paris wurden sie erst richtig mit ihm vertraut - was etwas verwundert, da LIE schon während seines Studiums Vorlesungen über Substitutionstheorie geboten bekam. LIE und KLEIN erkannten schnell die Bedeutung des Gruppenbegriffs und wandten ihn auf dem Gebiet der geometrischen Abbildungen und Transformationen an. Damit entstand die Idee der Transformationsgruppe und ihrer Invarianten. Insbesondere untersuchten LIE und KLEIN die Kurven und Flächen, die unendlich viele vertauschbare projektive Transformationen gestatten und veröffentlichten darüber zwei gemeinsame Publikationen in den Comptes Rendus.
Der fruchtbare geistige Austausch der beiden Freunde wurde durch politische Ereignisse jäh unterbrochen. Am 19. Juli 1870 erklärte das Französische Kaiserreich dem Königreich

Preußen den Krieg. Dieser Schritt löste den Deutsch-Französischen Krieg von 1870/71 aus und nötigte KLEIN, Paris zu verlassen. Als Bürger des neutralen Norwegens blieb LIE zurück und entschloß sich, durch Frankreich nach Italien zu wandern. Seine arglos begonnene, die Wirren der Zeit außer acht lassende Fußwanderung fand nach etwa 60 km bei Fontainebleau ein Ende, wo er als vermeintlicher preußischer Spion verhaftet wurde. Die Vermittlung DARBOUXS bewirkte, daß man allmählich von dem gefährlichen Verdacht abrückte und LIE nach vier Wochen Haft entließ. Wieder in Freiheit, reiste er über Italien und die Schweiz nach Düsseldorf, wo er im November eintraf und mit KLEIN die dritte und vorletzte gemeinsame Publikation verfaßte. Als die Arbeiten daran abgeschlossen waren, kehrte LIE im Dezember 1870 nach einjähriger Abwesenheit nach Kristiania zurück.

Anfang 1871 wurde LIE Stipendiat der Universität Kristiania. Da das Stipendium zum Leben nicht ausreichte, erteilte er an der Lateinschule, die er selber durchlaufen hatte, Unterricht. Hauptsächlich beschäftigte sich LIE aber mit der Abfassung seiner Promotionsschrift „Over en Classe geometriske Transformationer", in der er erstmals ausführlich seine Geraden-Kugel-Transformation darstellte. Die Entdeckung ging auf den Juli 1870 zurück, als LIE eine Berührungstransformation fand, die bei geeigneter Wahl der Konstanten die Eigenschaft besaß, Geraden des Raumes in Kugeln überzuführen. So wurde die projektive Geometrie mit einer metrischen, auf reziproke Radien gegründeten in Beziehung gesetzt, wodurch neben die Liniengeometrie PLÜCKERS eine vollkommen gleichberechtigte Kugelgeometrie trat.

Im Juli 1871 verteidigte LIE vor der philosophischen Fakultät der Universität Kristiania seine Promotionsschrift erfolgreich und erwarb den Doktorgrad, der im damaligen Norwegen gleichzeitig die Habilitation beinhaltete. Einige Monate später bemühte er sich im schwedischen Lund um eine vakante Professur, was ihm als nationalstolzem Norweger nicht leicht fiel, war doch Norwegen seit 1814 durch eine Personalunion mit Schweden verbunden. Die ständigen Spannungen zwischen den beiden Nationen endeten erst im Jahre 1905, als Norwegen die völlige Unabhängigkeit erlangte. LIES Absichten wurden in seiner Heimat bekannt und bewirkten, daß das norwegische Parlament am 26. März 1872 für ihn eine persönliche Professur schuf. Am 3. Mai 1872 wurde er zum Mitglied der Kristianiaer Gesellschaft der Wissenschaften gewählt, und am 1. Juli 1872 erfolgte seine Ernennung zum außerordentlichen Professor an der Landesuniversität. Jetzt endlich konnte sich LIE ganz der Mathematik widmen. Denn das Unterrichten, wozu ihn seine pekuniäre Lage bisher gezwungen hatte, entfiel, und die Vorlesungen, die er halten mußte, bereiteten ihm wenig Arbeit. Das einzig Unangenehme an der neuen Stellung war das viele Prüfen der Gymnasiasten, denn im damaligen Norwegen wurden die Abiturexamina an der Universität abgelegt. Ein Jahr später erinnerte sich LIE in einem Brief an die Situation von 1872 folgendermaßen [ENGEL 1899, S. XXXII - XXXIII]: „In der That, ich der einmal riesenstark war, war in späteren Jahren durch zu grosse Forderungen, die ich auf meine Arbeitskraft stellte, successiv ein Bischen heruntergekommen. Vorigen Sommer culminirte es; glücklicherweise machte meine Ernennung zu Professor mir es möglich mehr rationel zu leben. Seit der Zeit geht es immer besser, und ich hoffe bald meine alte Arbeitskraft zurückgewonnen zu haben. - Sie müssen mich nicht missverstehen. Eigentlich krank bin ich in meinem ganzen Leben noch nicht gewesen. Nur fing ich im vorigen Jahre an ein Bischen nervös zu werden."

Im September 1872 reiste LIE nach Göttingen, wo er erneut mit KLEIN zusammentraf. Als der Deutsche Ende September, als Ordinarius der Mathematik berufen, nach Erlangen ging, folgte ihm der Norweger dorthin. Durch den persönlichen Kontakt beider kam es zu einer erneuten sehr fruchtbaren Beeinflussung, wovon einige Veröffentlichungen LIES und das „Erlanger Programm" KLEINS Zeugnis ablegen. In Göttingen lernte LIE auch ADOLPH MAYER (1839-1908) kennen, der ebenfalls über partielle Differentialgleichungen 1. Ordnung arbeitete. Beide Mathematiker waren nahezu gleichzeitig und völlig unabhängig voneinander zu übereinstimmenden Ergebnissen gelangt. Um den Gedankenaustausch fortzusetzen, lud der freundliche und vermögende MAYER LIE in seine Heimatstadt Leipzig ein. Von Erlangen kommend besuchte ihn LIE im Oktober 1872. In dem gastlichen und kultivierten Hause MAYERS und in dessen Gesellschaft fühlte er sich so wohl, daß beide als Freunde schieden. Auch entspann sich zwischen ihnen ein reger Briefwechsel, der bis zu LIES Berufung nach Leipzig im Jahre 1886 andauerte. ENGEL würdigte das Verhältnis zwischen LIE und MAYER mit den Worten [ENGEL 1899, S. XXXI - XXXII]:

„Die Beziehungen zu A. Mayer haben auf Lie einen nicht zu unterschätzenden Einfluss ausgeübt. Lie hatte bisher seine Theorie der partiellen Differentialgleichungen mit Hülfe begrifflicher Betrachtungen entwickelt, während Mayer rein analytisch zu Werke gegangen war. Lie drückte das selbst einmal so aus: ,Unglücklicherweise sprechen wir aber verschiedene Sprachen in der Mathematik. Oder raisonniren jedenfalls in ganz verschiedener Weise' (Brief vom December 1872). Er bemühte sich daher von jetzt ab, seine begrifflichen Ueberlegungen in die Sprache der Analysis zu übersetzen, weil er hoffte, auf diese Weise zunächst von Mayer und dann überhaupt von den Mathematikern leichter verstanden zu werden, ausserdem aber auch, weil er es sehr schwer fand, seine begrifflichen Betrachtungen in einwandfreier Weise darzustellen. Er that dies schon in den Abhandlungen über partielle Differentialgleichungen I. O., die er in Kristiania veröffentlichte, noch viel mehr aber bei den für die Mathematischen Annalen bestimmten Arbeiten. Auf diese verwendete er die grösste Mühe und liess ausserdem Mayer ziemlich freie Hand, einzelne kleine Aenderungen vorzunehmen. Trotzdem gelang es ihm nicht, die Analytiker zu befriedigen, weil man seiner Darstellung immer noch zu sehr anmerkte, dass ursprünglich synthetische Ueberlegungen in ein analytisches Gewand gekleidet waren. Es dauerte lange Zeit, bis er dem analytischen Apparate eine für seine Zwecke brauchbare Form gegeben hatte, und dieser Umstand ist der Verbreitung seiner Ideen sehr hinderlich gewesen."

Die ökonomisch gesicherte Position erlaubte es LIE, an die Gründung einer Familie zu denken. In den Weihnachtsferien 1872 verlobte er sich mit ANNA BIRCH (1854-1920). Der 1874 geschlossenen Ehe entstammten zwei Töchter und ein Sohn.

Im Frühjahr 1873 beauftragte die Kristianiaer Gesellschaft der Wissenschaften LIE und seinen Lehrer SYLOW, die Werke ABELS neu herauszugeben. Diese wissenschaftliche Unternehmung, deren Hauptlast SYLOW trug, wurde erst im Dezember 1881 abgeschlossen. Trotzdem schien LIE kein genauer Kenner dieser Theorien gewesen zu sein, denn sein Schüler GERHARD KOWALEWSKI berichtete [KOWALEWSKI 1950, S. 64]:

„Algebraische Probleme waren für ihn etwas Fremdes, obwohl er doch ein Landsmann Abels war und mit Sylow Abels Werke neu herausgegeben hatte."

Ende 1874 erschien in den Göttinger Nachrichten die erste gruppentheoretische Arbeit LIES unter dem Titel „Ueber Gruppen von Transformationen". (Sie ist in diesem Band als erste Abhandlung abgedruckt.) Die Theorie der Transformationsgruppen war von ihm ursprünglich als ein mathematischer Apparat für die Weiterentwicklung seiner Integrationstheorie benutzt worden. Allmählich erlangte sie für LIE ein eigenes Interesse, so daß er sich in den nächsten Jahren wesentlich mit ihrer Begründung und Ausarbeitung beschäftigte. Um über seine neue Gruppentheorie und deren Anwendungen ausführlicher und schneller publizieren zu können, als es in den Verhandlungen der Kristianiaer Gesellschaft der Wissenschaften möglich war, gründete LIE mit einigen Naturwissenschaftlern 1876 eine eigene, noch heute bestehende Zeitschrift - das Archiv for Matematik og Naturvidenskab.

Trotzdem fand er weder mit der Integrationstheorie noch mit der Gruppentheorie eine angemessene Beachtung in Fachkreisen. Aus diesem Grunde wandte sich LIE wieder verstärkt der Geometrie zu: es entstanden ausgedehnte Untersuchungen über Minimalflächen, eine Klassifikation der Flächen nach den Transformationsgruppen ihrer geodätischen Linien, Betrachtungen über Flächen konstanter Krümmung und eine Arbeit über Translationsflächen.

Seit 1875 bzw. 1879 beschäftigten sich die französischen Mathematiker HALPHEN und LAGUERRE mit Untersuchungen über die Differentialinvarianten der endlichen projektiven Gruppe der Ebene und mit darauf gegründeten Integrationsmethoden. Dies bewirkte, daß LIE die Arbeit an seiner Integrationstheorie eines vollständigen Systems mit bekannten infinitesimalen Transformationen wieder aufnahm. Er fand im Sommer 1882 heraus, daß sich die Differentialinvarianten als Lösungen eines solchen Systems bestimmen lassen.

Mit diesem Wissen reiste LIE im September 1882 über Leipzig, wo er KLEIN und MAYER traf, nach Paris und hielt am 3. November in der Société Mathématique einen beachteten Vortrag über seine Integrationstheorie eines vollständigen Systems mit bekannten infinitesimalen Transformationen. In einem Brief, der wahrscheinlich vom Ende des Jahres 1883 stammte, schrieb LIE an KLEIN [LIE 1922-1960, Bd. 6.1, S. 787]:

„Ich habe Dir wohl nichts über die Invariantentheorie der unendlichen Gruppen geschrieben. Daß endliche Gruppen Differentialinvarianten bestimmen, die man sämtlich angeben kann, habe ich seit 1874 gewußt, ja als selbstverständlich betrachtet. Daß dagegen jede unendliche Gruppe ebenfalls Differentialinvarianten, Differentialkovarianten bestimmt, die man sämtlich angeben kann, weiß ich erst im letzten Jahre. Das ist äußerst merkwürdig und gibt Veranlassung zu einer großen Anzahl Theorien."

Ende 1884 erschien in den Mathematischen Annalen die erste zusammenfassende Darstellung LIES zur Theorie der Differentialinvarianten der endlichen und der unendlichen Gruppen mit dem Titel „Ueber Differentialinvarianten". (Sie ist in diesem Band als zweite Abhandlung abgedruckt.) Leider fanden alle seine Arbeiten - ausgenommen die geometrischen - nicht die Beachtung, die sie verdient hätten. So klagte denn LIE 1884 in einem Brief an MAYER [ENGEL 1899, S. XLIX]:

„Wenn ich nur wüsste, wie ich die Mathematiker dazu bringen könnte sich für die Transformationsgruppen und darauf begründete Behandlung der Differentialgleichungen zu interessiren. Ich bin so gewiss, absolut gewiss, dass diese Theorien einmal in der Zukunft als fundamental anerkannt werden. Wenn ich wünsche <u>bald</u> eine solche Auffassung zu schaffen, so ist es u.A. weil ich dann zehnmal mehr machen könnte."

Lies Wirken vom Beginn der Zusammenarbeit mit Engel bis zu seinem Tod (1884-1899)

Die Zusammenarbeit von LIE und ENGEL soll im wesentlichen durch Äußerungen der beiden Beteiligten sowie von Freunden und Schülern dargestellt werden.

LIE hatte von 1868 bis 1884 in rastloser Arbeit alle die Theorien konzipiert, die sein Lebenswerk ausmachen. Da er aber seine mathematischen Schöpfungen weder verständlich noch überzeugend genug darzustellen vermochte, blieben seine bahnbrechenden Ergebnisse trotz einer Vielzahl von Publikationen in den Fachkreisen weitgehend unbeachtet. LIE formulierte diese Problematik 1884 in einem Brief an MAYER folgendermaßen [LIE 1922-1960, Bd. 6.1, S. 781]:
„Neuerdings kriegte meine Frau einen Sohn... Hiermit in Verbindung steht es, daß einige Partien meiner Arbeit nicht hinlänglich durchgearbeitet sind. Sie wissen ja, daß ich ursprünglich meine Theorien synthetisch finde. Bei der analytischen Ausführung fällt es mir immer schwer, Alles hinlänglich generell darzustellen. Die analytische Redaktion verlangt eine partikuläre Form, in der leider zu häufig viel verloren geht. Natürlicher Weise weil ich die analytische Form nicht hinlänglich beherrsche."
Und in einem Brief an KLEIN aus dem gleichen Jahr hieß es [LIE 1922-1960, Bd. 6.1, S. 793]:
„Ich schäme mich, daß ich Dich in meinen letzten Arbeiten nur mit einer gewissen Reservation citire. Ich habe indeß gelernt, daß ich vorsichtig sein muß. Denn, wenn ich jemand unbedingt citire, so glaubt man, daß der Andere Alles gemacht hat. Ich verstehe nicht, woran es liegt. Wahrscheinlich daran, daß man ohne weiteres voraussetzt, daß meine Ideen mit meiner Redaktionsfähigkeit proportional sind."
Mit dem Terminus „Redaktionsfähigkeit" bezeichnete LIE das Vermögen, sich anderen schriftlich verständlich zu machen. Zur schmerzlich empfundenen unzureichenden eigenen „Redaktionsfähigkeit" kam erschwerend hinzu, daß er in Kristiania weder Schüler noch Kollegen fand, die auch nur entfernt Verständnis für seine Forschungen aufbringen konnten. So mußte ihn sein zweiter Leipziger Aufenthalt im September 1882, wo er KLEIN, der seit 1880 Professor für Geometrie an der Alma mater Lipsiensis war, und MAYER traf, besonders beeindrucken. Rückblickend schrieb er im September 1883 an KLEIN [LIE 1922-1960, Bd. 6.1, S. 787]:
„Ich hoffe, es geht jetzt gut mit Deiner Gesundheit. Jetzt ist es genau ein Jahr, seit ich Leipzig passirte. Wenn ich das nächste Mal nach Deutschland komme, bleibe ich längere Zeit dort. Möchte es mir bald möglich werden. Es ist einsam, schrecklich einsam hier in Christiania, wo kein Mensch meine Arbeiten und Interessen versteht."

So war es von großer Bedeutung, daß KLEIN und MAYER LIES schwierige Situation in Kristiania richtig beurteilten und ihm ihren Schüler FRIEDRICH ENGEL mit dem Auftrag sandten, bei der Ausarbeitung eines großen, zusammenhängenden Werkes über die Theorie der Transformationsgruppen zu helfen. Ende 1883 entwickelte KLEIN gegenüber seinem norwegischen Freund diesen Plan, und am 30. Juni 1884 erhielt ENGEL aus Kristiania folgenden Brief [PURKERT 1984, S. 30; vgl. auch NEUMANN et al. 1987, S. 226-229]:

„Lieber Herr Engel! Als Klein im Schlusse von 1883 zum ersten den Plan berührte dass Sie nach Christiania kommen würden, schien mir dieser Gedanke so abenteuerlich, dass ich nicht einmal darauf antwortete. Nachdem er indess hierauf zurückgekommen ist, habe ich mit beiden Händen zugegriffen. Für mich und meine Untersuchungen warte ich nämlich sehr viel Vortheil, wenn der betreffende Plan sich realisieren läßt. Ich kenne ja ihre Fähigkeiten nicht nur aus Mayer und Kleins lobender Besprechung, sondern auch aus ihren sehr interessanten selbständigen Arbeiten für die ich bei dieser Gelegenheit bestens danke, wie auch aus ihren sehr werthvollen Bemerkungen zu meinen letzten Noten, die ich baldigst nach Leipzig wieder schicke. Ob Sie mit einem Aufenthalte hier einigermassen zufrieden sein werden ist ja immer sehr zweifelhaft. Ich kann nur versprechen dass ich mein Möglichstes machen werde. Insbesondere will ich, wenn ich meine gewöhnliche nicht eben grosse Arbeitskraft behalte, sehr viel Zeit zu ihrer Disposition stellen. Die allgemeinen Ideen, die Sie in ihrem Brief berühren sind sicher sehr gut. Bei meinen Untersuchungen über Differentialgleichungen, die eine endliche continuirliche Gruppe gestatten hat die Analogie zwischen Substitutionstheorie und Transformationstheorie mir immer vorgeschwebt. Mit solchen Begriffen wie Untergruppen, invariante (oder ausgezeichnete) Untergruppen, vertauschbare Transformationen, Transitivität, <u>Transitivität im Infinitesimalen</u>, Primitivität etc. etc. habe ich immer operirt. Wenn ich meine Erfindungsmethode <u>synthetisch nenne</u>, so verstehe ich dadurch einerseits, dass ich mit dem Mannigfaltigkeitsbegriff operire, andererseits, <u>dass ich überhaupt mit Begriffen operire</u>. Man kann überhaupt beweisen dass gewisse Integrationsprobleme sich auf gewisse Hülfsgleichungen von <u>bestimmter</u> Ordnung und bestimmten Eigenschaften reduciren, <u>während eine weitere Reduction im Allgemeinen unmöglich ist</u>. Wie weit sich hier die Analogie mit den algebraischen Gleichungen durchführen lässt, kann ich aus dem guten Grunde nicht sagen, dass ich die Gleichungstheorie fast gar nicht kenne. In diese Richtung warte ich mir sehr viel durch Sie. Was die Analogien mit der modernen Funktionentheorie betrifft, so weiss ich eigentlich Nichts. In den Jahren 1871-76 lebte ich nur in Transformationsgruppen und Integrationsproblemen. Da aber kein Mensch sich für diese Sachen interessirte, gieng ich ein Bischen müde, und wandte mich für einige Zeit zu der Geometrie. Jetzt habe ich indess in den letzten Jahren meine alte Sachen wiederaufgenommen. Wenn Sie mir bei der Weiterentwickelung und Redaction von diesen Sachen beistehen werden, so leisten Sie mir eine überaus grosse Hülfe, ganz besonders dadurch, dass sich endlich ein Mathematiker für diese Theorien ernstlich interessirt. Hier in Christiania geht ein Specialist wie ich schrecklich einsam. Kein Interesse, kein Verständniss. In der letzten Zeit nimmt die Politik alles Interesse hier. Eben in diesen Tagen passiren merkwürdige Dinge hier, was auch mich vollständig in Anspruch nimmt, wenn ich auch selbstverständlich einige Stunden auf Redaction anwende. Meine erste Note für die Annalen war schon im Mai fertig. Die zweite geht rasch vorwärts. Beide werden ziemlich gross. Grüsse Mayer und Klein bestens. Ich bin beiden Brief schuldig. Wenn Sie nach Christiania wirklich kommen, so werden Sie hier äusserst willkommen sein. Ihr ergebner Sophus Lie"

Wer war dieser junge und begabte Mathematiker FRIEDRICH ENGEL?

Er wurde am 26. Dezember 1861 in Lugau bei Chemnitz als Sohn eines Pfarrers geboren. Im Jahre 1865 siedelte die Familie nach Greiz über, wo sein Vater als Religionslehrer am dortigen Gymnasium wirkte, und von 1868 bis 1879 besuchte FRIEDRICH ENGEL in Greiz die Schule. Ab Ostern 1879 studierte er Mathematik vor allem in Leipzig, aber auch in Berlin, wo er die Weierstraßsche Richtung kennenlernte, ohne sie jedoch zu überschätzen. Anfang 1883 bestand FRIEDRICH ENGEL in Leipzig das Staatsexamen, und im Sommer promovierte er bei ADOLPH MAYER mit dem Thema „Zur Theorie der Berührungstransformationen". Vom 1. April 1883 bis zum 1. April 1884 leistete FRIEDRICH ENGEL den Militärdienst in Dresden ab. Das Sommersemester 1884 verbrachte er wieder in Leipzig, um an den Veranstaltungen im mathematischen Seminar teilzunehmen. Bis zum Beginn seines Aufenthaltes in Norwegen hatte FRIEDRICH ENGEL schon drei umfangreichere mathematische Arbeiten publiziert, die in den Leipziger Berichten und in den Mathematischen Annalen erschienen. Mitte September 1884 traf er als Stipendiat der Leipziger Universität und der Königlich-Sächsischen Gesellschaft der Wissenschaften zu Leipzig in Kristiania ein. GERHARD KOWALEWSKI, ein Schüler von LIE und ENGEL, charakterisierte diese von KLEIN und MAYER initiierte Mission folgendermaßen [KOWALEWSKI 1931, S. 466-467]:

„Von schicksalhafter Bedeutung war es für Engel, daß er auf Anregung seiner Leipziger Lehrer im September 1884 nach Kristiania ging mit dem Auftrage, Sophus Lie zu einer zusammenfassenden Darstellung seiner Aufsehen erregenden Theorien zu veranlassen. Lie selbst wäre wohl nie zu einer solchen Darstellung gekommen. Er wäre in dem Strom der Ideen, die damals mit elementarer Gewalt aus seinem Geiste hervorbrachen, untergegangen. Engel gelang es, in diese chaotische Gedankenmasse eine systematische Ordnung zu bringen, ..."

LIE und ENGEL arbeiteten in Kristiania ein Dreivierteljahr intensiv zusammen. Der Norweger hatte in dem Deutschen endlich seinen ersten Schüler gefunden; die schmerzlich empfundene, vielfach beklagte Isolation war damit durchbrochen. ENGEL erinnerte sich später an diesen für beide bedeutsamen Lebensabschnitt mit den Worten [ENGEL 1899, S. L-LI]:
„Lie trug sich damals schon längst mit dem Gedanken, ein grösseres Werk über Transformationsgruppen zu schreiben, doch wäre es ihm damit, ohne den äusseren Anstoss, der jetzt hinzukam, jedenfalls ebenso ergangen wie mit dem Werke über partielle Differentialgleichungen erster Ordnung, das er in den siebziger Jahren geplant hatte. Nunmehr aber entschloss sich Lie wirklich, ein grosses Werk über Transformationsgruppen in Angriff zu nehmen, und zwar sollte das keineswegs ein Buch werden, das blos auf möglichst bequeme Weise in die Elemente der Theorie einführte, also kein populäres Buch, wenn man bei mathematischen Werken diesen Ausspruch gebrauchen darf, vielmehr wollten wir, wie Lie sich ausdrückt, gleich ‚mit voller Musik' anfangen: es sollte eine systematische, möglichst strenge Darstellung werden, die für längere Zeit ihren Werth würde behalten können. Täglich zweimal kamen wir zusammen, Vormittags auf meiner, Nachmittags auf Lies Wohnung. Es wurde gleich eine vorläufige Redaktion einer Reihe von Kapiteln in Angriff genommen, die nach dem Plane, den Lie jetzt feststellte, in dem Werke enthalten sein sollten. Den Inhalt jedes einzelnen Kapitels entwickelte mir Lie in den mündlichen Besprechungen und gab mir dann als Anhalt für die Ausarbeitung eine kurze Skizze, gewissermassen ein Gerippe, das ich mit Fleisch und Blut überkleiden sollte. Auf diese Weise wurde mir zugleich die denkbar beste Einführung in seine Gruppentheorie zu Theil, von der ich bei meiner Ankunft in Kristiania nur äusserst dürftige Kentniss besessen hatte. Ich musste jeden Tag von Neuem staunen über die Grossartigkeit des Gebäudes, das Lie für sich al-

lein erbaut und im Kopfe hatte und von dem seine bisherigen Veröffentlichungen blos eine schwache Vorstellung gaben. Bis zu Weihnachten 1884 war diese vorläufige Redaktion beendet und Lie beschäftigte sich dann einige Wochen lang damit, Alles durchzuarbeiten, um den Plan für die endgültige Redaktion festzustellen. Von Ende Januar 1885 ab fing dann die Redaktionsthätigkeit von Neuem an: die fertigen Kapitel wurden umgearbeitet und viele neue kamen hinzu. Als ich Ende Juni 1885 Kristiania verliess, lag ein Stoss von Manuskripten vor, der nach einer Schätzung von Lie im Druck etwa dreissig Bogen ergeben haben würde. Dass bis zur wirklichen Vollendung des ganzen Werkes noch acht volle Jahre vergehen, dass aus jenen dreissig Bogen hundertfünfundzwanzig werden würden, ahnte damals keiner von uns beiden."

Das persönliche Verhältnis zwischen LIE und ENGEL muß damals sehr eng gewesen sein. Sonst hätte der Schüler nicht die folgende emphatische Einschätzung treffen können [ENGEL 1899, S. LI]:
„Die drei Vierteljahre, die ich in Kristiania im unausgesetzten Verkehr mit Lie zubringen durfte, werden mir stets unvergesslich sein. Ich rechne sie zu den glücklichsten Zeiten meines Lebens, ebenso wie die lange Reihe von Jahren, während deren ich Lies Mitarbeiter und, ich darf wohl sagen, sein Vertrauter war."

Nach Leipzig zurückgekehrt habilitierte sich ENGEL. Als Habilitationsschrift legte er die Abhandlung „Ueber die Definitionsgleichungen der continuirlichen Transformationsgruppen" vor. Hierzu äußerte sich LIE in einem Brief an MAYER folgendermaßen [UAL, PA Nr. 436]:
„Seit Weihnachten bearbeitet ENGEL mit bedeutendem Erfolge einige originale Ideen, die sich allerdings an die meinigen anschliessen, indessen mehrere neue Elemente enthalten, deren Tragweite ich freilich noch nicht übersehe. Ich glaube aber behaupten zu können, dass die Arbeit eine <u>sehr werthvolle</u> Leistung sein wird,..."
   Am 15. Juli 1885 verlief das Kolloquium erfolgreich, und am 14. Oktober hielt ENGEL den Vortrag „Anwendungen der Gruppentheorie auf Differentialgleichungen". Damit waren alle geforderten Leistungen für die Habilitation erbracht; ENGEL konnte nun als Privatdozent an der Leipziger Universität wirken. Er hielt noch im Wintersemester 1885/86 seine erste Vorlesung. Der Gegenstand war bezeichnenderweise die Theorie der partiellen Differentialgleichungen 1. Ordnung.

KLEIN erhielt im August 1885 eine Berufung an die Universität Göttingen. Fasziniert von dem Gedanken, an der Wirkungsstätte von GAUSS, RIEMANN und CLEBSCH zu arbeiten, nahm er nach einigem Zögern den Ruf an und wechselte zu Beginn des Sommersemesters 1886 an die Georg-August-Universität über. Als seinen Nachfolger in Leipzig empfahl die philosophische Fakultät dem sächsischen Kultusministerium insbesondere SOPHUS LIE. In ihrem Gutachten, das KLEIN entworfen hatte, hieß es in Hinblick auf den Norweger [NEUMANN et al. 1987, S. 220-225]:
„Aufgefordert, für die Wiederbesetzung der demnächst zur Erledigung gelangenden Professur der Geometrie Vorschläge zu machen, glauben wir in erster Linie einen Mann nennen zu sollen, der vermöge der Selbständigkeit seiner Ideen, der Folgerichtigkeit seiner Arbeiten und der Größe seiner Ziele unbedingt vor allen anderen hervorragt. ... Es gibt ande-

re Geometer, welche vielseitig durchgebildet, bald in der einen bald in der anderen Richtung wichtige Resultate gefunden haben und den gegenwärtigen Stand der geometrischen Wissenschaft in Vorlesungen zu vertreten wissen. Aber Lie ist der Einzige, welcher vermöge seiner kraftvollen Persönlichkeit und der Originalität seines Denkens eine selbständige geometrische Schule zu begründen vermag. Wir haben in dieser Hinsicht gewissermaßen die Probe gemacht, indem wir vor Jahresfrist, als das Kregel von Sternbachsche Stipendium zu vergeben war, einen jüngeren Mathematiker - unseren jetzigen Privatdocenten Dr. Engel - zu Lie nach Christiania schickten, von wo derselbe mit einer Fülle neuer Gesichtspunkte zurückgekehrt ist. ... Wir wollen schliesslich anführen, dass Lie, früheren Aeusserungen zufolge, geneigt scheint, einem Rufe nach Deutschland Folge zu leisten. In einer Uebersiedlung nach Deutschland erblickt er das Mittel, um der wissenschaftlichen Isolirtheit zu entgehen, in der er in Christiania zu leben gezwungen ist."

Als KARL WEIERSTRASS von den Bemühungen KLEINs erfuhr, LIE nach Leipzig zu holen, äußerte er verärgert [BIERMANN 1988, S. 170]:

„Lie hat ja, das will ich nicht leugnen, einige wertvolle Arbeiten geliefert, ist aber weder in wissenschaftlicher Beziehung noch als Lehrer ein Mann von solcher Bedeutung, daß man ihn, den Ausländer, allen in Betracht kommenden Inländern vorzuziehen berechtigt wäre. Nun wird es heißen, er sei ein zweiter Abel, den man um jeden Preis habe gewinnen müssen."

Die gravierende Verkennung der Bedeutung „des Ausländers" für die Entwicklung der Mathematik durch WEIERSTRASS wurde von der ganzen Berliner Schule geteilt und erstreckte sich außer auf LIE auch auf seine Schüler und Mitstreiter. Sie herrschte noch nach LIES Tode vor und verhinderte u. a. die Berufung von FRIEDRICH ENGEL und FRIEDRICH SCHUR nach Berlin [vgl. BIERMANN 1988, S. 313-318].

Am 18. Dezember 1885 entschied man sich im Königlich-Sächsischen Ministerium des Kultus und öffentlichen Unterrichts zu Dresden auf Grund des angeführten Gutachtens, mit LIE in Verhandlung zu treten. (WEIERSTRASS hatte in Sachsen - im Gegensatz zu Preußen - keinerlei Einfluß auf die Besetzung von Lehrstühlen.) Einen Monat später konnte man der philosophischen Fakultät bereits mitteilen, daß LIE die Berufung zum ordentlichen Professor der Geometrie angenommen hatte. Im Februar 1886 traf er mit seiner Familie in Leipzig ein und bezog eine Wohnung in der Seeburgstraße [vgl. Leipziger Adreß-Buch für 1887-1898]. Am 29. Mai 1886 hielt er in der Aula der Universität die Antrittsvorlesung „Ueber den Einfluss der Geometrie auf die Entwicklung der Mathematik" [NEUMANN et al. 1987, S. 48-57] und leistete den Amtseid.

Um das Umfeld von LIE und ENGEL zu charakterisieren, sei einiges zum damaligen Sachsen und insbesondere zu Leipzig und seinen wissenschaftlichen Institutionen ausgeführt: Leipzig hatte 1886 rund 170 000 Einwohner. In der Messe- und Buchstadt, in der sich ein überaus reges geistiges Leben abspielte, gab es zahlreiche wissenschaftliche Gesellschaften, eine Akademie, eine Universität, mehrere Hochschulen, etwa 100 Buchdruckereien und über 200 Verlage [vgl. KAUFMANN 1889, S. 31-32]. In dem bedeutenden Wissenschaftsverlag B. G. TEUBNER (Firmengründung 1811) wurden zu LIES Lebzeiten alle seine Bücher und postum die Gesammelten Abhandlungen - Band VII erschien 1960 - verlegt.

Die Akademie des Königreiches Sachsen war die Königlich-Sächsische Gesellschaft der Wissenschaften zu Leipzig. Sie ging auf einen Plan von GOTTFRIED WILHELM LEIBNIZ zurück. Dieser verhandelte um 1700 mit AUGUST DEM STARKEN, um eine Sächsisch-Polnische Akademie der Wissenschaften und Künste ins Leben zu rufen. Der Plan zerschlug sich trotz der wohlwollenden Haltung des Souveräns, als infolge des Nordischen Krieges 1706 die Schweden unter KARL XII. in Sachsen einfielen. Zum 200. Geburtstag von LEIBNIZ, also am 1. Juli 1846, wurde in dessen Geburtsstadt in Anlehnung an die ursprünglichen Pläne die Königlich-Sächsische Gesellschaft der Wissenschaften zu Leipzig gegründet. Sie gliederte sich in eine mathematisch-physische sowie eine philologisch-historische Klasse und gab Abhandlungen und Berichte heraus. Innerhalb der Sozietät bestand die 1768 gestiftete Fürstlich-Jablonowskische Gesellschaft der Wissenschaften, die mathematische, historische und nationalökonomische Preisaufgaben stellte und die gekrönten Preisschriften drucken ließ. 1886 wurde LIE und 1890 wurde ENGEL Mitglied der Königlich-Sächsischen Gesellschaft der Wissenschaften.

In der zweiten Hälfte des 19. Jahrhunderts begann die Blüte der 1409 gegründeten Leipziger Universität. Sie hielt bis zum verhängnisvollen Jahr 1933 an. Das Aufblühen war auf das engste mit der Regierungszeit König JOHANN I. von Sachsen verbunden, denn der von 1801 bis 1873 lebende und seit 1854 regierende Monarch war ein bedeutender Philologe und Historiker, der sich auf die Danteforschung spezialisiert hatte. Unter dem Pseudonym Philalethes (Wahrheitsfreund) gab er sein Hauptwerk heraus, eine metrische Übertragung der Göttlichen Komödie, die er mit kritischen und historischen Erläuterungen versah. Dieser Herrscher förderte das Bildungswesen in Sachsen und besonders die Landesuniversität mit ganzer Kraft. Seine Bemühungen wurden unterstützt bzw. weitergeführt durch drei hochbefähigte Minister des Kultus und öffentlichen Unterrichts. Es waren dies JOHANN VON FALKENSTEIN mit der Amtszeit von 1853 bis 1871, CARL VON GERBER mit der Amtszeit von 1871 bis 1891 und PAUL VON SEYDEWITZ mit der Amtszeit von 1892 bis 1906. CARL VON GERBER gelang es, den Mathematiker OSKAR SCHLÖMILCH - bekannt auch als langjähriger Herausgeber der Zeitschrift für Mathematik und Physik sowie als mathematischer Gutachter und Berater des Verlages B. G. TEUBNER - von 1874 bis 1885 zur Mitarbeit im Ministerium des Kultus und öffentlichen Unterrichts zu gewinnen. SCHLÖMILCH nahm sich besonders der Belange der Mathematik an den Schulen und Hochschulen Sachsens an. Im Jahre 1880 wurde der Lehrstuhl für Geometrie an der Leipziger Universität eingerichtet und mit FELIX KLEIN besetzt und 1881 das mathematische Seminar auf dessen Anregung hin gegründet.

Der engere Wirkungskreis von LIE und ENGEL war das mathematische Seminar. Es bestand 1886 aus den Direktoren SOPHUS LIE, ADOLPH MAYER und CARL VON DER MÜHLL sowie dem Assistenten FRIEDRICH SCHUR und setzte sich aus zwei Abteilungen zusammen. Die Abteilung I in der Ritterstraße 24 enthielt die Lese- und Arbeitsräume. Hier wirkte FRIEDRICH ENGEL als Bibliothekar. Die Abteilung II im Czermakschen Spectatorium in der Brüderstraße 32 beherbergte einen größeren Hörsaal, in dem LIE meist las, und die Modellsammlung, die FRIEDRICH SCHUR betreute.

1889 schied CARL VON DER MÜHLL als Mitdirektor durch die Berufung nach Basel aus. 1888 folgte FRIEDRICH SCHUR einem Ruf nach Dorpat. Die freiwerdende Assistentenstelle wurde an FRIEDRICH ENGEL vergeben. Durch seine Tätigkeit als Bibliothekar und als Assistent am mathematischen Seminar kam der mittellose Privatdozent ENGEL wenigstens in den Genuß eines kleinen Gehaltes. Weitere Kollegen von LIE und ENGEL waren die Ordinarien HEINRICH BRUNS, CARL NEUMANN und WILHELM SCHEIBNER sowie bis 1888 der Privatdozent EDUARD STUDY, ferner ab 1891 der Privatdozent GEORG SCHEFFERS, der 1896 Extraordinarius wurde und 1897 nach Darmstadt ging, sowie ab 1895 der Privatdozent FELIX HAUSDORFF.

Die Übersiedlung von LIE nach Leipzig bewirkte, daß er nun mit ENGEL wieder sehr intensiv an dem gemeinsamen Werk über die Theorie der Transformationsgruppen arbeitete. Im Jahre 1888 erschien bei B. G. TEUBNER in Leipzig der erste, 632 Seiten starke Band - als 1. Abschnitt der „Theorie der Transformationsgruppen" bezeichnet. In der Vorrede zu diesem Werk würdigte LIE ENGELS Anteil mit folgenden Worten [LIE, ENGEL 1888-1893, Bd. 1, S. VII]:

„Schon längst war es meine Absicht, ein ausführliches Werk über die endlichen continuirlichen Gruppen zu veröffentlichen, doch wurde mir die Ausführung dieser Absicht dadurch sehr erschwert, dass ich keine der bekannteren Cultursprachen vollständig beherrsche. So war es mir denn sehr willkommen, daß ich im Herbste 1884 den Beistand des Herrn Dr. Engel gewann, der sich schon vorher mit meinen Untersuchungen über Transformationsgruppen bekannt gemacht hatte. Herr Engel hat sich nicht darauf beschränkt, mir sprachlich und stilistisch mit unermüdlichem Eifer und in der grössten Ausdehnung beizustehen; er hat mich in der That oft bei der Durcharbeitung und Vereinfachung der zur Begründung meiner Resultate erforderlichen analytischen oder synthetischen Entwickelungen unterstützt. Er hat überdies mehrere werthvolle selbständige Untersuchungen über continuirliche Gruppen angestellt; dieselben werden im Folgenden einige Male verwerthet, was an den betreffenden Stellen bemerkt ist."

Nach dem Erscheinen des 1. Abschnittes der "Theorie der Transformationsgruppen" beantragte ENGEL beim sächsischen Kultusministerium eine außerordentliche Professur für sich. In seinem Gesuch hieß es hinsichtlich der Mitautorschaft [UAL, PA Nr. 436]:„Unter seinen Arbeiten glaubt der gehorsamst Unterzeichnete das zuletzt genannte Werk: 'Theorie der Transformationsgruppen' besonders hervorheben zu dürfen, bei welchem er Mitautor des Herrn Professor Dr. Sophus Lie in Leipzig gewesen ist. Die Arbeit an diesem Werke hat den Unterzeichneten während mehr als vier Jahren fast unausgesetzt beschäftigt und sie nimmt ihn auch jetzt noch fortwährend in Anspruch, da der zweite Band des Werkes in Vorbereitung ist."

Im Januar 1889 bat das sächsische Kultusministerium die philosophische Fakultät der Leipziger Universität um ein Gutachten über ENGEL. Dies wurde von keinem Geringeren als CARL NEUMANN entworfen und befürwortete voll das Anliegen des Gesuchs. So erfolgte dann schon am 5. März 1889 die Ernennung ENGELS zum Extraordinarius. Seine Antrittsvorlesung „Der Geschmack in der neuen Mathematik" [NEUMANN et al. 1987, S. 59-79] hielt er am 24. Oktober 1890 in der Aula der Universität. Im Anschluß daran leistete ENGEL den Amtseid.

Zu Anfang des Wintersemesters 1889/90 brach LIE gesundheitlich zusammen. In einem ärztlichen Gutachten vom 16. November 1889 [UAL, PA Nr. 693] wurde von einer „Gruppe bedrohlicher Erscheinungen nervöser Art" gesprochen, die wahrscheinlich die somatopsychisch bedingten Symptome der noch nicht erkannten perniziösen Anämie waren. LIE suchte in der Nervenheilanstalt Ilten bei Hannover Genesung und kehrte erst im Juli 1890 nach Leipzig zurück. Sowohl im Wintersemester 1889/90 als auch im darauffolgenden Sommersemester wurden seine Vorlesungen von ENGEL gehalten. Erst im Wintersemester 1890/91 konnte LIE die Lehrtätigkeit wieder aufnehmen.

1890 erschien der zweite, 555 Seiten starke Abschnitt und 1893 der dritte, 831 Seiten umfassende Abschnitt der „Theorie der Transformationsgruppen" im Teubner-Verlag. Mit dem 3. Abschnitt war das fundamentale Werk nach fast neunjähriger unermüdlicher Arbeit von den beiden Autoren abgeschlossen worden. LIE versah es mit einer längeren Widmung. Die ENGEL betreffende Passage lautete [LIE, ENGEL 1888-1893, Bd. 3]:

„Bei der Durchführung meiner Ideen im Einzelnen und bei ihrer systematischen Darstellung genoss ich seit 1884 in der grössten Ausdehnung die unermüdliche Unterstützung des Professors

Friedrich Engel

meines ausgezeichneten Kollegen an der Universität <u>Leipzig</u>."

Ferner hieß es in der Vorrede zum 3. Abschnitt [LIE, ENGEL 1888-1893, Bd. 3, S. XXIV]:

„Eine ganz besondere Stellung nimmt Herr Professor Engel mir gegenüber ein. Auf Veranlassung von F. Klein und A. Mayer ging er im Jahre 1884 nach Christiania, um mich bei der Ausarbeitung einer zusammenhängenden Darstellung meiner Theorien zu unterstützen. Er hat sich dieser Aufgabe, deren Umfang wir damals noch nicht ahnten, mit einer Ausdauer und einer Tüchtigkeit unterzogen, die ihres Gleichen sucht. Er hat während dieser Zeit auch eine Reihe von wichtigen selbständigen Ideen entwickelt, hat aber in höchst uneigennütziger Weise darauf verzichtet, sie ausführlich und zusammenhängend darzustellen, er hat sich vielmehr mit kurzen Mitteilungen darüber begnügt, die in den Mathematischen Annalen und namentlich in den Leipziger Berichten erschienen sind, und hat seine Talente und die ganze freie Zeit, die ihm seine Vorlesungen übrig liessen, unausgesetzt der Aufgabe gewidmet, meine Theorien so ausführlich und vollständig, so systematisch, namentlich aber so exact darzustellen, wie nur irgend möglich. Durch diese selbstlose Wirksamkeit, die sich jetzt bereits über einen Zeitraum von neun Jahren erstreckt, hat er mich und ich glaube die ganze wissenschaftliche Welt zu höchstem Dank verpflichtet."

Auch GERHARD KOWALEWSKI, ein von LIE und ENGEL bevorzugter Schüler, würdigte den Anteil des letzteren an der „Theorie der Transformationsgruppen". Er schrieb etwa 60 Jahre nach dem Abschluß des grundlegenden Werkes, also nach einem Zeitraum, in dem der gewonnene Abstand im allgemeinen die Dinge in der richtigen Beleuchtung erscheinen läßt [KOWALEWSKI 1950, S. 51-52]:

„Man verlangte eine analytische Einkleidung auch bei Dingen, die man durch rein geometrische oder durch allgemein begriffliche Betrachtungen gewonnen hatte, wie es bei Lie der gewöhnliche Weg war. Wie oft kam in seinen, stets in gebrochenem Deutsch gehaltenen Vorlesungen die Redewendung vor:'Räsonieren wir mit den Begriffen!' Wie oft trat eine Figur an die Stelle eines analytischen Beweises! Engel, der bei der Ausarbeitung des dreibändigen Werkes Lies Dolmetscher nicht nur in sprachlicher, sondern auch in mathematischer Hinsicht war, hatte außer in Leipzig auch in Berlin bei Weierstraß studiert. Er wußte genau, daß man beim Aufbau der neuen Theorie ein funktionentheoretisches Fundament nicht entbehren konnte, wenn man für die neuen Ideen Verständnis finden wollte. Man mußte sich auf analytische Gruppen beschränken, hatte dann zunächst mit Potenzreihen zu arbeiten und konnte im übrigen froh sein, daß es die analytische Fortsetzung gab, um aus der Enge der Konvergenzbereiche herauszukommen."

LIE wußte zwar, daß seine Ideen von weit größerer Tragweite waren und reagierte nicht immer ohne Mißfallen, wenn ENGEL sie durch notwendige Voraussetzungen eingeschränkt hatte. Aber gerade dadurch verhinderte der um mathematische Exaktheit ringende Mitautor, daß zu groß angelegte und darum damals noch nicht durchführbare Konstruktionen entstanden.

Nach dem Erscheinen des 1. Abschnittes der „Theorie der Transformationsgruppen" veröffentlichte der kongeniale EDUARD STUDY in der Zeitschrift für Mathematik und Physik eine 21 Seiten lange, wissenschaftlich gediegene Rezension. Zum Abschluß hieß es [STUDY 1889, S. 191]:

„Und möchte es Herrn Lie vergönnt sein, bei uns Das zu finden, um dessentwillen er seine Heimath verliess. Möchte es ihm gelingen, einen Kreis von Schülern um sich zu sammeln, die ihm auf den neu betretenen aussichtsreichen Pfaden folgen und in froher Mitarbeit mit ihm die Wissenschaft weiterbilden zu einer immer höheren und schöneren Gestaltung."

STUDY sprach hier die Hoffnungen und Ziele LIES aus, denen zunächst eine ungünstige Entwicklung der Zahl der Mathematikstudenten im Wege zu stehen schien. So sank an der Leipziger Universität die Zahl der Hörer in der Mathematik von 80 im Sommersemester 1886 auf das Minimum von 20 im Wintersemester 1893/94. Danach stieg ihre Zahl allmählich wieder an, und im Sommersemester 1898 betrug sie 90. Trotz dieser zahlenmäßigen Schwankungen, die eine Folge der „Überproduktion" von Mathematikern Ende der siebziger und Anfang der achtziger Jahre des vorigen Jahrhunderts waren, gelang es LIE mit ENGELS Hilfe, in Leipzig eine Schule zu begründen. In seinen geometrischen Einführungsvorlesungen behandelte LIE Anwendungen der Analysis auf die Geometrie, die analytische Geometrie der Ebene und des Raumes, die Theorie der Kurven und Flächen im Raum sowie die metrische Geometrie, während ENGEL hauptsächlich über algebraische und funktionentheoretische Probleme las - also Gegenstände, die nicht das unmittelbare Arbeitsgebiet beider berührten. Dagegen trugen LIE und ENGEL in Spezialvorlesungen und Übungen aus ihren Forschungen vor und waren hier bemüht, die neuen Ideen zu vermitteln und Schüler zu gewinnen. Daß sie bei diesen Bemühungen Erfolg hatten, läßt sich an der Zahl der von LIE betreuten Promotionen ablesen. Obwohl es seit 1890 fünf Ordinarien (BRUNS, LIE, MAYER, NEUMANN und SCHEIBNER) gab, promovierten im Zeitraum von 1887 bis 1898 von den insgesamt 56 Doktoranden 26 bei LIE. Bei dieser positiven Bilanz verwundert es nicht, daß LIE ENGELS Verdienste in der Lehre öffentlich hervorhob. Er schrieb in der Vorrede zum 3. Abschnitt der „Theorie der Transformationsgruppen" [LIE, ENGEL 1888-1893, Bd. 3, S. XXIV]:

„Ich persönlich habe ihm ausserdem noch für die Unterstützung zu danken, die meiner Lehrthätigkeit an der Universität Leipzig durch seine Vorlesungen zu Theil geworden ist."

Auch kamen in zunehmendem Maße Ausländer, vor allem aus den USA und aus Frankreich, nach Leipzig, um insbesondere bei LIE zu studieren, aber auch bei ENGEL. Die „Theorie der Transformationsgruppen" widmete LIE der Pariser École Normale Supérieure, deren Lehrern DARBOUX, PICARD und TANNERY er es verdankte, „dass die tüchtigsten jungen Mathematiker Frankreichs wetteifernd mit einer Reihe junger <u>deutscher</u> Mathematiker meine Untersuchungen über <u>continuirliche Gruppen</u>, über <u>Geometrie</u> und über <u>Differentialgleichungen</u> studiren und mit glänzendem Erfolge verwerthen."

Die bedeutendsten Schüler LIES waren FRIEDRICH ENGEL (1861-1941), GEORG SCHEFFERS (1866-1945), KASIMIR ZORAWSKI (1866-1953) und GERHARD KOWALEWSKI (1876-1950). Außerdem wirkte er noch zu Lebzeiten anregend auf die Mathematiker EDUARD STUDY (1862-1930), FRIEDRICH SCHUR (1856-1932), WILHELM KILLING (1847-1923), LUDWIG MAURER (1859-1927) und ÉLIE CARTAN (1869-1951), die zusammen mit seinen direkten Schülern seine Theorien in verschiedene Richtungen weiterführten. Zu den Schülern LIES zählte auch FELIX HAUSDORFF (1868-1942), der aber im eigenen Schaffen andere mathematische Gebiete bearbeitete.

Aus dem Angeführten geht hervor, daß die Zusammenarbeit von LIE und ENGEL sehr erfolgreich war. Dagegen trübten sich die persönlichen Beziehungen beider, wofür sowohl LIE als auch ENGEL unterschiedliche Gründe verantwortlich machten.

ENGEL hatte nach seiner Rückkehr aus Kristiania auf KLEINS Anregung hin eine wissenschaftliche Korrespondenz mit KILLING begonnen. Von diesem Briefwechsel dürfte LIE spätestens zu Beginn seines Leipziger Aufenthaltes erfahren haben. Es scheint so, daß er damals dem Gedankenaustausch zwischen ENGEL und KILLING keine größere Bedeutung beimaß. Die Situation änderte sich plötzlich, als KILLING im Herbst 1888 seine bedeutenden Arbeiten über „Die Zusammensetzung der stetigen endlichen Transformationsgruppen" in den Mathematischen Annalen zu publizieren begann. Indem LIE KILLINGS eigene schöpferische Produktivität unterschätzt hatte, mußte er in ENGEL den Schuldigen sehen, der seine, LIES, Ideen an den unliebsamen Konkurrenten verraten hatte. Nur mit dieser eingeschränkten Sicht auf die Dinge konnte LIE 1888 an KLEIN folgendes schreiben [ROWE 1988, S. 41]: „Engel hat wie ich erfahre nicht allein Killing ganz ungenirt meine Ideen mitgetheilt; er hat überdies versäumt Killing zu sagen, dass die betreffenden Ideen mir und nur mir gehören. Herr Engel scheint nach Norwegen mit der Absicht gegangen zu sein, alle meine Ideen zu annectiren. Herr Killings Arbeit in den Mathematischen Annalen ist eine grobe Beleidigung gegen mich und ich mache Engel dafür verantwortlich. Er hat ja auch die Correktur besorgt. Ich habe Engel davon ernstlich gesprochen und er gibt auch zu, dass sein Benehmen uncorrect gewesen ist. Ich lasse die Sache nicht hiermit ruhen. Ich bin im Lauf der Zeit von vielen Mathematikern schlecht behandelt worden; aber ein so merkwürdiger Misbrauch von meinem Vertrauen hatte ich mir nie als möglich gedacht."

KLEIN, der zu dieser Zeit pikanterweise federführender Redakteur der Mathematischen Annalen war, hatte ebenfalls seit Jahren mit KILLING korrespondiert und kannte dessen Untersuchungen sowie Fähigkeiten sehr gut. Er schien LIES Sicht nicht zu teilen, so daß LIE ihm schließlich gereizt schrieb [ROWE 1988, S. 41]: „Wenn ich Dir lange nicht geschrieben habe, so liegt es darin, dass wir die betreffenden Sachen mit so verschiedenen Augen sehen, dass es mir schwierig ist weiter darauf einzugehen. Meine Leidenschaften sind hier in Bewegung wie kaum früher.

Nur das will ich Dir sagen: Bei Killing ärgert mich nicht so sehr, dass er sich verschiedenes aneignet, was mir gehört; das ist mir schon so oft passirt. Das schändliche ist, dass er systematisch versucht Engel einen absolut unberechtigten Antheil an mehreren unter meinen wichtigsten Entdeckungen, die längst von mir publicirt sind, zu geben.

Es ist mir wohl bekannt, dass Du oft meine Arbeiten als unleserlich bezeichnet hast. So findest Du vielleicht, dass es ganz berechtigt ist, wenn man meine Theorien erst dann anerkennt, wenn sie von einem anderen reproducirt worden sind. Ich bin von einer anderen Auffassung."

Vergleicht man diese Stellen im Briefwechsel mit den für die Öffentlichkeit bestimmten Äußerungen LIES über ENGEL, dann wird die enorme Ambivalenz erkennbar, die LIE gegenüber ENGEL seit dem Herbst 1888 empfunden haben muß.

ENGEL dagegen machte LIES Krankheit für die Entfremdung verantwortlich. LIE ist an den Folgen einer progressiven perniziösen Anämie verstorben [ENGEL 1899, NOETHER 1900, KOWALEWSKI 1950], einer Erkrankung, die erst zwischen dem 40. und 50. Lebensjahr manifest wird und unbehandelt meist schubweise verläuft. Ihre Ursache ist eine Vitamin-B_{12}-Resorptionsstörung, die erblich bedingt sein kann. Das Vitamin B_{12} - in diesem Zusammenhang als „extrinsic factor" bezeichnet - kann vom menschlichen Organismus nur aufgenommen werden, wenn der sogenannte „intrinsic factor" vorhanden ist, der normalerweise in der Magenschleimhaut gebildet wird. Er tritt mit dem Vitamin B_{12} zu einem Komplex zusammen, der im Darm resorbiert wird. Bei Patienten mit perniziöser Anämie fehlt dieser „intrinsic factor", so daß es zu einem Vitamin-B_{12}-Mangel kommt. Die dadurch auftretende Störung bei der Bildung von Ribo- und Desoxyribonukleinsäure beeinflußt besonders die Blutbildung. Es kommt zu einem starken Abfall der Erythrozytenzahl als Folge der Reifungsstörung der roten Blutkörperchen. Aber auch der Nukleotidstoffwechsel des Rückenmarks ist beeinträchtigt, so daß daraus eine Schädigung des Proteinumsatzes in den Nervenzellen mit entsprechenden funktionellen Ausfällen resultiert. Man spricht von einer funikulären Myelose. Diese somatischen Prozesse verursachen bei bis zu 50 % der Patienten somatopsychische Veränderungen, die zu depressiven, reizbaren, oft mit Schlaflosigkeit verbundenen Verstimmungen und der Ausbildung paranoider Charakterzüge führen. Die Psychiater sprechen in diesem Zusammenhang sogar von einer Form der symptomatischen Psychose - der Perniziosapsychose oder der Vitamin-B_{12}-Mangel-Psychose. Ferner kommt es bei der progressiven perniziösen Anämie und der mit ihr auftretenden funikulären Myelose häufig zu pathologischen Veränderungen der Netzhaut und des Sehnerven. Als subjektive Symptome treten ein Flimmern vor den Augen und eine mehr oder weniger ausgeprägte Empfindlichkeit gegenüber hohen Lichtintensitäten oder Verdunkelungen bis hin zu Erblindungen auf.

Das bereits erwähnte ärztliche Gutachten vom 16. November 1889, worin bewußt eine Diagnose vermieden wurde, die Zeit des Erkrankungsbeginns, die Symptome Schlaflosigkeit und Lichtempfindlichkeit sowie die Beobachtungen, die ENGEL u. a. machen mußten, sprechen dafür, daß LIE seit 1889 an einer durch die perniziöse Anämie bedingten Persönlichkeitsveränderung litt [FRITZSCHE 1991]. ENGEL berichtete in seinem Nachruf auf LIE über dessen Zustand nach 1888 folgendes [ENGEL 1899, S. LVI-LVII]:

„Er fing an, empfindlich und misstrauisch zu werden, was sonst gar nicht seine Art war. Er fühlte das auch selbst, denn er äusserte einmal mir gegenüber, wohl im Sommer 1889: ‚Warten Sie nur, wenn erst das Werk über Transformationsgruppen fertig ist, dann werde ich ein ganz andrer Mensch'. Leider ging diese Hoffnung nicht in Erfüllung. Im Anfang des Wintersemesters 1889-90 brach er vollständig zusammen. Sein Nervensystem war erschöpft, er fand keinen Schlaf mehr und machte sich die trübsten Gedanken, als ob er sich nie wieder würde erholen können. Er musste Urlaub nehmen und wurde in eine Nervenheilanstalt gebracht. Dort, es war die Anstalt Ilten, unweit Hannover, besserte sich sein Zustand allmählig. Er fing daher an, Muth zu fassen, und im Frühjahr 1890 konnte er sich schon wieder wissenschaftlich beschäftigen, indem er allerhand Untersuchungen, die er schon längst im Principe durchgeführt hatte, nun im Einzelnen ausarbeitete und zu Papier brachte. Es waren das seine Untersuchungen über die Grundlagen der Geometrie und die allgemeine Theorie der unendlichen kontinuirlichen Transformationsgruppen. Anfang Juli kehrte er nach Leipzig zurück, lebte aber noch längere Zeit ganz zurückgezogen und nur seiner Gesundheit, bis er im Winterhalbjahr 1890-91 seine Vorlesungen wieder aufnahm.

Nach und nach gewann er die frühere geistige Spannkraft wieder und wurde wenigstens als Mathematiker ganz der alte. Nicht aber als Mensch. Sein Misstrauen und seine Empfindlichkeit verschwanden nicht, steigerten sich sogar mit den Jahren immer mehr, so daß er sich und seinen besten Freunden das Leben schwer machte. Das Peinlichste war, dass er jeder offnen Aussprache über die Ursachen seiner Verstimmung auswich. Auch die äusseren Ehren, die ihm jetzt von allen Seiten zuströmten, vermochten nicht seine Gemüthsstimmung zu verbessern. Dass alle bedeutenden Akademien ihn nach und nach zum Mitgliede wählten - eine Ausnahme machte bezeichnender Weise nur die Berliner Akademie - dass 1897 bei der ersten Verleihung des Lobatschefskijpreises der Preis ihm zuerkannt wurde, Alles das nahm er als einen schuldigen Tribut hin, ohne dass dadurch sein pessimistisches Urteil über die Menschen im Allgemeinen und über die Mathematiker im Besonderen gemildert worden wäre."

Auch der Physikochemiker WILHELM OSTWALD (1853-1932), der LIE eine Zeit lang sehr nahe stand, beschrieb die gleichen Persönlichkeitsveränderungen wie ENGEL [vgl. OSTWALD 1927, S. 101-102].[1] Und LIE selbst äußerte im Entwurf eines Briefes [LIE, SOPHUS til PICARD, E., Ms.fol. 3839 LXVII: 15], der vermutlich aus dem Jahre 1892 stammt:
„Hochgeehrter Herr Picard!
Ich muß Ihnen doch einmal meinen herzlichsten Dank aussprechen für alles, was Sie für die Theorie der Transformationsgruppen getan haben. Vielleicht ist es Ihnen bekannt, daß ich seit anderthalb Jahren krank bin; ich leide an fast absoluter Schlaflosigkeit. Dieses Leiden sowie die gegen dasselbe angewandten Hilfsmittel haben mich derart gebrochen, daß meine wissenschaftliche Tätigkeit wohl abgeschlossen ist, wenn es auch wahrscheinlich erscheint, daß mein starker Körper noch lange leben will.

Unter diesen unbegreiflich traurigen Umständen ist es mir eine große Freude gewesen, daß Sie für die Gruppentheorie so sehr eintraten. In meinem Leben ist die Wissenschaft meine größte Freude gewesen. Daß es mir vergönnt war, zu der Entwicklung der Wissenschaft beizutragen, ist mein Glück gewesen."

Es ist nicht bekannt, wann die perniziöse Anämie bei LIE diagnostiziert wurde.[2] Selbst wenn es im Frühstadium gewesen wäre, hätten ihm die Ärzte nicht helfen können, weil damals noch keine kausale Therapie existierte. Erst 1926 entwickelten die Amerikaner MINOT und MURPHY eine erfolgreiche Behandlung dieser Erkrankung, die in der Darreichung von Leber oder von Leberextrakten bestand - also von Substraten, die besonders Vitamin-B_{12}-

---

[1] Ebenso äußerte sich LIES norwegischer Freund ELLING HOLST in einem Brief an FELIX KLEIN vom 12. Mai 1899.

[2] E. HOLST teilte F.KLEIN mit: „am Weihnachten 1898 war die perniciöse Anämie erklärt".

haltig sind.

In den fünfziger Jahren wurde die Leberkur durch eine direkte Therapie mit Vitamin B_{12} ersetzt, das man den Patienten durch intramuskuläre Injektionen verabreicht.

Durch den Einblick in die Krankengeschichte wird nun LIES Bruch mit ENGEL, der irgendwann nach dem September 1893 erfolgte, nachvollziehbar. Es scheint, daß LIE krankheitsbedingt die enorme, in ihm selbst aufgebaute Ambivalenz, die er gegenüber seinem bewährten Mitstreiter seit dem Herbst 1888 empfand, nicht mehr aushielt und deshalb die Beziehung beendete.

Auch die Freundschaft mit KLEIN zerbrach. Folgende Passagen aus der Vorrede zum 3. Abschnitt der „Theorie der Transformationsgruppen" dokumentieren den von LIE vollzogenen Bruch [LIE, ENGEL 1888-1893, Bd. 3, S. XII-XIII und S. XVI-XVII]:
„In den Untersuchungen über die Grundlagen der Geometrie, die von den Herren v. Helmholtz, de Tilly, F. Klein, Lindemann und Killing angestellt worden sind, finden sich eine Reihe von groben Fehlern, die im letzten Grunde darauf beruhen, dass die Verfasser dieser Untersuchungen entweder gar keine oder nur sehr mangelhafte gruppentheoretische Kenntnisse besassen. Da diese Fehler zum Theile recht lehrreich sind, wird in der Abtheilung über die Grundlagen der Geometrie ausführlich auf sie eingegangen. ... Allerdings wird die Beurtheilung aller dieser Arbeiten durch den Mangel an Präcision des Ausdrucks, der sich in ihnen bemerklich macht, sehr erschwert." „F. Klein, dem ich im Laufe dieser Jahre alle diese meine Ideen mittheilte, wurde dadurch veranlasst, ähnliche Gesichtspunkte für die discontinuirlichen Gruppen zu entwickeln. In seinem Erlanger Programm, wo er über seine und über meine Ideen berichtet, spricht er überdies noch von Gruppen, die nach meiner Terminologie weder continuirlich noch discontinuirlich sind, zum Beispiel spricht er von der Gruppe aller Cremonaschen Transformationen und von der Gruppe der Verzerrungen. Dass ein Wesensunterschied zwischen diesen Arten von Gruppen und den von mir sogenannten continuirlichen Gruppen besteht, dass sich nämlich meine continuirlichen Gruppen durch Differentialgleichungen definieren lassen, während das bei jenen Gruppen nicht der Fall ist, das war ihm offenbar vollständig entgangen. Auch von dem so wichtigen Begriffe der Differentialinvariante findet sich in dem Kleinschen Programme fast keine Spur. Klein hat an diesem Begriffe, auf den sich erst eine allgemeine Invariantentheorie begründen lässt, keinen Antheil, und er hat erst von mir gelernt, dass jede durch Differentialgleichungen definierte Gruppe Differentialinvarianten bestimmt, die durch Integration von vollständigen Systemen gefunden werden können.
Ich sehe mich hier zu diesen Auseinandersetzungen veranlasst, weil Kleins Schüler und Freunde wiederholt das gegenseitige Verhältniss zwischen Kleins und meinen Arbeiten falsch dargestellt haben und weil andrerseits einige Bemerkungen, mit denen Klein die Neudrucke seines interessanten Programms in bis jetzt vier verschiedenen Zeitschriften begleitet hat, unrichtig aufgefasst werden könnten. Ich bin kein Schüler von Klein, das Umgekehrte ist auch nicht der Fall, wenn es auch vielleicht der Wahrheit näher käme. Indem ich alles das hier zur Sprache bringe, denke ich selbstverständlich nicht daran, an Kleins originaler Production innerhalb der Theorie der algebraischen Gleichungen und der Functionentheorie Kritik zu üben. Ich schätze Kleins Talente hoch, und werde nie die Theilnahme vergessen, mit der er von jeher meine wissenschaftlichen Bestrebungen begleitet hat, aber ich glaube, dass er z. B. nicht genug zwischen Induction und Beweis, zwischen der Einführung eines Begriffs und seiner Verwerthung unterscheidet."

Nach diesen herben Angriffen endete auch der Briefwechsel zwischen Lie und Klein. Nur noch einmal sollte der Norweger seinem ehemaligen Freund schreiben. Als Lie im Jahre 1897 der erste Lobatschewski-Preis für seine Beiträge zum Riemann-Helmholtzschen Raumproblem zuerkannt wurde, dankte er Klein für das überaus positive Gutachten, das dieser für die Kasaner Akademie abgefaßt hatte.

Durch den Bruch zwischen Lie und Engel blieb das in der Vorrede zum 3. Abschnitt der „Theorie der Transformationsgruppen" erwähnte geplante Buch über Differentialinvarianten und unendliche kontinuierliche Gruppen, das auch die Anwendung der Gruppentheorie auf die Integration der Differentialgleichungen enthalten sollte, ungeschrieben. Auch ein von Lie ins Auge gefaßtes Werk über seine Theorie der partiellen Differentialgleichungen 1. Ordnung kam nicht zustande, da Felix Hausdorff, der es bearbeiten sollte, sich einer anderen mathematischen Richtung zuwandte. Nur die Zusammenarbeit mit Georg Scheffers trug noch Früchte. Scheffers hatte bereits zwei gediegene, mehr pädagogische und damit auf extreme mathematische Strenge verzichtende Darstellungen der Grundgedanken der Lieschen Theorie gegeben. Es waren dies die Werke „Vorlesungen über Differentialgleichungen mit bekannten infinitesimalen Transformationen" und „Vorlesungen über continuierliche Gruppen mit geometrischen und anderen Anwendungen", die 1891 bzw. 1893 bei B. G. Teubner in Leipzig erschienen. 1896 folgte beim gleichen Verlag der 1. Band der „Geometrie der Berührungstransformationen". Der geplante 2. Band kam durch Lies Krankheit und seinen frühen Tod sowie den Weggang von Scheffers nach Darmstadt über ein Anfangsstadium nicht hinaus.

Seit 1896 bemühten sich intellektuelle Kreise in Norwegen ernstlich um eine Rückkehr Lies nach Kristiania. Das norwegische Parlament schuf für ihn an der Landesuniversität eine hochdotierte persönliche Professur für die Theorie der Transformationsgruppen. Doch Lie schwankte noch. Erst am 22. Mai 1898 beantragte er für das Ende des Sommersemesters die Entlassung. Am gleichen Tag begründete Lie seinen Entschluß in einem persönlich gehaltenen Brief an den sächsischen Kultusminister Paul von Seydewitz. Er schrieb [Zentrales Staatsarchiv Dresden, Min. f. Volksbildung, Nr. 10 281/212, Bl. 62]:

„Ew. Excellenz! In einem Schreiben an das Königliche Ministerium des Cultus und öffentlichen Unterrichts habe ich eben um meine Entlassung als Professor der Geometrie an der Universität Leipzig gebeten. Es fällt mir schwer, das gestehe ich offen, meine Lehrerwirksamkeit an dieser glänzenden Universität aufzugeben und gleichzeitig das ausgezeichnete mathematische Institut zu verlassen. Wenn ich nichtsdestoweniger Leipzig verlassen will, so liegt das in erster Linie darin, dass die hiesigen climatischen und physischen Verhältnisse nicht für mich günstig sind. Ich brauche noch viele Jahre um meine litteräre Pläne zu realisiren und ich halte es für ausserordentlich wahrscheinlich, dass Christiania für meine Gesundheit und für meine Arbeitskraft günstiger als Leipzig sein wird. Die Güte, die Ew. Excellenz mir neuerdings gezeigt haben, hat mich tief gerührt. Das Wohlwollen[1], dass Ew. Excellenz mir bei vielen Gelegenheiten gezeigt haben, werde ich immer in dankbarer Erinnerung bewahren. In grösster Ehrerbietung und in aufrichtiger Dankbarkeit zeichnet Professor Sophus Lie"

[1] Lie war z. B. am 12. April 1894 mit dem Ritterkreuz 1. Klasse des Verdienstordens - einer der höchsten sächsischen Ehrungen - ausgezeichnet worden, B. F.

Durch den bevorstehenden Weggang LIES wurde die philosophische Fakultät der Leipziger Universität veranlaßt, dem sächsischen Kultusministerium Vorschläge über einen geeigneten Nachfolger zu unterbreiten. Eine Majorität befürwortete die Berufung von HEINRICH WEBER aus Straßburg bzw. von DAVID HILBERT aus Göttingen, die beide schon bei der 1897 erfolgten Beurlaubung SCHEIBNERS in Augenschein genommen worden waren. Wenn sowohl WEBER als auch HILBERT den Ruf nach Leipzig ablehnen sollten, dann hatte sich die Mehrheit auf OTTO HÖLDER aus Königsberg als Nachfolger von LIE geeinigt. In einem von WILHELM SCHEIBNER entworfenen Separatvotum vom Juni 1898, dem sich kein Geringerer als CARL NEUMANN vorbehaltlos anschloß, wurden dagegen FRIEDRICH ENGEL bzw. der am Polytechnikum in Dresden wirkende Funktionentheoretiker MARTIN KRAUSE favorisiert. NEUMANN, mit dem LIE ein schon lange gespanntes Verhältnis hatte, brachte es auf die Kurzformel [UAL, PA Nr. 693]:

„Will man die Lie'sche Richtung auf unserer Universität festhalten, so würde für die Wiederbesetzung der Lie'schen Professur wohl nur allein <u>Prof. Engel</u> in Betracht kommen können.

Will man hingegen die Lie'sche Richtung fallen lassen, so würde nach meiner Ansicht in erster Linie an <u>Prof. Krause</u> zu denken sein."

Daraufhin nahm LIE in einem persönlichen Gutachten zu dem Separatvotum Stellung. Er schrieb insbesondere über den Lehrstuhl der Geometrie und über ENGEL folgendes [PURKERT 1984, S. 33-34]:

„Die Professur der Geometrie, die ich als Nachfolger von Professor Felix Klein bekleide, wurde im Jahre 1880 nach dem Initiativ der Professoren Scheibner und Neumann errichtet. In ihrer von der Facultät adoptirten Eingabe vom 5ten Februar 1880 entwickelten diese beiden Collegen in beredten Worten und mit überzeugender Kraft Ansichten über die pädagogische und wissenschaftliche Bedeutung der Geometrie, die noch heutzutage von der Commissions-Majorität als richtig und zutreffend betrachtet werden, während Scheibner und Neumann selbst, nach ihrem jetzigen Minoritäts-Votum zu urtheilen, nach mehreren Richtungen ihre Meinung geändert haben. Da es leider zur Zeit unmöglich erscheint, einen Geometer ersten Ranges für die Universität Leipzig zu gewinnen, und da auch andere wichtige Lücken vorliegen, hat sowohl die Majorität der Commission wie die Minorität geglaubt, dass augenblicklich von der Berufung eines wirklichen Geometers abgesehen werden müsse. Immerhin soll hervorgehoben werden, dass die Candidaten der Majorität auch als Geometer ganz andere Qualificationen besitzen als die beiden Candidaten der Minorität. Wenn die Collegen Scheibner und Neumann ein gewisses Gewicht darauf legen, dass meine Richtung an der Universität Leipzig bewahrt wird, und dabei Professor <u>Engel</u> als den besten deutschen Vertreter dieser Richtung bezeichnen, so muss ich doch zunächst betonen, dass zur Zeit viele wissenschaftliche Richtungen innerhalb der Mathematik als gut, wichtig und fruchtbar bezeichnet werden können. Es kommt nicht soviel darauf an, welche unter diesen Richtungen an einer Universität besonders stark vertreten sind; ungleich wichtiger ist es, dass überhaupt möglichst hervorragende Mathematiker an der Universität wirken. - Nach meiner Ansicht irren sich übrigens die Collegen Scheibner und Neumann, wenn sie Professor Engel als den unbedingt besten deutschen Vertreter meiner Theorien bezeichnen. Die Professoren <u>Study</u> in Greifswalde und <u>Killing</u> in Münster haben entschieden grössere originale Kraft in ihren hierher gehörigen Arbeiten entwickelt, während Engel allerdings als Lehrer höher stehen dürfte; und auch mehrere andere Mathematiker, besonders die Professoren Scheffers, Schur und Maurer könnten hier neben Engel in Betracht kommen. - Als selbständige Forscher und als Docenten stehen aber die Candidaten der Majorität ungleich höher als die hier genannten Mathematiker. Professor Engel ist nach meiner Ansicht ein begabter Mathematiker und guter Docent, der solide und ausgedehnte Kenntnisse besitzt. Originalität im höheren Sinne des Wortes hat er aber in seinen bisherigen Publicationen noch nicht gezeigt. Wenn die Hoffnungen, die ich früher in ihn setzte, bis jetzt nur unvollständig in Erfüllung gegangen sind, so mag es wohl sein, dass die Ursache nicht zum geringsten Theile in den schwierigen ökonomischen Verhältnissen zu suchen ist, mit denen er und seine nächsten Verwandten immer zu kämpfen hatten. Gerade diese Überlegung war die Veranlassung, dass die Collegen Mayer und Bruns neuerdings mit mir zusammen eine Gehaltserhöhung Engels vorschlugen, die dann das königliche Ministerium in gütigster Weise bewilligte. Auch bei anderen Gelegenheiten haben wir gezeigt, dass wir Engels Wirksamkeit schätzen, wenn wir ihn auch nicht als eine Kraft ersten Ranges bezeichnen können."

Muß dem Urteil LIES über den jungen ENGEL eine gewisse Berechtigung zugesprochen werden, so täuschte er sich in der Bedeutung STUDYs. Dieser wäre als „Geometer ersten Ranges" sicher für die Universität Leipzig zu gewinnen gewesen. So wurde, begünstigt durch das angeführte Gutachten, nachdem WEBER und HILBERT abgelehnt hatten, OTTO HÖLDER als LIES Nachfolger an die Alma mater Lipsiensis berufen.

LIE kehrte im September 1898 als Todkranker nach Kristiania zurück. Einige Zeit konnte er noch Schüler, die ihm aus Leipzig gefolgt waren, in seiner Wohnung unterrichten. Dann mußte der immer mehr gesundheitlich verfallende LIE auch diese letzte Lehrtätigkeit aufgeben. Am 18. Februar 1899 verstarb er an den Folgen seiner progressiven perniziösen Anämie. Die Königlich-Sächsische Gesellschaft der Wissenschaften zu Leipzig gedachte in einer Gesamtsitzung am 14. November 1899, dem Todestag von Leibniz, ihres großen Mitgliedes. FRIEDRICH ENGEL hielt den überaus gründlichen und menschlich-warmen Nachruf. Er begann mit den Worten [ENGEL 1899, S. XI-XII]:„Wenn die Erfinderkraft der wahre Maassstab für die Grösse eines Mathematikers ist, so muss Sophus Lie unter die ersten Mathematiker aller Zeiten gerechnet werden. Nur äusserst wenige haben der mathematischen Forschung so ausgedehnte neue Gebiete erschlossen und Methoden von solcher Fruchtbarkeit und Tragweite geschaffen wie er. Die Probleme, zu deren Lösung er den Weg gebahnt hat, bieten noch für Generationen von Mathematikern reichlichen Arbeitsstoff. Es wird geraume Zeit dauern, bis alles das verarbeitet ist, was er schon wusste und beherrschte, aber nur in ganz knappen Andeutungen bekannt gemacht hat, da er zu einer ausführlichen Darstellung nicht mehr gekommen ist. Die Anregungen aber, die er in verschwenderischer Fülle ausgestreut hat, werden auf noch viel länger hinaus wirken, und niemand vermag abzusehen, wann einmal ihre Fruchtbarkeit erschöpft sein wird, wenn das überhaupt möglich ist. Neben der Erfinderkraft verlangt man vom Mathematiker besonders noch Scharfsinn, und in der That, Lie war auch ein äusserst scharfsinniger Mathematiker. Aber er verschwendete seinen Scharfsinn nicht auf Probleme blos deshalb, weil sie schwierig waren oder weil schon viele Mathematiker vergeblich ihre Kräfte daran versucht hatten. Ebensowenig befasste er sich damit, den Schwierigkeiten nachzuspüren, die in manchen scheinbar abgeschlossenen

Theorien noch verborgen liegen. Sein Bestreben ging dahin, Probleme zu finden, die interessant und doch lösbar sind, und dabei geschah es häufig, dass er auf seinem Wege zur Lösung von Aufgaben gelangte, die dem Scharfsinne hervorragender Mathematiker getrotzt hatten. Auf derartige Erfolge konnte er wohl stolz sein, aber er war es nur deshalb, weil sie für jedermann den handgreiflichen Beweis erbrachten, dass seine Art der Fragestellung, dass die Probleme, die er behandelte, wichtig und fruchtbar waren. Für ihn selbst bedurfte es eines solchen Beweises nicht, er fühlte sich dessen ganz sicher, und die siegesgewisse Ueberzeugung, dass seine Methoden und Theorien einmal, wenn auch erst in der Zukunft durchdringen würden, hat ihn niemals verlassen, auch nicht in den trübsten Zeiten mangelnder Theilnahme und Anerkennung von aussen her. Das Charakteristischste für Lie ist aber und bleibt seine Erfinderkraft, die Originalität seines mathematischen Denkens. Er verschmähte es, sich der allgemeinen Heerstrasse zu bedienen, sondern ging seine eigenen Wege. Ich möchte ihn einem Pfadfinder im Urwalde vergleichen, der auch da, wo andre daran verzweifeln, durch das Gestrüpp zu dringen, immer noch einen Ausweg zu finden weiss und zwar immer den, der die lohnendsten Blicke auf bisher ungeahnte romantische Gebirge und Thäler eröffnet."

Engels Wirken von 1894 bis zu seinem Tod (1894-1941)

Es soll nun ENGELS Lebensweg nach dem Erscheinen des dritten und letzten Abschnittes der „Theorie der Transformationsgruppen" im September 1893 dargestellt werden.

Die persönliche Entfremdung zwischen LIE und ENGEL, die sich in jenen Jahren durch das krankhafte Verhalten LIES gegenüber seinem Mitstreiter entwickelte, läßt sich in ihrem Ausmaß an Hand einer Passage aus dem Brief des amerikanischen Mathematikers E. O. LOVETT erahnen. Dieser schrieb 1902 an ENGEL u.a. folgendes über LIE [SCRIBA 1982, S. 220]:
„You were so well acquainted with his abnormal vanity and sensitiveness that I'm sure you will be amused by the following anecdote. When I went to Leipsic as a student I consulted Lie relative to the lectures that I should attend. I naturally asked to which of your courses I ought to seek admission. ‚Bei Engel? Nein! Das ist verboten!‘ replied Lie." (Ihnen war seine abnorme Eitelkeit und Empfindlichkeit so vertraut, daß Sie gewiß von der folgenden Anekdote erheitert sein werden. Als ich als Student nach Leipzig ging, bat ich Lie um Rat wegen der Vorlesungen, die ich besuchen sollte. Ich fragte natürlich, für welche Ihrer Vorlesungen ich um Zulassung nachsuchen sollte. „Bei Engel? Nein! Das ist verboten!" antwortete Lie.)

So war es nicht verwunderlich, daß ENGEL aus der mathematischen Welt LIES und somit auch aus dessen Schatten herauszutreten begann.

Auf Anregung von FELIX KLEIN, der ENGELS mißliche Lage in Leipzig kannte, übernahm er die Aufgabe, die Abhandlungen HERMANN GRASSMANNS im Teubner-Verlag herauszugeben. Unter der Mitwirkung von H. GRASSMANN d.J., J. GRASSMANN, J. LÜROTH, G. SCHEFFERS und E. STUDY entstanden unter ENGELS Leitung von 1894 bis 1911 „Hermann Graßmanns gesammelte mathematische und physikalische Werke" in drei Bänden zu je zwei Teilen. Die überaus sorgfältige und hervorragend kommentierte Ausgabe endete im Band III, 2 mit dem

Beitrag „Graßmanns Leben" - einer umfänglichen und wertvollen Biographie des Mathematikers, Physikers und Sprachforschers, die von ENGEL stammte. Diese Bemühungen um das Werk des genialen, zu Lebzeiten verkannten Stettiner Gymnasialprofessors brachten ENGEL die Anerkennung kompetenter Fachgenossen ein. So schrieb ihm VICTOR SCHLEGEL (1843-1905), ein früher und bedeutender Anhänger GRASSMANNS, kurz vor seinem Tode die lobenden Worte [SCRIBA 1982, S. 218]:

„... habe ich doch hier, wie in den übrigen Bänden der Gesamtausgabe, die erste gründliche und vorurteilslose Beurteilung der Graßmann'schen Arbeiten gefunden, im Gegensatz zu einer Anzahl früherer kurz und allgemein absprechender Urteile, die auf ungenügender Kenntnis dieser Arbeiten beruhten. ... Ihre eigenen mühevollen Arbeiten und Ihre erfolgreiche Klarstellung der Beziehungen, welche zwischen den Graßmann'schen Arbeiten und den übrigen neueren Ergebnissen und Methoden bestehen, erkenne ich um so freudiger an, da sie einer Forderung gerecht werden, die ich selbst als notwendig anerkannt habe, ohne doch ... ihr selbst genügen zu können."

Noch während der Entstehung der Graßmann-Ausgabe begann ENGEL, intensive historische Studien zur Entwicklung der nichteuklidischen Geometrie zu treiben. Zusammen mit seinem Freund PAUL STÄCKEL (1862-1919) gab er 1895 ein später viel benutztes Standardwerk „Die Theorie der Parallellinien von Euklid bis auf Gauß. Eine Urkundensammlung zur Vorgeschichte der nichteuklidischen Geometrie" im Teubner-Verlag heraus. Zwei Jahre später ergänzten die beiden Autoren diese Quellensammlung durch den Beitrag „Gauß, die beiden Bolyai und die nichteuklidische Geometrie". 1895 veröffentlichte ENGEL in den Abhandlungen zur Geschichte der mathematischen Wissenschaften seine Übersetzung einer in Russisch gehaltenen Festrede von A. WASSILJEW über LOBATSCHEWSKI. Ferner wies er in drei Untersuchungen, deren erste in russischer Sprache verfaßt war, in den Jahren 1897 und 1898 nach, wie aus gewissen, von LOBATSCHEWSKI angegebenen Formeln die Bolyaische Parallelenkonstruktion gewonnen werden kann. Und 1898/99 edierte ENGEL in den beiden Teilen eines fast 500 Seiten starken Bandes zwei bisher nur russisch vorliegende Arbeiten LOBATSCHEWSKIS („Über die Anfangsgründe der Geometrie", „Neue Anfangsgründe der Geometrie mit einer vollständigen Theorie der Parallellinien") in deutscher Übersetzung, die er noch durch einen Kommentar und durch eine umfangreiche Biographie des großen Kasaner Mathematikers ergänzte. Seine damaligen sowie zwei spätere Arbeiten, die Leben und Werk LOBATSCHEWSKIS zum Gegenstand hatten, brachten ihn nicht nur in eine enge und dauerhafte Beziehung zur russischen Mathematik, sondern machten ihn auch international bekannt. So war bezeichnenderweise die Kaiserliche Akademie der Wissenschaften zu St. Petersburg die zweite wissenschaftliche Sozietät, deren Mitglied ENGEL wurde.

Am 6. Februar 1899 ernannte das sächsische Kultusministerium ENGEL zum ordentlichen Honorarprofessor. Er erhielt nun endlich durch das großherzige Verhalten ADOLPH MAYERS, der auf eine Besoldungserhöhung zugunsten des lange benachteiligten Kollegen verzichtete, ein angemessenes Gehalt, hatte aber weder Sitz noch Stimme in der philosophischen Fakultät. Das plötzliche Ende seiner ökonomischen Schwierigkeiten bewirkte vielleicht auch, daß der inzwischen Siebenunddreißigjährige genau zwei Monate nach der ministeriellen Entscheidung CAROLINE IBBEKEN (geb. 1864) heiratete. Das einzige Kind, die 1903 geborene Tochter Minna, verstarb nach langer Krankheit schon im Jahre 1922.

Erst 1904 wurde ENGEL ordentlicher Professor. Durch die Berufung EDUARD STUDYS nach Bonn war dessen Lehrstuhl in Greifswald vakant geworden. Der persönliche Einsatz STUDYS für seinen Leipziger Freund und die verdienstvolle Herausgeberschaft der Werke HERMANN GRASSMANNS trugen wesentlich dazu bei, daß ENGEL das Ordinariat der pommerschen Universität erhielt. Vom Sommersemester 1904 bis zum Wintersemester 1912/13 wirkte er nun in Greifswald. 1913 folgte ENGEL einem Ruf an die Ludwigs-Universität in Gießen. Hier lehrte er am mathematischen Seminar bis zu seiner Emeritierung im Jahre 1931.

1913 und 1914 gab ENGEL zusammen mit LUDWIG SCHLESINGER im Rahmen der Leonhard-Euler-Gesamtausgabe die Eulerschen Beiträge über Differentialgleichungen heraus.

Nachdem er nun 20 Jahre lang den Schöpfungen verschiedener Mathematiker seine enorme Arbeitskraft und seinen unermüdlichen Fleiß gewidmet hatte, wandte sich ENGEL wieder hauptsächlich der Ideenwelt SOPHUS LIES zu.

Schon kurz nach dem Tode LIES hatte die Kristianiaer Gesellschaft der Wissenschaften die Herausgabe aller seiner Abhandlungen geplant. Es konnten jedoch die notwendigen Mittel dafür nicht beschafft werden. Von diesem Plan erfuhr ENGEL 1902 durch GUSTAV STORM, einen engen Freund LIES, der damals Generalsekretär der Kristianiaer Gesellschaft der Wissenschaften war. Als kurze Zeit darauf STORM starb, geriet das Vorhaben in den wissenschaftlichen Kreisen Norwegens in Vergessenheit. Deshalb nahm sich ENGEL nun der Angelegenheit an. Als persönlicher Schüler LIES und Mitautor der „Theorie der Transformationsgruppen" besaß er das Vertrauen der Angehörigen LIES, der Fachgenossen und des Verlages B.G. TEUBNER. Aber alle Versuche der Angehörigen und des Verlages, die nötigen finanziellen Mittel für die Herausgabe zu beschaffen, scheiterten zunächst. Erst als 1912 die mathematisch-physische Klasse der Königlich-Sächsischen Gesellschaft der Wissenschaften zu Leipzig die unter ENGELS Leitung geplante Ausgabe unterstützte, konnte der Verlag es wagen, eine Subskription zu eröffnen. Obwohl die Angehörigen LIES und die Kristianiaer Gesellschaft der Wissenschaften das Unternehmen voll unterstützten, hatten bis 1913 die Zeichnungen die notwendige Mindestzahl nicht erreicht. Erst als ENGEL, der beide Sprachen Norwegens (Riksmaal und Landsmål) fließend beherrschte, seinen Artikel „Sophus Lies samlede Afhandlinger" in der Kristianiaer Tageszeitung Tidens Tegn veröffentlicht hatte, kam es zu einer größeren Anzahl von Einzelzeichnungen skandinavischer Mathematiker. Dieser Appell in der Presse hatte ferner bewirkt, daß auch das norwegische Parlament eine nennenswerte finanzielle Unterstützung bewilligte. Nun konnte die Teubnersche Druckerei mit dem Satz von Band 3, der die Ausgabe eröffnen sollte, beginnen. Die Niederlage des Deutschen Kaiserreiches im I. Weltkrieg und deren wirtschaftliche Folgen, insbesondere die Inflation, stellte das ganze Unternehmen wiederum in Frage. Deshalb richtete der Norwegische Mathematische Verein, gestützt auf die Gutachten solcher bedeutender Geometer wie BÄCKLUND, BIANCHI, HJELMSLEV, KLEIN, STUDY, VEBLEN und VESSIOT einen Antrag auf Unterstützung an die Verwaltung des vom Parlament in Kristiania bewilligten Forschungsfonds von 1919. Der Antrag wurde genehmigt, und der Verein erhielt die finanziellen Mittel, vom Verlag B.G. TEUBNER alles zu erwerben, was vom 3. Band fertiggestellt war. So ging die Herausgabe der Abhandlungen LIES in norwegische Hände über. An die Seite des Herausgebers FRIEDRICH ENGEL trat POUL HEEGAARD, an die Seite von B.G. TEUBNER die norwegische Verlagsbuchhandlung H. ASCHEHOUG & Co. Nach nun zwanzigjähriger Vorbereitung erschien 1922 als erster Band der Gesammelten Abhandlungen von SOPHUS LIE der dritte. Im darin enthaltenen Vorwort äußerte sich ENGEL über seine Herausgeberschaft mit folgenden bekenntnishaften Sätzen [LIE 1922-1960, Bd. 3, S. IX]:

„Ohne mich der Überhebung schuldig zu machen, durfte ich mir sagen, daß zwar vielleicht ein anderer es besser machen könnte, daß aber keiner es besser machen würde als ich. Daß ich durch Übernahme der Arbeit auf viele Jahre vollständig in Anspruch genommen sein und nicht zu eigenen Arbeiten kommen würde, dieses Bedenken mußte vollständig zurücktreten, weil ich es als meine Pflicht ansah, Lies wissenschaftliches Erbe den Mathematikern zu erhalten und zugänglich zu machen, und weil sich mir auf diese Weise zugleich die Möglichkeit bot, einen Teil der Dankesschuld abzutragen, zu der ich mich Lie gegenüber zeitlebens verpflichtet fühlte. Nachdem ich einmal neun Jahre meines Lebens der Theorie der Transformationsgruppen gewidmet hatte, durfte ich nicht schwanken, ob ich die neue Aufgabe übernehmen sollte, denn ‚nichts halb zu tun, ist guter Geister Art‘."

Die sechsbändige Ausgabe, deren Hauptlast ENGEL mit einer unermüdlichen Hingabe trug, wurde erst 1937 abgeschlossen.

Das Verständnis der mathematischen Schöpfungen LIES wird wesentlich durch die von ENGEL hinzugefügten Anmerkungen, deren Umfang allein 1405 Seiten beträgt, gefördert. Sie erläutern die z. T. schwer lesbaren Abhandlungen mit großer Genauigkeit, geben die Ideen LIES in neuer Form wieder, wo das erforderlich scheint, oder gehen den ursprünglichen Gedankengängen nach, wo diese von ihrem Schöpfer selbst aus irgendeinem Grunde anders - meist in analytischer Gestalt - ausgeführt worden sind. Die Anmerkungen verweisen auf Parallelstellen, sie geben Zitate von älteren und neueren Publikationen an, die mit der Arbeit LIES zusammenhängen. Sie enthalten ferner geschichtliche Angaben, belegt durch Aufzeichnungen von LIE selbst oder durch seinen Briefwechsel mit KLEIN und MAYER. Dieser ganze kommentierende Apparat ist wiederum in sich vorzüglich geordnet. In einem Verzeichnis der Briefe und Schriftstücke, auf die Bezug genommen wird, findet man alle Briefe von LIE, an LIE und handschriftliche Zeugnisse von LIE selbst angeführt. Dazu kommt ein Namen- und ein ausführliches Sachregister. Ferner enthält Band 5 eine Zusammenstellung, die die infinitesimalen Transformationen aller Gruppen der Ebene und zu jeder Gruppe die Zitate aller Publikationen LIES angibt, in denen auf diese Gruppe Bezug genommen wird.

So konnte GERHARD KOWALEWSKI als bedeutender Schüler von LIE und ENGEL über die Gesammelten Abhandlungen SOPHUS LIES 1950 folgendes schreiben [KOWALEWSKI 1950, S. 90-91]:

„Ein schönes Denkmal ist ihm durch die Herausgabe seiner gesammelten Abhandlungen gesetzt worden, die Engel und Heegaard bearbeitet haben. Engel hat durch umfangreiche Anmerkungen dafür gesorgt, daß dem Leser der Inhalt der Lieschen Arbeiten voll erschlossen wird. Jede Dunkelheit ist durch ihn geklärt worden, was in vielen Fällen schwerste Arbeit erforderte. Noch nie hat man die Werke eines großen Mathematikers in so vollkommener Weise herausgegeben. Es war gut, daß Engel diese gewaltige Aufgabe ganz allein erledigte, obwohl zum Beispiel Scheffers sicher wertvolle Hilfe hätte leisten können. Dadurch ist in die Ausgabe eine klare und einheitliche Linie hineingekommen. Es war Engel vergönnt, die große Arbeit, die ihn über zwanzig Jahre hindurch in Anspruch nahm, im wesentlichen zu Ende zu bringen."

Ein siebenter Band, den ENGEL aus dem Nachlaß LIES zusammenstellte, wurde von ihm 1938 abgeschlossen. EGON ULLRICH, ein Gießener Kollege, rettete das Manuskript dieses Nachlaßbandes über die Wirren des II. Weltkrieges hinweg. Er kam mit einer Weglassung, die den Prioritätsstreit zwischen LIE und KLEIN betraf, erst 1960, fast 20 Jahre nach ENGELS Tod, heraus.

Noch während der Arbeit an den Gesammelten Abhandlungen vollbrachte ENGEL zwei weitere Taten, die der Verbreitung der Lieschen Ideen unter den Mathematikern dienten. 1930 erschien ein Neudruck der „Theorie der Transformationsgruppen", der von ihm mit Berichtigungen und Zusätzen versehen worden war. (Diese Ausgabe wurde 1971 in den USA unverändert nachgedruckt.) Zwei Jahre später gab ENGEL zusammen mit KARL FABER das Werk „Die Liesche Theorie der partiellen Differentialgleichungen erster Ordnung" bei B.G. TEUBNER heraus. Über seine Behandlung dieses Gegenstandes hatte LIE ab 1872 eine Vielzahl von Abhandlungen veröffentlicht. Als er 1876 die Entdeckung der Integrationsvereinfachungen durch bekannte infinitesimale Transformationen gemacht hatte, war in ihm der Plan entstanden, ein Werk über Berührungstransformationen und partielle Differentialgleichungen erster Ordnung zu schreiben. Obwohl sich LIE schon über die Verteilung des Stoffes im klaren gewesen war, kam sein Projekt über äußerst fragmentarische Anfänge nicht hinaus. Dies lag an FELIX HAUSDORFFS Weigerung, das Werk zu bearbeiten. Erst als sich ENGEL dieses Fragmentes annahm, wurde es durch ihn und seinen Schüler FABER, der diese Liesche Theorie aus den Vorlesungen des Lehrers kannte, vollendet. In der Einführung zum Buch beschrieb ENGEL die beiden Hauptanliegen so [ENGEL und FABER 1932, S. V]: „Bei der Herausgabe der Lieschen Abhandlungen habe ich die Arbeiten über die partiellen Differentialgleichungen erster Ordnung immer und immer wieder durchgearbeitet und dann auch die Liesche Theorie wiederholt in Vorlesungen vorgetragen. Ich glaube daher, jetzt diese Theorie in einer Form darstellen zu können, bei der Lies ursprüngliche Gedankengänge zu ihrem Rechte kommen, während zugleich das analytische Gewand in höherem Maße den Anforderungen entspricht, die man heutzutage an Eleganz und Strenge zu stellen gewöhnt ist."

1938 erwies ENGEL LIE seinen letzten Dienst. In der Sitzung der Sächsischen Akademie der Wissenschaften zu Leipzig vom 7. November trug der fast Siebenundsiebzigjährige „Über Lies Invariantentheorie der endlichen kontinuierlichen Gruppen" vor. Im Jahre 1908 war von STUDY, der die algebraische Invariantentheorie vorzüglich beherrschte, im Jahresbericht der Deutschen Mathematiker-Vereinigung die Arbeit „Kritische Betrachtungen über Lies Invariantentheorie der endlichen kontinuierlichen Gruppen" veröffentlicht worden. (Sie ist im vorliegenden Band als vierte Abhandlung abgedruckt.) Er wies darin nach, daß LIE die Tragweite seiner diesbezüglichen Ideen überschätzt hatte. ENGEL antwortete damals dem Freunde (vgl. Abhandlung 5 in diesem Band), daß er sich bemühen werde, die aufgezeigten Mängel zu bereinigen. Durch die Herausgabe der Gesammelten Abhandlungen kannte ENGEL alle zur Thematik gehörenden Arbeiten des Norwegers ganz genau. So gab er im Vorwort des 1927 erschienenen 6. Bandes einen ausführlichen Überblick über LIES Transformations- und Invariantentheorie sowie deren Verwertungen für die Integration von Differentialgleichungen. (Das Vorwort ist in diesem Band als sechste Abhandlung abgedruckt.) ENGEL war durch seine profunde Kenntnis aller einschlägigen Abhandlungen LIES klar, daß man nur den dort verwendeten Invariantenbegriff genügend verschärfen mußte, um LIES Invariantentheorie vollständig in Ordnung zu bringen. Dies tat er dann auch 30 Jahre nach der Studyschen Kritik in seinem Akademievortrag. (Er ist in diesem Band als letzte Abhandlung abgedruckt.)

ENGELS eigenes mathematisches Wirken fand Ausdruck in etwa hundert Publikationen, die in den verschiedensten Fachzeitschriften veröffentlicht wurden. Ein Teil beschäftigte sich damit, die Theorien LIES zu vertiefen und weiterzuführen. So behandelte er das Pfaffsche Problem und Systeme Pfaffscher Gleichungen, Elementvereine und höhere Differentialquotienten, partielle Differentialgleichungen erster Ordnung und insbesondere die Invariantentheorie der Differentialgleichungen, der Berührungstransformationen und der endlichen kontinuierlichen Gruppen. Ferner befaßte sich ENGEL mit der Differentialgeometrie, wo er gewisse Ideen für die Flächentheorie und die Integration der Differentialgleichungen verwertete. In das Gebiet der mathematischen Physik fiel seine bedeutende Arbeit von 1916 „Über die zehn allgemeinen Integrale der klassischen Mechanik". Hier zeigte ENGEL, wie diese Integrale mittels der Lieschen Theorie aufgestellt werden können, wenn man berücksichtigt, daß die Differentialgleichungen der klassischen Mechanik die Galilei-Gruppe gestatten. Diese Gedanken wurden noch einmal im letzten Kapitel des Werkes „Die Liesche Theorie der partiellen Differentialgleichungen erster Ordnung" von 1932 ausgeführt. Weiterhin betreute ENGEL mehr als vierzig Doktorarbeiten.

Sein letzter wissenschaftlicher Vortrag trug den Titel „Der Sprachenkampf in Norwegen". Er erschien 1938 in den Nachrichten der Gießener Hochschulgesellschaft. Durch den Aufenthalt in Kristiania von 1884/85 war ENGEL Norwegen zur zweiten Heimat geworden. So kam es, daß er mit Riksmaal und Landsmål, den beiden Sprachen dieses skandinavischen Landes, sowie den Eigentümlichkeiten des Sprachenkampfes so vertraut war, daß er als Außenstehender mit seiner Sachkenntnis eine objektive Beurteilung vornehmen konnte, die ebenso von Germanisten wie von Norwegern anerkannt wurde.

Am 30. Januar 1933 berief der Reichspräsident PAUL VON HINDENBURG ADOLF HITLER zum Reichskanzler. Mit diesem verhängnisvollen Schritt war die Machtergreifung HITLERS und seiner NSDAP vollzogen und Deutschland einer zwölfjährigen blutigen Tyrannei ausgeliefert. ENGEL als redlicher und religiöser Mensch, dessen politischer Standpunkt als der eines nationalgesinnten Wertkonservativen beschrieben werden könnte, stand dem sogenannten „Tausendjährigen Reich" ablehnend gegenüber. Als Mitglied des Gießener Kirchenvorstandes hielt er im Kirchenkampf treu zur Bekennenden Kirche. Der Beginn des II. Weltkrieges und die Annexion Norwegens durch Hitler-Deutschland im April 1940 trafen ihn schwer.

Nach kurzer Krankheit verstarb FRIEDRICH ENGEL am 29. September 1941 in Gießen. Kennzeichnend für die damalige Zeit war, daß kein Nekrolog auf ihn in Deutschland erschienen ist. Nur sein norwegischer Freund POUL HEEGAARD, mit dem er zusammen die Gesammelten Abhandlungen von SOPHUS LIE herausgegeben hatte, widmete ihm noch 1941 in der Norsk Matematisk Tideskrift einen Nachruf. Als Gießen 1944 durch den Luftkrieg zu zwei Dritteln zerstört wurde, fielen auch ENGELS Heim am Ludwigsplatz 9 und seine Wirkungsstätte, das mathematische Seminar der Universität, den Bomben zum Opfer. Erst 1945 nach Kriegsende erschien der von KARL FABER und EGON ULLRICH herausgegebene, maschinenschriftlich vervielfältigte Gedenkband für FRIEDRICH ENGEL.

GERHARD KOWALEWSKI als Schüler von LIE und ENGEL schrieb 1950 über den letzteren, dem er zum 70. Geburtstag sein bedeutendes Werk „Einführung in die Theorie der kontinuierlichen Gruppen" gewidmet hatte [KOWALEWSKI 1950, S. 52-53]:
„Er war ein Mathematiker von großem Format. Ich kann es nicht ganz billigen, wenn man im Gießener Gedenkband für Friedrich Engel sagt:,Engel war gewiß keines von den seltenen Genies unserer Wissenschaft.' Ich schätze ihn, und, wie ich glaube, mit Recht, doch wesentlich höher ein. Mein Nachruf auf Engel, den ich in einer Sitzung der Leipziger Akademie

halten sollte, ist vorläufig aufgeschoben worden, wird aber hoffentlich einmal nachgeholt werden können."

Dieser Nekrolog wurde wegen des tragischen Nachkriegsschicksals von GERHARD KOWALEWSKI, der am 21. Februar 1950 verstarb, nie gehalten [vgl. Universitätsarchiv Regensburg, Personalakt Professor Dr. GERHARD KOWALEWSKI]. Vielleicht gelingt es, diese wertvolle Darstellung von ENGELS Leben und Wirken aus berufener Feder doch noch zum Druck zu bringen.

Eduard Study (1862-1930)

EDUARD STUDY wurde am 23. März 1862 in Coburg geboren. Sein Vater wirkte als Studienprofessor am dortigen Gymnasium und unterrichtete die Fächer Griechisch, Latein, Deutsch und Geschichte. Bereits am 13. August 1866 verstarb EDUARD STUDYS Mutter an Tuberkulose, und 1872 erlag seine Stiefmutter der gleichen Krankheit. Der Vater blieb nun Witwer und wurde so die dominierende Bezugsperson für das Einzelkind.

Von 1868 bis 1880 besuchte EDUARD STUDY in Coburg die Schule. Innerlich vereinsamt und vom Gymnasium unterfordert, wandte sich der Hochbegabte mit Billigung und Unterstützung des Vaters in der Freizeit ganz seinen vielfältigen Interessen zu. So baute STUDY als Zwölfjähriger eine Schmetterlingsbrutmaschine. Später sammelte er Schnecken, Muscheln und seltene Farne. Einen Großteil seiner reichhaltigen Funde überließ der junge Forscher dem heimatkundlichen Museum in Coburg. Noch während der Schulzeit entstand die erste Veröffentlichung, deren Gegenstand die Schneckenfauna der engeren Heimat war. Neben der Biologie galt STUDYS Interesse hauptsächlich der Mathematik. Er las bereits gegen Ende der Gymnasialjahre schwierige Originalarbeiten und war wahrscheinlich schon mit GRASSMANNS Werken zur Ausdehnungslehre so vertraut, daß er auf diesem Gebiet eigenständige Untersuchungen durchführen konnte.

Ab Ostern 1880 trieb STUDY an den Universitäten Jena, Straßburg und Leipzig sowie am Polytechnikum München anfangs vorzugsweise naturwissenschaftliche, insbesondere biologische, später hauptsächlich mathematische Studien. Vermutlich wurde Jena als erste Station gewählt, weil dort der Biologe ERNST HAECKEL (1834-1919) wirkte und weil die Entscheidung zwischen Biologie und Mathematik noch nicht gefallen war. Von allen seinen akademischen Lehrern hinterließ HAECKEL bei STUDY den stärksten Eindruck. So scheinen auch dessen Vorlesungen die einzigen gewesen zu sein, die der Autodidakt während seines Studiums regelmäßig besuchte. Trotzdem entschied sich STUDY für die Mathematik. In Straßburg wandte er sich der dort von THEODOR REYE vertretenen synthetischen Geometrie zu, an der er trotz vieler späterer anderer Anregungen das Interesse nie verlieren sollte. Seit Beginn des Wintersemesters 1881/82 war STUDY in Leipzig, wo er zwei Jahre verweilte. 1882 erschien in der Zeitschrift für Mathematik und Physik seine erste mathematische Publikation. Diese Arbeit mit dem Titel „Ueber Distanzrelationen", die schon invariantentheoretischen Inhalts war, ist wahrscheinlich noch während der Schulzeit entstanden. In Leipzig traf STUDY erstmals auf Felix KLEIN, zu dem sich im Laufe der Jahre ein sehr gespanntes Verhältnis entwickelte. Zunächst war der Ältere aber ein Förderer und Anreger für ihn. So lernte der Jüngere z. B. KLEINS „Erlanger Programm" kennen und - wie spätere schriftliche Äußerungen bezeugen - auch schätzen. Nach einem erneuten Aufenthalt in

Straßburg ging Study nach München, wo er 1884 am dortigen Polytechnikum das Studium beendete, ohne ein Staatsexamen abgelegt zu haben. Dafür bearbeitete er aber eine von seiner Hochschule gestellte anspruchsvolle mathematische Preisaufgabe erfolgreich. Am 22. Juli 1884 absolvierte Study ein Examen rigorosum an der Universität München mit Auszeichnung, und vier Tage später promovierte er dort mit dem selbstgewählten Thema „Über die Maßbestimmung extensiver Größen". Schon damals formulierte er in der sechsten seiner dreizehn Doktorthesen das Ziel, das von ihm zeitlebens konsequent verfolgt wurde, mit den Worten [Engel 1930, S. 140]:„Man sollte weniger danach streben, die Grenzen der mathematischen Wissenschaften zu erweitern, als vielmehr danach, den bereits vorhandenen Stoff aus umfassenderen Gesichtspunkten zu betrachten."

Seit dem Winter 1884 war Study wieder in Leipzig. Er legte hier die Prüfung für die Kandidaten des höheren Schulamtes ab und nahm am mathematischen Kolloquium von Felix Klein teil. Dieser veranlaßte Study, für die angestrebte Habilitation die Gültigkeit des Schubertschen Prinzips von der Erhaltung der Anzahl[1] in der algebraischen Geometrie zu beweisen, ein Problem, das bezeichnenderweise erst 1929 durch van der Waerden eine befriedigende Lösung fand.

So war es nicht verwunderlich, daß Study 1884/85 nach vielen ergebnislosen Versuchen zu der Überzeugung kam, daß das Schubertsche Prinzip in allgemeiner Fassung überhaupt nicht existiere. Er beschränkte sich daher auf einen algebraisch streng faßbaren Sonderfall, dessen theoretisches Umfeld ihm seit den Vorbereitungen auf das nicht absolvierte Staatsexamen vertraut war. Im Frühjahr 1885 legte Study als Habilitationsschrift die Abhandlung „Ueber die Geometrie der Kegelschnitte, insbesondere deren Charakteristikenproblem" vor. Klein zeigte sich in seinem Gutachten mit dem erzielten Resultat zufrieden, während Study verärgert war, daß ihn dieser zu einer so unfruchtbaren Arbeit veranlaßt hatte. Am 3. August 1885 fand das Kolloquium erfolgreich statt, und am 27. Oktober folgte die Probevorlesung „Ueber die rationalen Curven". Damit waren alle geforderten Leistungen für die Habilitation erbracht, und Study konnte nun als Privatdozent an der Alma mater Lipsiensis wirken. Er las in seiner Leipziger Zeit über Fouriersche Reihen und Fouriersche Integrale, über höhere Algebra und deren geometrische Anwendungen sowie über Ausdehnungslehre und Quaternionentheorie.

Die Vorgänge um die Habilitation trübten Studys Beziehungen zu Felix Klein. Hier wurde der große Unterschied beider Charaktere, der die Ursache für die sich entwickelnden Spannungen abgab, erstmals offensichtlich. Der Mathematiker Wolfgang Krull, der Klein noch persönlich kannte, gab die folgende treffende Einschätzung [Krull 1970, S. 28]:

„Daß Study als Student und Privatdozent in Leipzig zu einem Mann von so dominierendem Charakter, wie es Klein in jüngeren Jahren sicher war, innerlich in Opposition treten mußte, war eigentlich selbstverständlich; denn Study ging seine geistige Selbständigkeit über alles. Dazu kam aber noch, und das war der entscheidende Punkt, die Verschiedenheit der Forscherpersönlichkeiten. Klein als Mathematiker war gekennzeichnet durch einen genialen

---

[1] Dieses Prinzip war von dem Mathematiker Hermann Schubert (1848-1911) aufgestellt worden und hat zum einen als Lehrsatz,zum anderen als Forschungsmethode eine große Bedeutung für die abzählende Geometrie, wo die Anzahl von geometrischen Gebilden, die gewisse Bedingungen erfüllen, zu bestimmen ist, B.F.

Weitblick, der immer wieder neue Zusammenhänge im Großen erfaßte, der aber beeinträchtigt wurde durch eine ausgesprochene Nahblindheit. Man kann überspitzt sagen, daß Klein des Sinnes für einen strengen mathematischen Beweis durchaus entbehrte. In allzu vielen seiner Arbeiten gelten die entscheidenden Sätze nur für einen höchst vagen 'allgemeinen Fall', wobei es überhaupt unmöglich ist, die Kleinschen Methoden so zu verfeinern, daß auch die ungerechtfertigterweise ausgeschlossenen Spezialfälle miterfaßt werden. Hier mußte Study, der auf logische Sauberkeit das größte Gewicht legte, eine Gefahr für die gesunde Weiterentwicklung der Mathematik sehen, die scharf zu bekämpfen war."

Der reife STUDY formulierte zum Verhältnis zwischen allgemeinem Fall und Spezialfällen in der Geometrie die folgende, für ihn charakteristische Auffassung [STUDY 1916, S. 90]: „Unsere jungen Mathematiker, die sich in Allgemeinheit ihrer Formulierungen nicht genug tun können, sollten sich das gesagt sein lassen. Der Nutzen solcher Zusammenfassungen oft sehr verschiedener Dinge, d.i. die Betonung des deduktiven Charakters unserer Wissenschaft im Gegensatz zu ihrem Inhalt, ist keineswegs immer unzweifelhaft. Hält man aber einmal aus irgendeinem Grunde eine bestimmte Zusammenfassung derart für erwünscht, so sollte man über ein wohldurchdachtes Induktionsmaterial verfügen: Man begibt sich in Gefahren, wenn man einer nicht ausreichend geschulten Logik zu großes Vertrauen schenkt. Die Erfahrung ... kann nur durch systematische Zergliederung der Grundbegriffe, durch Nachdenken über ihre Verkettung und zweckdienliche Gestaltung, durch sorgfältige Ausnutzung aller Hilfsmittel, namentlich der analytischen, erworben werden. Nur auf diese Weise, nicht durch Aneignung bloßer Routine und am wenigsten durch kritiklose Vermehrung der indigesta moles geometrica erhält man einen Einblick in die Schwierigkeiten der Geometrie. Keinen besseren Rat wüßte ich einem angehenden Geometer zu geben als den, seine Kräfte zunächst an einigen der zahlreichen Aufgaben zu üben, die oft (aber niemals gründlich) abgehandelt worden und folglich nach der vorherrschenden Ansicht ,längst erledigt' sind."

Das Jahr 1885 erlangte in STUDYS Leben in mehrfacher Hinsicht Bedeutung. Einerseits belasteten - wie bereits erwähnt - die Vorgänge um die Habilitation sein Verhältnis zu FELIX KLEIN nachhaltig und beeinträchtigten damit die angestrebte akademische Karriere auf Jahre hinaus, andererseits begann die enge, ein Leben lang während Freundschaft zu FRIEDRICH ENGEL, der Ende Juni aus Kristiania zurückgekehrt war. ENGEL äußerte sich über diese Freundschaft mit den Worten [ENGEL 1930, S. 137]: „Es war im Juli 1885 in Leipzig, daß ich Study kennen lernte. ... Wir haben dann bis 1888 vier Semester zusammen verlebt und da fast täglich stundenlang mit einander verkehrt, so daß ich ihn gründlich kennen lernen konnte. Kurz vor unserem Zusammentreffen hatte ich meinen einzigen Bruder verloren und kann wohl sagen, daß mir in Study ein Freund zugeführt worden ist, der einen Bruder vertreten kann."

Und über STUDYS wissenschaftliche Absichten berichtete ENGEL [ENGEL 1930, S. 140]: „Als er sich habilitierte, war sich Study längst darüber klar, daß er in erster Linie Geometer sein wollte, und zwar wollte er hauptsächlich die Geometrie der algebraischen Gebilde in Räumen von beliebiger Dimensionenzahl bearbeiten. Auch über die Art, wie er das tun wollte, war er bereits im reinen. Jede Frage, die er in Angriff nahm, wollte er wirklich erschöpfend erledigen. Es sollte nicht bloß der sogenannte allgemeine Fall behandelt werden, sondern auch jeder einzelne mögliche Sonderfall sollte vollständig ins reine gebracht werden. Kurz, die Frage sollte so beantwortet werden, daß, um mit Gauß zu reden, nihil amplius desiderari possit."

Die Osterferien 1886 verbrachte STUDY in Paris, dem wissenschaftlichen Zentrum Frankreichs, um die dortige mathematische Forschung und ihre Vertreter genauer kennenzulernen. Ein Stipendium der Leipziger Universität ermöglichte dem jungen Privatdozenten diese Bildungsreise. Doch kehrte er aus der französischen Metropole wenig befriedigt zurück, da er den Pariser Mathematikern gegenüber zu einseitig seine damaligen Ansichten geltend gemacht hatte.

Seit dem Sommersemester 1886 wirkte SOPHUS LIE als Nachfolger von Felix KLEIN als Professor der Geometrie an der Alma mater Lipsiensis. STUDY nahm sicher den Weggang von KLEIN mit Erleichterung auf, während LIE, dem er vermutlich abwartend gegenüberstand, damals noch keinen Einfluß auf ihn gehabt zu haben schien. Ansonsten hätte STUDY sicher nicht für das Wintersemester 1886/87 Urlaub zur Anfertigung einer größeren wissenschaftlichen Arbeit genommen. Er plante, ein Buch über ternäre Formen zu schreiben und arbeitete zu Hause in Coburg, verbrachte aber auch einen Monat in Erlangen bei PAUL GORDAN, einem Experten auf dem Gebiet der algebraischen Invariantentheorie. Dieser Aufenthalt war außerordentlich fruchtbar für ihn. So äußerte er im Februar 1887 in einem Brief an ENGEL, daß er in so kurzer Zeit unmöglich mehr hätte lernen können.

Im Juli 1888 habilitierte sich STUDY nach Marburg um, obwohl inzwischen durch ENGELS Vermittlung ein vertrauensvolles Verhältnis zu LIE entstanden war, das bis zum Tod des Norwegers währte [vgl. LIE, SOPHUS fra STUDY, E., Brevs. nr. 289]. STUDYS Weggang von Leipzig hatte zwei Gründe: zum einen erhielt er ein Privatdozentenstipendium, zum anderen hoffte er, an einer preußischen Universität in der akademischen Laufbahn schneller voranzukommen. Diese Hoffnung sollte nicht in Erfüllung gehen. Im Sommer 1893 wurde STUDY nur zum außerordentlichen Professor ohne Gehalt an der Universität Marburg ernannt. GERHARD KOWALEWSKI berichtete offen über die Ursachen, die bewirkt hatten, daß einem so schöpferischen jungen Gelehrten wie STUDY die akademische Anerkennung so lange versagt blieb. Er schrieb [KOWALEWSKI 1950, S. 140]:

„Die Wissenden konnten sich ungefähr denken, welche Hintergründe dieses Studysche Schicksal hatte. Felix Klein war damals in der Mathematik der Königsmacher. Ohne ihn konnte niemand ein mathematisches Ordinariat erlangen, mit seiner Hilfe auch mancher ganz Unbedeutende, ... Study hatte es nicht fertiggebracht, sich mit Felix Klein gut zu stellen. Er war ein Feind alles Bonzentums und jeder Art von Kriecherei. Klein wußte es nur zu gut, daß Study sich nicht vor ihm beugte, und mochte ihn deshalb nicht. Selbstverständlich hat er ihn bei keiner Gelegenheit empfohlen. Wenn dies von anderer Seite geschah, erhob Klein Bedenken, und für Althoff[1] war Klein das Orakel."

Durch den frühen Tod des Vaters im März 1888 erbte STUDY ein kleines Vermögen. Hinzu kam seit Juli sein Marburger Privatdozentenstipendium. Dieser bescheidene ökonomische Rückhalt erlaubte es ihm, an die Gründung einer Familie zu denken. Der noch im Jahre 1888 mit LINA VON LANGSDORFF geschlossenen Ehe entstammte eine Tochter.

---

[1] FRIEDRICH ALTHOFF war anfangs als Vortragender Rat und später als Ministerialdirektor von 1882 bis 1907 im preußischen Kultusministerium für den Ausbau der Universitäten und wissenschaftlichen Einrichtungen zuständig, B.F.

Im September 1889 erschien bei B.G. Teubner in Leipzig Studys erstes Buch - die „Methoden zur Theorie der ternären Formen". Er hatte eigentlich an eine spätere Veröffentlichung gedacht. Über die Gründe, die ihn die ursprünglichen Pläne umstoßen ließen, hatte Study seinem Freund Engel am Anfang des Jahres folgendes geschrieben [Engel 1930, S. 145]:
„Ich war in der letzten Zeit recht niedergedrückt. Alle Leute veröffentlichen schöne Sachen und ich komme ganz ins Hintertreffen. Zudem ist mir auch Einiges weggenommen worden. Da habe ich kurzerhand die beiden ersten Abschnitte meines Buches, die fertig sind, zusammengepackt und an Teubner geschickt. Es wird freilich nur zirka 10 Bogen stark; aber doch etwas abgerundetes."

Um so härter traf es den jungen Gelehrten, daß diese bedeutende Abhandlung bei den Fachgenossen keine Beachtung fand und der Rest der Auflage schließlich makuliert werden mußte. Die Gründe für den Mißerfolg lagen in der extremen logischen Strenge des Aufbaus und der abstrakten Darstellung; beispielsweise hatte Study den Zusammenhang der formalen Entwicklungen mit der projektiven Geometrie als bekannt vorausgesetzt und nicht behandelt. Das traurige Schicksal der Auflage bewirkte, daß ein zweiter, inzwischen vollendeter Teil niemals erscheinen sollte.

So war es nicht verwunderlich, daß Study, der das Englische vollendet beherrschte, mit dem Gedanken spielte, in die USA zu gehen. Solche Überlegungen wurden durch die Einladung zum Internationalen Mathematikerkongreß 1893 in Chicago ausgelöst. Am 8. Juni 1893 schrieb er in diesem Sinne an Engel [Engel 1930, S. 135]:
„Nunmehr ist es beschlossen: Am 20. Juli schon werden die Anker gelichtet, und die Reise geht nach der neuen, und, wenn auch nicht besseren, so doch hoffentlich für mich freundlicheren Welt. Ob ich jemals wiederkommen werden, das ruht im Schoße der Götter."
Zunächst ließ sich in den USA alles vielversprechend an. Zum einen fand Study mit seinen Vorträgen in Chicago und vor der New York Mathematical Society viel Beachtung, zum anderen setzte ein amerikanischer Mathematikprofessor, der ein Sabbatjahr hielt, es durch, daß der junge Deutsche als sein Vertreter an die John Hopkins University in Baltimore berufen wurde. Trotzdem zerschlugen sich Studys Hoffnungen auf eine Professur. Ein Amerikaner jagte ihm eine offene Stelle ab, indem er sich dabei ganz übler Intrigen gegen den redlichen Konkurrenten bediente. Study schrieb hierauf Ende 1893 seinem treuen Freund Engel völlig resigniert [Engel 1930, S. 135]:
„Ich glaube nicht, daß ich es noch lange so allein hier aushalten kann. Mit meiner wissenschaftlichen Tätigkeit ist es wohl für immer vorbei. Ich glaube nicht, daß ich jemals wieder die Fröhlichkeit und Freiheit des Geistes gewinnen werde, die zum Arbeiten nötig ist."
Und als ihn Engel im Februar 1894 aufmuntern wollte, indem er gewisse Aussichten in Bonn andeutete, da erwiderte Study nur [Engel 1930, S. 135]:
„Es wird ja wohl auch dies wieder Schwindel sein, ich mache mir keine Hoffnungen mehr."
Hinzu kam, daß sich Study mit dem Pragmatismus, der seit etwa 1880 in den angelsächsischen Ländern maßgebenden Einfluß gewonnen hatte, nicht abfinden konnte. Schon kurz nach seiner Ankunft in den USA wurde er Zeuge einer charakteristischen Begebenheit, deren inhaltliche Seite für den modernen Wissenschaftsbetrieb leider zu häufig typisch werden sollte. Study erinnerte sich an dieses für ihn nachhaltige Erlebnis in seinem 1914 erschienen Werk „Die realistische Weltansicht und die Lehre vom Raume" im Zusammenhang

mit der Auseinandersetzung mit dem Pragmatismus. Er berichtete dort in einer Fußnote
[Study 1914, S. 28]:„Eine wahre Anekdote: Im Jahre 1893 stand in einer Gesellschaft zu
Chicago ein deutscher Gelehrter in der Nähe eines Reporters, als ein neuer Gast die allge-
meine Aufmerksamkeit auf sich zog. Es entwickelte sich folgendes Gespräch: ‚Who is it?' -
That is Helmholtz. - ‚Who is Helmholtz?' - The famous physicist (etc.) - ‚O I understand,
Edison in a small way.'"

Zu Beginn des Sommersemesters 1894 wurde Study, obwohl er sich keinerlei Hoffnungen
mehr machte, als etatmäßiger Extraordinarius und Nachfolger von Hermann Minkowski an
die Universität Bonn berufen. Im Mai kehrte er aus den USA zurück, und nach Pfingsten
nahm er seine Vorlesungen auf. Erst drei Jahre später erhielt Study im pommerschen
Greifswald, der kleinsten preußischen Universität, ein Ordinariat. Einerseits war er nun der
bisherigen finanziellen Sorgen endlich enthoben, andererseits fühlte er sich als
Mathematiker ziemlich einsam, da es mit seinem Kollegen Thomé kaum fachliche
Berührungspunkte gab. Diese geistige Isolation dauerte bis zum 16. Oktober 1901, dem Tag,
an dem Gerhard Kowalewski das neu errichtete Greifswalder mathematische
Extraordinariat übertragen bekam. Nach dem Tode von Rudolf Lipschitz am 7. Oktober
1903 schlug die Bonner philosophische Fakultät Eduard Study, an den man sich nachhaltig
erinnerte, als dessen Nachfolger vor. Zu Beginn des Sommersemesters 1904 wurde dann
Study als ordentlicher Professor der Mathematik an die Rheinische Friedrich-Wilhelms-
Universität berufen. Hier wirkte er bis zu seiner Emeritierung im Jahre 1927.

1908 lehnte Study den ehrenvollen, aber späten Ruf nach Leipzig ab. Er hatte sich inzwischen in Bonn eingelebt, besaß ein schönes Haus in der Argelander Straße 126, fand
Gefallen an der rheinischen Lebensart und mochte als gesundheitlich Angegriffener das dortige Klima sehr. 1912 wurde er mit dem Geheimratstitel geehrt.

Dem Geometer Study, für den es eine symbolische Bedeutung hatte, daß unter seinen
wissenschaftlichen Vorgängern in Bonn ein Gelehrter wie Julius Plücker gewesen war, gelang es, so bedeutende Mathematiker wie Felix Hausdorff, Gerhard Kowalewski und
Issai Schur als Mitarbeiter und Wilhelm Blaschke, Constantin Carathéodory und
Erhard Schmidt als Privatdozenten an die Rheinische Friedrich-Wilhelms-Universität zu
holen. Es war daher sicherlich nicht übertrieben, wenn Gerhard Kowalewski urteilte
[Kowalewski 1950, S. 144]:„Durch Study gewann Bonn als mathematische Schule ein un-
geheures Ansehen."

Eduard Study publizierte insgesamt 116 mathematische Abhandlungen. Außerdem
hinterließ er 14 Manuskripte, von denen die meisten so umfangreich waren, daß ihre
Veröffentlichung nur als Buch geplant sein konnte. In seinen gedruckten und in seinen
zurückgehaltenen Beiträgen zur Mathematik behandelte Study die Graßmannsche
Ausdehnungslehre, das Prinzip von der Erhaltung der Anzahl, die Grundlagen der algebrai-
schen Invariantentheorie, die Theorie der Abelschen Funktionen, den Zusammenhang zwi-
schen sphärischer Trigonometrie, orthogonalen Substitutionen und elliptischen Funktionen,
Bewegungen und Umlegungen im Raum, die geometrische Invariantentheorie, die
Geometrie der Dynamen, die nichteuklidische Geometrie, die komplexe Geometrie, die
Theorie der konformen Abbildungen, die Differentialgeometrie, die Theorie der

Berührungstransformationen mit besonderer Berücksichtigung von LIES Geraden-Kugel-Transformation, LIES Gruppen- und Invariantentheorie, den Zusammenhang zwischen Transformationsgruppen und komplexen Zahlen sowie die Theorie der Quaternionen und der höheren komplexen Größen. Überblickt man diese Aufzählung, dann wird deutlich, daß STUDY, obwohl er sich als Geometer fühlte, nicht nur ein ungemein schöpferischer, sondern auch ein universeller Gelehrter war, der fast alle Gebiete der Mathematik bearbeitet hat.

Im Gegensatz zu LIE und ENGEL, die viele Doktorarbeiten vergaben, wurden von STUDY nur vierzehn Dissertationen angeregt und vier weitere angenommen. Hierin zeigte sich wohl auch seine kritische Einstellung den Mitmenschen gegenüber und sein Hang zum Einzelgängertum.

Bedeutungsvoll und anregend sind auch STUDYS philosophische und biologische Schriften. In das Gebiet der Philosophie gehören die folgenden Werke: „Die realistische Weltansicht und die Lehre vom Raume. Geometrie, Anschauung und Erfahrung" (1. Auflage 1914, 2. Auflage des ersten Teils 1923), „Das Raumproblem" (1914), „Denken und Darstellung. Logik und Werte, Dingliches und Menschliches in Mathematik und Naturwissenschaften" (1. Auflage 1921, 2. Auflage 1928), „Mathematik und Physik. Eine erkenntnistheoretische Untersuchung" (1923) und „Die angeblichen Antinomien der Mengenlehre" (1929). In diesem Zusammenhang könnte es interessieren, wie der Geometer STUDY in seinem Buch „Die realistische Weltansicht und die Lehre vom Raume" die philosophische Frage nach dem Wesen des Raumes beantwortete. Als kritischer Realist setzte er sich zunächst mit dem Raumbegriff des Idealismus und des Positivismus auseinander, ferner begründete er voller Sarkasmus, daß der Pragmatismus zu dieser wichtigen erkenntnistheoretischen Problematik keinen ernstzunehmenden Beitrag leisten kann. Für STUDY war der uns umgebende physische Raum objektiv, dessen Auffassung aber subjektiv. Er baute den Standpunkt von GAUSS weiter aus, der gemeint hatte, man müsse „in Demut zugeben, daß der Raum auch außerhalb unseres Geistes eine Realität hat, der wir a priori ihre Gesetze nicht vollständig vorschreiben können". Nach STUDY haben wir vom „wahren" physischen Raum zunächst nur unvollkommene Vorstellungen. Durch geeignete Hypothesen würden wir aber versuchen, ihn immer genauer zu erfassen. Diese Hypothesen seien keine bloßen Fiktionen, sondern gewissermaßen Approximationen, die den „wahren" physischen Raum mehr oder weniger gut charakterisieren. Folglich müsse sich die Brauchbarkeit jeder zum Problem vorgebrachten Hypothese im Experiment, d.h. empirisch, erweisen.

Etwa zur gleichen Zeit, als sich STUDY mit der Philosophie intensiv zu beschäftigen begann, traten auch seine biologischen Interessen wieder verstärkt in den Vordergrund. Ganz hatte er diese niemals aufgegeben. So war seine Schmetterlingssammlung ständig gewachsen und schließlich zu einer der größten und besten in Europa geworden. Ihr Umfang und Reichtum ermöglichten es ihm erst, die komplizierten mimetischen Studien zu treiben, die ihn als Entomologen so fesselten. Über die Mimikry, eine Schutzanpassung, bei der ein gut geschütztes Tier, das über eine Warntracht verfügt, von einem ungeschützten Tier anderer Artzugehörigkeit so weitgehend imitiert wird, daß dieses selbst von der Ähnlichkeit profitieren kann, veröffentlichte STUDY die folgenden sehr bedeutsamen Arbeiten: „Die Mimikry als Prüfstein phylogenetischer Theorien" (1919), „Die Gattung Tithorea und ihre Nachahmer" (1920), „Über einige mimetische Fliegen" (1920) und „Neuere Angriffe auf die Selectionstheorie" (postum, 1930). In diesen Publikationen gelang es STUDY, die

Abstammungslehre empirisch durch mimetische Befunde zu stützen. Folglich war für ihn, philosophisch gesehen, diese zentrale biologische Lehre keine Fiktion, sondern eine brauchbare Hypothese.

Hinzu kam Studys enges Verhältnis zu den bildenden Künsten (seine Tochter war eine talentierte Malerin), zur Musik und zur Literatur. Einer seiner Lieblingsautoren war bezeichnenderweise Dostojewski.

Bei dieser Interessenvielfalt verwundert es nicht, daß Study die Entpflichtung 1927 ganz gelassen hinnahm. Hoffte er doch, sich als Emeritus nun voll seinen wissenschaftlichen Vorhaben widmen zu können. Zum einen wollte er ein großes, angefangenes Werk über die Mimikry endlich vollenden, zum anderen hatte er noch weitreichende mathematische Pläne. So begann Study zwei umfangreiche Manuskripte, die „Prolegomena zu einer Philosophie der Mathematik. Der Streit um die Grundlagen der Analysis" und die lehrbuchartige Zusammenfassung seiner wichtigsten Beiträge zur Geometrie „Duale Zahlen, Biquaternionen, Kugelgeometrie". Doch im Sommer 1929 begann bei dem seit einer schweren Operation im Frühjahr 1908 gesundheitlich Angegriffenen eine Krebserkrankung manifest zu werden. Eine erneute, ähnliche Operation, der er sich sofort unterzog, brachte nur kurzzeitige Besserung. Am 6. Januar 1930 erlag Eduard Study in Bonn dem qualvollen Leiden. Die Gedenkfeier der Rheinischen Friedrich-Wilhelms-Universität fand am 8. Februar statt; den Nachruf auf Eduard Study hielt sein langjähriger und treuer Freund Friedrich Engel. Und in Paris im Institut Henri Poincaré gedachte kein Geringerer als Élie Cartan des Verstorbenen. Er schloß mit den Worten [Krull 1970, S. 36]:"Wer Studys Bedeutung für die Geometrie würdigen will, muß nicht nur an die von Study selbst veröffentlichten Arbeiten denken, sondern auch an die Arbeiten anderer, die seinetwegen nicht veröffentlicht wurden."

Oskar Perron gab von seinem Kollegen die folgende, sehr treffende Einschätzung [Perron 1932, S. 74-75]:

„Study ist einer der fruchtbarsten und erfolgreichsten Geometer von scharf ausgeprägter Eigenart. Die meisten seiner Arbeiten sind auf das klar hervortretende Ziel gerichtet, die verschiedenen Teile der Geometrie miteinander und auch mit den anderen mathematischen Disziplinen, Analysis und Algebra, ja sogar mit Mechanik, in Wechselbeziehung zu setzen und alles von einem einheitlichen höheren Standpunkt aus zu betrachten. Dazu war es notwendig, die Geometrie von Irrtümern und Unklarheiten zu befreien und für die geometrische Forschungsmethode dasselbe Maß von logischer Strenge zu fordern, das Weierstrass in der Analysis gefordert und erreicht hatte. Alles Gewesene, das den zu stellenden Ansprüchen nicht genügte, hat Study schonungslos niedergerissen. Aber er erschöpfte sich nicht in unfruchtbarer Kritik; vielmehr hat er gerade durch seine positive Aufbauarbeit der jungen Geometergeneration die Richtung gewiesen..."

Und Gerhard Kowalewski schrieb zwanzig Jahre nach Studys Tod [Kowalewski 1950, S. 143]:

„Er ist als ein großer Erneuerer der Geometrie zu betrachten und als solcher noch nicht genügend gewürdigt worden. Überhaupt hat man Study in unbegreiflicher Kurzsichtigkeit überall beiseite geschoben."

Es soll nun EDUARD STUDYs kritische und fruchtbare Auseinandersetzung mit dem Werk SOPHUS LIES dargestellt werden. Durch eine Auswahl geeigneter Zitate und deren Kommentierung gelingt es, seine Ansatzpunkte, seine Bereinigungen und seine Weiterentwicklungen wesentlicher Zweige der Lieschen Theorien zu dokumentieren.

Etwa neun Jahre vor seinem Tod formulierte STUDY in seiner philosophischen Schrift „Denken und Darstellung" die charakterologisch tiefgründige Passage [STUDY 1921, S. 35]:„Was kann nun diese unsere Auseinandersetzung fruchten? Der Ursprung der kritisierten Ansichten (wie auch der entgegengesetzten) sitzt sicherlich sehr tief - dort, wohin Gründe gar nicht dringen können, im Wesen der Persönlichkeit, im Bereiche des Triebhaften. Welche der dennoch vorgeführten Gründe und Gegengründe der einzelne für entscheidend hält, wird dann davon abhängen, wie der Boden beschaffen ist, in dem sie Wurzel schlagen sollen."

Die erste gedruckte Äußerung STUDYs, die über LIES Werk vorliegt, war 1889 die Rezension des 1. Abschnittes der „Theorie der Transformationsgruppen" in der Zeitschrift für Mathematik und Physik. Sie begann mit den Worten [STUDY 1889, S. 171]:

„Das vorliegende Werk bietet eine zusammenfassende Darstellung einer ausgedehnten Theorie, welche Herr Lie seit einer langen Reihe von Jahren in einer grossen Anzahl einzelner Abhandlungen entwickelt hat, die theils in den Mathematischen Annalen, theils in dem in Christiania erscheinenden Archiv für Mathematik und Naturwissenschaft veröffentlicht sind. Die Unzugänglichkeit der meisten dieser Publicationen, die abgerissene Form mancher von ihnen, endlich auch die Schwierigkeiten, welche sich dem ersten Eindringen entgegenstellen, sind die Ursache gewesen, dass der Inhalt dieser Schriften ungeachtet seines hohen Werthes dem wissenschaftlichen Publicum bis heute fast ganz unbekannt geblieben ist. Denselben Ursachen haben wir es aber auch zu danken, dass der Autor fernab von dem athemlosen Wettlaufen unserer Tage das seltene Glück genoss, seine Gedanken in Ruhe zur Reife bringen, harmonisch gestalten und selbständig ausdenken zu können. So stehen wir denn keinem Lehrbuche gegenüber, welches bereits mehr oder weniger bekannte, dem Zusammenwirken verschiedener Autoren entsprungene Theorien verarbeiten will, um sie in weitere Kreise zu tragen, sondern der Schöpfung eines einzelnen Mannes, einem Originalwerke, das uns von der ersten Seite bis zur letzten fast nur Neues sagt."

Im abschließenden Teil seiner Besprechung äußerte sich STUDY prophetisch [STUDY 1889, S. 189]:

„Die vorstehenden Auseinandersetzungen werden genügen, wenn auch nicht eine Übersicht über den reichen Inhalt des Werkes, so doch wenigstens eine allgemeine Vorstellung von der Art der in ihm behandelten Aufgaben und deren eigenthümliche Auffassungsweise zu geben. ... Möge das Gesagte dazu dienen, auch in weiteren Kreisen den Wunsch nach einer näheren Bekanntschaft mit dem so wichtigen Inhalt des Werkes zu erwecken. Wir glauben nicht zuviel zu sagen mit der Behauptung, dass es wenige Gebiete der mathematischen Wissenschaft geben wird, die nicht durch Aneignung der Grundgedanken der neuen Disciplin eine wesentliche Förderung erfahren könnten."

Dagegen tauchten in der 1897 in den Göttingischen Gelehrten Anzeigen erschienenen Rezension der „Geometrie der Berührungstransformationen. Erster Band" neben lobenden schon sehr kritische Töne auf. STUDY bemerkte scharfsichtig [STUDY 1897, S. 440-442]:

„Auf S. 247 und an anderen Stellen ist von der Gruppe von ∞^{10} Berührungstransformationen die Rede, die jeden Kreis einer Ebene in ‚einen' Kreis überführen. Indessen kann man bemerken, daß schon die infinitesimale Dilatation aus einem Kreis deren zwei hervorgehen läßt. Die Auflösung des Widerspruchs ist natürlich, daß hier das Wort ‚Kreis‘ in einem anderen Sinne genommen wird, als in der elementaren Geometrie und auch in anderem Sinne als an anderen Stellen des Werkes, wo der Kreis definiert ist durch seinen Mittelpunkt und das Quadrat seines Radius. Indessen so einfach liegt die Sache doch nicht, daß über diesen Punkt mit Stillschweigen hinweggegangen werden könnte. Wir wollen hierauf, da es sich um eine principiell wichtige und folgenreiche Unterscheidung handelt, etwas näher eingehen. Unseres Erachtens kann man in der Lieschen Kreis- und Kugelgeometrie nicht wohl auskommen ohne den in Verbindung mit Berührungstransformationen wohl zuerst von Laguerre gebrauchten Begriff der orientierten Curve oder Fläche. ... Wenden wir nun auf die so definierten ‚orientierten‘ Gebilde die besprochene ∞^{10} Berührungstransformationen an, so zeigt sich, daß diese nunmehr eindeutig sind. Dabei erweist sich die eigentliche Berührung als eine invariante Eigenschaft, während die andere (‚uneigentliche‘) Art der Berührung durch diese Transformationen ebenso zerstört wird, wie das Uebereinanderliegen zweier verschiedener orientierter Curven oder zweier Zweige einer und derselben Curve. Diese Begriffsbildungen, die, wie gesagt, im Wesentlichen von Laguerre herrühren, gestatten nun, mehrere der im vorliegenden Werke formulierten Uebertragungsprincipien in einer, wie wir glauben, präciseren Weise zu formulieren.“

1903 widmete STUDY eines seiner Hauptwerke, die über 600 Seiten starke „Geometrie der Dynamen“, dem Andenken von SOPHUS LIE. Trotzdem findet man im Vorwort die folgende, sehr pointierte, aber berechtigte Kritik an LIE [STUDY 1903, S. IX-X]:

„Die Worte also sind ziemlich gleichgültig, die Begriffe aber sollen deutlich umgrenzt sein, verschiedene Begriffe sollen jedenfalls dort, wo Missdeutungen nahe liegen, nicht mit denselben Worten bezeichnet werden, und das Verständniss mathematischer Sätze soll nicht besondere Interpretationskünste erfordern. Es scheint uns, dass man sich in einigen Gebieten der Geometrie von diesen Richtlinien nicht nur ziemlich allgemein, sondern auch sehr weit entfernt hat, und dass diese Gebiete dadurch in einen höchst bedenklichen Zustand gerathen sind. Es ist das ein betrübendes Kapitel. Ein Bedürfnis nach präciser Formulierung geometrischer Sätze scheint von Vielen überhaupt nicht empfunden zu werden, ... Kann man ja auch in vielen Fällen wohl errathen, was 'gemeint' ist, so werden doch in anderen nicht minder zahlreichen besondere Untersuchungen erforderlich sein. Ganze Gruppen von Behauptungen können nur als Probleme gewürdigt werden nach diesem Schema: ‚Wie müssen die Begriffe umgrenzt und die sonstigen Voraussetzungen gefasst werden, damit diese oder jene Classe ungefähr das Richtige treffender Sätze einen deutlichen Sinn und ausserdem einen möglichst umfangreichen Gültigkeitsbereich erhalte?‘ Wenn einmal nicht nur Einzelne, sondern die Mehrzahl der Geometer sich zu der Ansicht entschliessen werden, dass mit der sogenannten Erledigung eines nicht einmal gehörig bezeichneten allgemeinen Falles noch nicht ‚alles Wesentliche‘ gethan ist, und wenn dann das nöthige Reinigungswerk auch auf diesem Gebiete ernsthaft in Angriff genommen werden wird - dann wird man wohl noch öfter eine Vermehrung der zu unterscheidenden Begriffe und also eine Erweiterung des terminologischen Apparats nöthig finden.“

In einer Fußnote auf Seite IX kündigte STUDY das „nöthige Reinigungswerk“ mit den Worten an: „Wir denken diese Art von Ueberlegung demnächst an dem Beispiel von S. Lie's Geometrie der Kreise und Kugeln durchzuführen.“ Seine hierher gehörigen Untersuchungen, die 1916 im wesentlichen abgeschlossen waren, hat er von 1922 bis 1924 in sechs umfangreichen Publikationen unter dem Titel „Über S. Lies Geometrie der Kreise und Kugeln" in den Mathematischen Annalen veröffentlicht. Den Stand, den er bei LIE vorgefunden hatte, charakterisierte STUDY folgendermaßen [STUDY 1924, S. 99]:

„Hätte man sich nämlich nicht mit ganz unvollkommenen Ansätzen begnügt und selbst die zunächst in Betracht kommenden Rechnungen nicht nur stückweise durchgeführt, so hätte man gar nicht übersehen können, daß man mit Übertragung des gewöhnlichen Begriffs der Berührung auf die Kugelgeometrie in ein falsches Geleise geraten war. Aber man hat ja nicht einmal die behauptete Zuordnung der ‚Elemente' (ξ, φ) zu (vermeintlich ebenso beschaffenen) ‚Elementen' des Kugelraumes analytisch auszudrücken versucht. So blieben die Widersprüche unbemerkt, mit denen Lies Theorie durchsetzt ist."

Über seine Herangehensweise bemerkte er [STUDY 1924, S. 99]:

„Und übrigens glaube ich die Meinung vertreten zu können, daß in einer Disziplin wie der Kugelgeometrie die algebraischen Tatsachen den Kern der Sache bilden. Fehlen sie, so schwebt alles in der Luft; bestenfalls ruht es auf Axiomen, die ihrerseits in der Luft schweben. Die Algebra ist aber hinreichend zur Definition aller hier in Betracht kommenden Begriffe, und tatsächlich ist sie uns, wie eben schon angedeutet wurde, auch notwendig, notwendig zur wirklichen Beherrschung so manches Begriffssystems der Geometrie."

Und über das von ihm vollbrachte Reinigungswerk äußerte sich STUDY mit den sehr bemerkenswerten Worten [STUDY 1924, S. 113-114]:

„Freilich braucht man nicht so weitgehende Korrekturen vorzunehmen, wie hier geschehen, um das Überlieferte allenfalls ‚zu retten'. Man kann, wie Lie, zur Not auf alle ‚Orientierung' verzichten und von mehrdeutigen Transformationen reden, man kann z. B. Elemente (x, u) benutzen, und muß dann singuläre Stellen der untersuchten Transformationen konstatieren. Es will mir aber scheinen, daß so eine wesentliche Seite der Sache verloren gehen muß. ... Und überdies werden dann alle weiteren Folgerungen der Theorie bei wirklich korrekter Abfassung derart mit Einschränkungen zu umgeben sein, daß nicht nur ihre Schönheit größtenteils verloren geht, sondern auch ihre Handhabung sehr erschwert wird. Es entspricht nicht dem Geiste der Mathematik, nur die Hilfsmittel benutzen zu wollen, die man zufällig gerade zur Hand hat. Wie die Objekte der Naturwissenschaft, so existieren auch die der Mathematik unabhängig von unserem Willen und unabhängig davon, ob wir sie erkennen oder nicht. Wir sollten also überall versuchen, unsere Gedanken und folglich auch unsere Sprache, die Wortsprache wie die Formelsprache, den Tatsachen anzupassen; nur zum Schaden der Wissenschaft und dann immer auch zu eigenem Schaden können wir es unternehmen, alles, was da ist, in überlieferte und vemeintlich fertige Denk- und Sprachformen hineinzuzwängen."

Aber nicht nur mit LIES Theorie der Berührungstransformationen und seiner damit eng zusammenhängenden Geraden-Kugel-Transformation setzte sich STUDY schöpferisch und bereinigend auseinander, sondern auch mit der Invarianten- und Äquivalenztheorie des Norwegers. LIE selbst hatte STUDY dazu Ende 1896 aufgefordert, als dieser die Abhandlung „Über Bewegungsinvarianten und elementare Geometrie" der Königlich-Sächsischen Gesellschaft der Wissenschaften zur Veröffentlichung in den Leipziger Berichten vorlegte. LIE äußerte damals [LIE 1922-1960, Bd. 6, S. 751-752]:

„Indem ich die wertvolle Note des Herrn Professor Study der Gesellschaft vorlege, erlaube ich mir, an den talentvollen Verfasser die Bitte zu richten, gelegentlich auf die Beziehungen einzugehen, die zwischen Arbeiten stattfinden, die in neuerer Zeit über die

Invariantentheorie einer beliebigen (projektiven) kontinuierlichen Gruppe ausgeführt worden sind. Ich denke hier zunächst an Untersuchungen, die von Maurer, Hilbert, Study und mir selbst herrühren. Nach meiner Ansicht hat meine Theorie der Transformationsgruppen und der Differentialinvarianten die feste und vollständige analytische Grundlage für alle diese Invariantentheorien geliefert. Sie beantwortet ja alle Fragen nach Invarianten, Differentialinvarianten, Differentialparametern, sowie nach den analytischen Kriterien für Äquivalenz innerhalb der Gruppe. Dagegen bin ich nie auf die speziellen und schwierigen, rein algebraischen Fragen eingegangen, die sich hier mit Notwendigkeit stellen und nicht mit meinen Methoden erledigt werden können."

Das Ergebnis der angeregten Untersuchungen war STUDYs wichtige Arbeit „Kritische Betrachtungen über Lies Invariantentheorie der endlichen kontinuierlichen Gruppen", die 1908 im Jahresbericht der Deutschen Mathematiker-Vereinigung erschien. (Sie ist in diesem Band als vierte Abhandlung abgedruckt.) Diese herbe Kritik erhielt ihre positive Wendung in der umfänglichen Note „Zur Differentialgeometrie der analytischen Kurven", die STUDY 1909 in den Transactions of the American Mathematical Society publizierte. Er gab hier eine Grundlegung der metrischen Kurventheorie, eine Klassifikation der Kurven, eine ausführliche Behandlung der singulären Kurven und seine vollständige Lösung des Äquivalenzproblems mit Hilfe metrischer Differentialinvarianten. Da diese Note die für STUDY charakteristische, deutliche persönliche Färbung trug, wurde sie wahrscheinlich niemals gebührend gewürdigt.

1924 fällte der alte STUDY sein abschließendes Urteil über LIE und dessen Werk [STUDY 1924, S. 99]:
„Sophus Lie war mit den Fehlern des Autodidakten behaftet, aber er war auch einer der genialsten Mathematiker, die je gelebt haben. Er besaß etwas, und zwar in größtem Maße, was nie häufig war und jetzt noch seltener geworden ist, eine schöpferische Phantasie. Spätere Generationen werden diesen weitblickenden Geist besser zu würdigen wissen als die gegenwärtige, die am Mathematiker lediglich den Scharfsinn zu schätzen weiß, während der doch überall bemerkbare Zusammenhang von allem mit allem nahezu ganz aus dem Gesichtsfeld entschwunden ist. Und jene Kommenden, ‚a cui man' la face verrà che scorse de la nostre‘, werden auch dies Reinigungswerk vollenden, mit dem hier ein bescheidener Anfang gemacht worden ist. Sie werden der Theorie der Transformationsgruppen in der Wissenschaft den Platz zu sichern wissen, den die Großartigkeit der Anlage verdient."

Abschließend sollen noch einige Bemerkungen zu den Beziehungen zwischen EDUARD STUDY und FRIEDRICH ENGEL folgen. Die beiden verband eine langjährige, tiefe und teilnahmsvolle Freundschaft, bei der die fachliche Seite gegenüber der menschlichen in den Hintergrund trat. ENGEL äußerte sich in seinem Nachruf entsprechend, indem er ausführte [ENGEL 1930, S. 133]:
„Ein Urteil über Studys wissenschaftliche Leistungen abzugeben, das auch vor der Zukunft bestehen kann, dazu ist die Zeit noch nicht gekommen; auch bin ich selber in seinen Arbeiten doch nicht so zu Hause, daß ich sie alle würdigen könnte. Eine bloße Anhäufung rühmender Beiworte ohne nähere Begründung würde mir widerstreben und würde auch ganz und gar nicht im Sinne Studys sein. Bei allem, was ich hier sage, habe ich ja immer das Gefühl, als stehe er neben mir, bereit, mit seiner unerbittlichen Kritik alles zu zerpflücken, was in seinen Augen leeres Gerede ist ohne wirklichen Gehalt und Hintergrund. Ich kann

daher kaum etwas anderes tun, als einige Betrachtungen mitzuteilen, die sich mir bei dem vieljährigen Verkehr mit ihm und bei erneuter Durchsicht seiner Schriften und Briefe aufgedrängt haben, und im übrigen ihn möglichst oft selbst reden zu lassen, indem ich Stellen aus seinen gedruckten Arbeiten und aus seinen Briefen an mich anführe. Es kommt mir vor allen Dingen darauf an, die Ziele zu kennzeichnen, die er in einigen seiner Arbeiten verfolgt hat; diese hat er zum Glück fast immer mit wünschenswerter Deutlichkeit ausgesprochen."

Nur einmal war die Freundschaft ernstlich gefährdet, und zwar, als STUDY die Mängel von LIES Invarianten- und Äquivalenztheorie entdeckte und diese in einer ersten Fassung seiner Kritik zu heftig geißelte. ENGEL erinnerte sich noch im Nekrolog an diese Bewährungsprobe [ENGEL 1930, S. 153-154]:

„So hoch Study das mathematische Genie von Lie stellte, hat er doch noch an einer anderen Lieschen Theorie scharfe Kritik geübt, nämlich an dessen Invarianten- und Äquivalenztheorie. Er legte mir seinerzeit diese Kritik zur Durchsicht vor, ehe er sie veröffentlichte, und wir haben damals eine große Zahl langer, zum Teil sehr erregter Briefe gewechselt. Mit der Fassung, in der seine Kritik schließlich erschienen ist (1908), konnte ich mich im wesentlichen einverstanden erklären. Es ist Tatsache, daß Lie die Tragweite seiner Äquivalenztheorie überschätzt hat, und daß diese meist nur in einem gewissen beschränkten Gebiete ausreicht. Immerhin glaube ich, daß Studys Urteil nicht immer vollständig zutreffend ist, daß er manchmal hinter unklaren Ausdrücken Lies eine Unklarheit des Gedankens wittert, die in Wahrheit nicht vorhanden war."

Der einfühlsame Nachruf von ENGEL auf STUDY schloß mit einer Passage ab, die kurz, aber bezeichnend, die menschliche Seite der Beziehungen zwischen LIE, ENGEL und STUDY beleuchtete. Es hieß dort [ENGEL 1930, S. 155-156]:

„Wer ihn zum Freunde gewonnen hatte, dem war er der treueste, unwandelbare Freund, der keine größere Freude kannte, als dem Freunde eine Freude zu machen. Das kommt mir so recht zum Bewußtsein, während ich ihm die Gedächtnisrede halte, wie ich es vor dreißig Jahren für Lie getan habe. Wohl ist die Trauer tief, daß er uns genommen ist, immer noch viel zu früh, obgleich ihm fast zwölf Jahre mehr vergönnt waren als Lie. Wohl beklagen wir, daß er vieles nicht mehr hat durchführen können, was er vorhatte, aber das ist das Schicksal eines jeden, der abberufen wird, bevor seine Arbeitskraft und Arbeitsfreude erschöpft sind. Halten wir uns daher an das, was er uns gewesen ist, und an alles das, was er für die Wissenschaft geleistet hat. Dann werden wir, mit Wehmut zwar, aber nicht in Trauer, nur in Dankbarkeit seiner gedenken."

Literatur und Archivalien

Zitierte Literatur und zitierte Archivalien

BIERMANN, K.-R.: Die Mathematik und ihre Dozenten an der Berliner Universität 1810-1933. Stationen auf dem Wege eines mathematischen Zentrums von Weltgeltung. Berlin: Akademie-Verlag 1988.

ENGEL, F.: Sophus Lie. Berichte über die Verhandlungen der Königlich-Sächsischen Gesellschaft der Wissenschaften zu Leipzig, Mathematisch-physische Klasse **51** (1899), XI-LXI.

ENGEL, F.: Eduard Study. Jahresbericht der Deutschen Mathematiker-Vereinigung **40** (1930), 133-156.

ENGEL, F.; FABER, K.: Die Liesche Theorie der partiellen Differentialgleichungen erster Ordnung. Leipzig, Berlin: Teubner-Verlag 1932.

FRITZSCHE, B.: Einige Anmerkungen zu Sophus Lies Krankheit. Historia Mathematica **18** (1991), 247-252.

KAUFMANN, E.: Leipzig (Stadt). In: ERSCH, J. S., GRUBER, J. G. (Eds.). Allgemeine Encyklopädie der Wissenschaften und Künste, 2. Section, 43. Theil. Leipzig: F. A. Brockhaus 1889, 28-39.

KOWALEWSKI, G.: Friedrich Engel zum 70. Geburtstage. Forschungen und Fortschritte 7 (1931), 466-467.

KOWALEWSKI, G.: Bestand und Wandel. München: R. Oldenbourg 1950.

KRULL, W.: Eduard Study, 1862-1930. Bonner Universitätsblätter 1970, 25-40.

Leipziger Adreß-Buch für 1887-1898. Leipzig: Alexander Edelmann 1887-1898.

LIE, S.: Gesammelte Abhandlungen, Bd. 3. Leipzig und Kristiania: Teubner-Verlag und H. Aschehoug & Co. 1922.

LIE, S.: Gesammelte Abhandlungen, Bd. 6. Leipzig und Oslo: Teubner-Verlag und H. Aschehoug & Co. 1927.

LIE, S.: Gesammelte Abhandlungen, Bd. 6.1. Leipzig und Oslo: Teubner-Verlag und H. Aschehoug & Co. 1927.

LIE, S.; ENGEL, F.: Theorie der Transformationsgruppen, 1. Abschnitt. Leipzig: Teubner-Verlag 1888.

LIE, S.; ENGEL, F.: Theorie der Transformationsgruppen, 3. Abschnitt. Leipzig: Teubner-Verlag 1893.

NEUMANN, C.; KLEIN, F.; LIE, S.; ENGEL, F.; HAUSDORFF, F.; LIEBMANN, H.; BLASCHKE, W.; LICHTENSTEIN, L.: Leipziger mathematische Antrittsvorlesungen. Auswahl aus den Jahren 1869-1922. BECKERT, H.; PURKERT, W. (Eds.). TEUBNER-ARCHIV zur Mathematik, Bd. 8. Leipzig: Teubner-Verlag 1987.

NOETHER, M.: Sophus Lie. Mathematische Annalen 53 (1900), 1-41.

OSTWALD, W.: Lebenslinien, 2. Teil. Berlin: Klasing & Co. 1927.

PERRON, O.: Eduard Study. Jahrbuch der Bayerischen Akademie der Wissenschaften 1931/32, 74-76.

PURKERT, W.: Zum Verhältnis von Sophus Lie und Friedrich Engel. Wissenschaftliche Zeitschrift der Ernst-Moritz-Arndt-Universität Greifswald, Mathematisch-naturwissenschaftliche Reihe 33 (1984), 29-34.

ROWE, D. E.: Der Briefwechsel Sophus Lie - Felix Klein, eine Einsicht in ihre persönlichen und wissenschaftlichen Beziehungen. NTM - Schriftenreihe für Geschichte der Naturwissenschaften, Technik und Medizin 25 (1988), 37-47.

SCRIBA, C. J.: Friedrich Engel (1861-1941) /Mathematiker. In: GUNDEL, H. G.; MORAW, P.; PRESS, V. (Eds.) Gießener Gelehrte in der ersten Hälfte des 20. Jahrhunderts. Marburg: Elwert 1982, 212-223.

STUDY, E.: Theorie der Transformationsgruppen. I. (Rezension). Zeitschrift für Mathematik und Physik 34 (1889), 171-191.

STUDY, E.: Geometrie der Berührungstransformationen. Erster Band. (Rezension). Göttingische Gelehrte Anzeigen 159 (1897), 436-445.

STUDY, E.: Geometrie der Dynamen. Leipzig: Teubner-Verlag 1903.

STUDY, E.: Die realistische Weltansicht und die Lehre vom Raume. Geometrie, Anschauung und Erfahrung. Braunschweig: Friedr. Vieweg & Sohn 1914.

STUDY, E.: Das Prinzip der Erhaltung der Anzahl. Berichte über die Verhandlungen der Königlich-Sächsischen Gesellschaft der Wissenschaften zu Leipzig, Mathematisch-physische Klasse 68 (1916), 65-90.

STUDY, E.: Denken und Darstellung. Logik und Werte, Dingliches und Menschliches in Mathematik und Naturwissenschaften. Braunschweig: Friedr. Vieweg & Sohn 1921.

STUDY, E.: Über S. Lies Geometrie der Kreise und Kugeln. 4. Fortsetzung. Mathematische Annalen 91 (1924), 82-118.

Universitätsarchiv Leipzig. Personalakte Nr. 436 - FRIEDRICH ENGEL.

Universitätsarchiv Leipzig. Personalakte Nr. 693 - SOPHUS LIE.

Universitätsarchiv Regensburg. Personalakt Professor Dr. GERHARD KOWALEWSKI.

Universitetsbiblioteket i Oslo, Håndskriftsamlingen. LIE, SOPHUS: Verwertung des Gruppenbegriffs für Differentialgleichungen I, Ms.fol. 3839 LIX: 2.

Universitetsbiblioteket i Oslo, Håndskriftsamlingen. LIE, SOPHUS til PICARD, E., Ms.fol. 3839 LXVII: 15.

Universitetsbiblioteket i Oslo, Håndskriftsamlingen. LIE, SOPHUS fra STUDY, E., Brevs.nr. 289.

Universitetsbiblioteket i Oslo, Håndskriftsamlingen. LIE, SOPHUS fra TEUBNER, B[ENEDICTUS] G[OTTHELF] (Firma), Brevs.nr. 1.

Zentrales Staatsarchiv Dresden. Ministerium für Volksbildung, Nr. 10 281/212.

Weitere verwendete Literatur

a) Zu Sophus Lies Leben und Werk

LIE, S.: Gesammelte Abhandlungen. Leipzig und Oslo: Teubner-Verlag und H. Aschehoug & Co. 1922-1960.

LIE, S.; ENGEL, F.: Theorie der Transformationsgruppen, 2. Abschnitt. Leipzig: Teubner-Verlag 1890.

LIE, S.; SCHEFFERS, G.: Vorlesungen über Differentialgleichungen mit bekannten infinitesimalen Transformationen. Leipzig: Teubner-Verlag 1891.

LIE, S.; SCHEFFERS, G.: Vorlesungen über continuierliche Gruppen mit geometrischen und anderen Anwendungen. Leipzig: Teubner-Verlag 1893.

LIE, S.; SCHEFFERS, G.: Geometrie der Berührungstransformationen, Bd. 1. Leipzig: Teubner-Verlag 1896.

CANTOR, M.: Marius Sophus Lie. In: Allgemeine Deutsche Biographie, Bd. 51. Leipzig: Duncker & Humblot 1906, 695-698.

FREUDENTHAL, H.: Marius Sophus Lie. In: Dictionary of Scientific Biography, Vol. 8. New York: Charles Scribner's Sons 1973, 323-327.

JAGLOM, I. M.: Felix Klein und Sophus Lie (russ.). Moskau: Snanie 1977. (Yaglom, I. M.: Felix Klein and Sophus Lie. Boston, Basel, Berlin: Birkhäuser Verlag 1987.)

GÜNTHER, P.: Sophus Lie. In: BECKERT, H.; SCHUMANN, H. (Eds.). 100 Jahre Mathematisches Seminar der Karl-Marx-Universität Leipzig. Berlin: Deutscher Verlag der Wissenschaften 1981, 111-133.

POLIŠČUK, E. M.: Sophus Lie, 1842-1899 (russ.). Leningrad: Nauka 1983.

STRUBECKER, K.: Sophus Lie. In: Neue Deutsche Biographie, Bd. 14. Berlin: Duncker & Humblot 1985, 470-472.

b) Zu Friedrich Engels Leben und Werk

ENGEL, F.: Nachrichten über die Familien Neithart, Schmidt, Meissner, Rüger, Engel, Meinecke, Ibbeken. Greifswald: Julius Abel 1908.

ENGEL, F.: Das Schrifttum der lebenden deutschen Mathematiker. Friedrich Engel. Deutsche Mathematik **3** (1938), 701-719.

ULLRICH, E.: Friedrich Engel. Ein Nachruf. Nachrichten der Gießener Hochschulgesellschaft 1951, 139-154.

BOERNER, H.: Friedrich Engel. In: Neue Deutsche Biographie, Bd. 4. Berlin: Duncker & Humblot 1959, 501-502.

BOERNER, H.: Friedrich Engel. In: Dictionary of Scientific Biography, Vol. 4. New York: Charles Scribner's Sons 1971, 370-371.

KLEIN, F.; MAYER, A.: Korrespondenz Felix Klein - Adolph Mayer. Auswahl aus den Jahren 1871-1907. Tobies, R.; Rowe, D. E. (Eds.). TEUBNER-ARCHIV zur Mathematik, Bd. 14. Leipzig: Teubner-Verlag 1990.

c) Zu Eduard Studys Leben und Werk

Universitätsarchiv Leipzig, Personalakte Nr. 993 - EDUARD STUDY.

STUDY, E.: Ueber Distanzrelationen. Zeitschrift für Mathematik und Physik **27** (1882), 140-159.

STUDY, E.: Methoden zur Theorie der ternären Formen. Leipzig: Teubner-Verlag 1889.

STUDY, E.: Zur Differentialgeometrie der analytischen Kurven. Transactions of the American Mathematical Society **10** (1909), 1-49.

WIMMERS, C.: Ed. Study, ein Mathematiker und Entomologe. Entomologische Zeitschrift **44** (1930), 316-318.

WAWER, G.: Das Realismusproblem im mathematisch-philosophischen Denken Eduard Studys. Würzburg: Triltsch 1933.

WEISS, E. A.: Eduard Study. Ein Nachruf. Sitzungsberichte der Berliner Mathematischen Gesellschaft **29** (1930), 52-77.

WEISS, E. A.: E. Studys mathematische Schriften. Jahresbericht der Deutschen Mathematiker-Vereinigung **43** (1933), 108-124 und 211-225.

WEISS, E. A.: Ahnentafel von Eduard Study. Deutsche Mathematik **1** (1936), 711-715.

KRULL, W.: Das Bonner Mathematische Seminar von 1904 bis 1927. Bonner Universitätsblätter 1970, 40-48.

BURAU, W.: Eduard Study. In: Dictionary of Scientific Biography, Vol. 13. New York: Charles Scribner's Sons 1976, 124-126.

d) Regional- und wissenschaftsgeschichtliche Literatur

KIEFL, F. X.: Leibniz. Mainz: Verlag von Kirchheim & Co. 1913.

FLECKENSTEIN, J. O.: Gottfried Wilhelm Leibniz. Barock und Universalismus. Thun, München: Ott Verlag 1958.

V. FALKENSTEIN, J. P.: Zur Charakteristik König Johann's von Sachsen in seinem Verhältnis zu Wissenschaft und Kunst. Dresden: v. Zahn 1874.

V. FALKENSTEIN, J. P.: Johann, König von Sachsen. Ein Charakterbild. Dresden: Baensch 1879.

FRIEDBERG, E.: Die Universität Leipzig in Vergangenheit und Gegenwart. Leipzig: Veit & Co. 1898.

Verzeichnis der auf der Universität Leipzig zu haltenden Vorlesungen, 1885-1904. Leipzig: Alexander Edelmann 1885-1904.

Personal-Verzeichnis der Universität Leipzig, 1885-1904. Leipzig: Alexander Edelmann 1885-1904.

BECKERT, H.; SCHUMANN, H. (Eds.): 100 Jahre Mathematisches Seminar der Karl-Marx-Universität Leipzig. Berlin: Deutscher Verlag der Wissenschaften 1981.

SCHWABE, K. (Ed.): Festschrift zur Feier des einhundertfünfundzwanzigjährigen Bestehens der Sächsischen Akademie der Wissenschaften zu Leipzig. Berlin: Akademie-Verlag 1974.

* * *

Für Hinweise und Unterstützung bei der Abfassung dieses biographischen Anhangs danke ich Frau REGINA SAAR, Leipzig, Frau Dr. ELIN STRØM, Oslo, Herrn Dr. HANS KÖRNER, München, Herrn Professor WALTER PURKERT, Leipzig, und Herrn Professor DAVID E. ROWE, Mainz, herzlich.

BERND FRITZSCHE

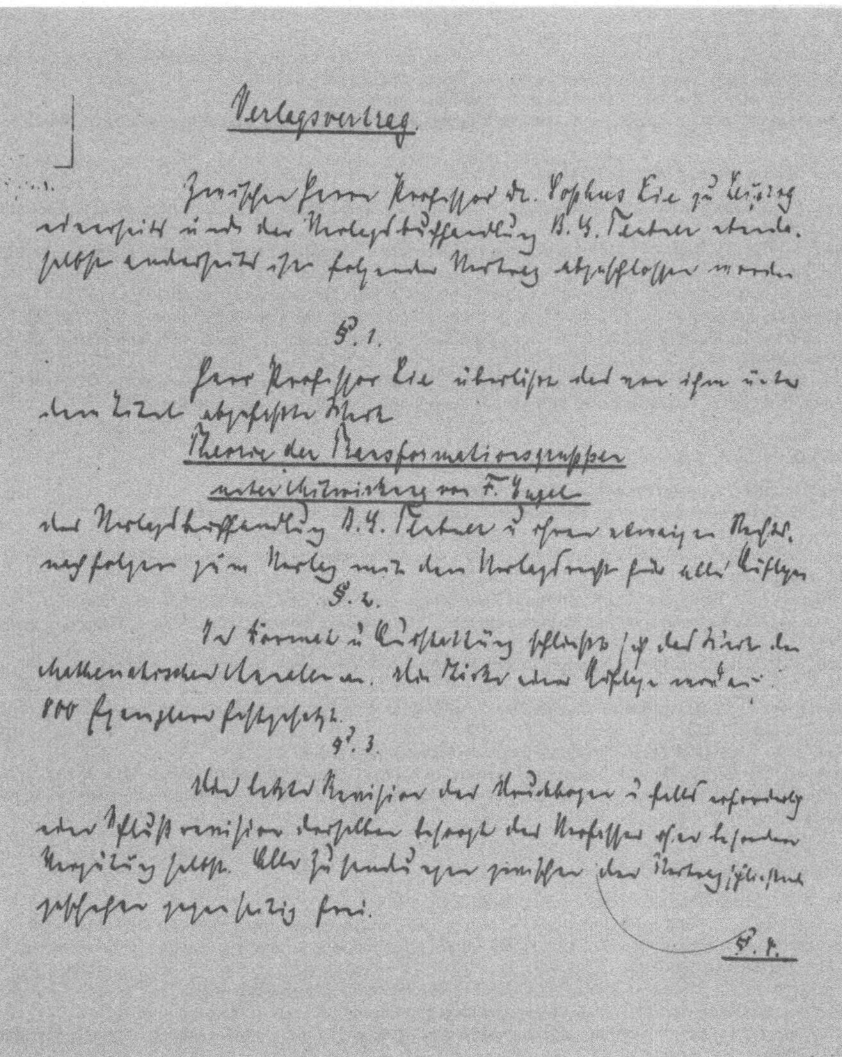

Text des Verlagsvertrages zwischen SOPHUS LIE und dem Teubner-Verlag vom 14. Juli 1887 über das Werk „Theorie der Transformationsgruppen"

§ 4

Die Verlagsbuchhandlung B. G. Teubner verpflichtet sich
einen Nachschuss oder Honorar von M. 10.— (zehn Mark) für den
Druckbogen von 16 Seiten zu bezahlen — zwar M. 40.— (vierzig
Mark) für den Druckbogen von 16 Seiten nach durchschnittlicher Ansicht
des Werks und weitere M. 20.— (zwanzig Mark) für den Druckbogen von 16 Seiten nach erfolgtem Absatz von 800 Exemplaren,
sowie für 10 Freiexemplare zu liefern.

§ 5

Die etwaigen neuen Auflagen gelten abgegolten be-
abzuziehen.

Leipzig, den 14. Juli 1887.

B. G. Teubner

THEORIE

DER

TRANSFORMATIONSGRUPPEN

DRITTER UND LETZTER ABSCHNITT

UNTER MITWIRKUNG

VON

Prof. Dr. FRIEDRICH ENGEL

BEARBEITET

VON

SOPHUS LIE,

PROFESSOR DER GEOMETRIE AN DER UNIVERSITÄT LEIPZIG.

LEIPZIG

DRUCK UND VERLAG VON B. G. TEUBNER

1893

Widmung.

Die neuen Theorien, die in diesem Werke dargestellt sind, habe ich in den Jahren von 1869 bis 1884 entwickelt, wo mir die Liberalität meines

Geburtslandes Norwegen

gestattete, ungestört meine volle Arbeitskraft der Wissenschaft zu widmen, die durch Abels Werke in *Norwegens* wissenschaftlicher Literatur den ersten Platz erhalten hat.

Bei der Durchführung meiner Ideen im Einzelnen und bei ihrer systematischen Darstellung genoss ich seit 1884 in der grössten Ausdehnung die unermüdliche Unterstützung des PROFESSORS

Friedrich Engel

meines ausgezeichneten Kollegen an der Universität *Leipzig*.

Das in dieser Weise entstandene Werk widme ich *Frankreichs*

École Normale Supérieure,

deren unsterblicher Schüler Galois zuerst die Bedeutung des Begriffs *discontinuirliche Gruppe* erkannte. Den hervorragenden Lehrern dieses Instituts, besonders den Herren G. Darboux, E. Picard und J. Tannery verdanke ich es, dass die tüchtigsten jungen Mathematiker Frankreichs wetteifernd mit einer Reihe junger *deutscher* Mathematiker meine Untersuchungen über *continuirliche Gruppen*, über *Geometrie* und über *Differentialgleichungen* studiren und mit glänzendem Erfolge verwerthen.

Sophus Lie.

Widmung, mit der SOPHUS LIE den dritten Abschnitt der „Theorie der Transformationsgruppen" einleitet

Brief EDUARD STUDYS vom 12 November 1893, in dem er SOPHUS LIE zur Vollendung der „Theorie der Transformationsgruppen" gratuliert

verhältnismäßig gut. Ich habe ein kleiner Pien
kommen, und Zuhörer die Menge; diese sind alle
sehr eifrig, haben aber leider vielfach eine ganz un-
genügende Vorbildung, in Folge wovon ich nur sehr lange
sam von der Stelle komme. Unglücklicher Weise hängt
hier Alles von Newcomb ab, einem Manne der ist be-
schränkter ist, als man meinen sollte, dazu von wenig
civilisirten Sitten. Der Grundgedanke der hiesigen mathematischen Unterricht ist „von Allem ein bischen", nur ja
keine „Einseitigkeit", d. h. keine Concentration. Deswegen
kann etwas Höheres hier nicht erreicht werden, so vor-
trefflich auch sonst Alles organisirt ist, so lange dieser
Mann an der Spitze steht. Prof. Franklin, der weiss,
was noth thut, hat wenig Einfluss. Im Uebrigen ist
das Leben hier angenehm; die Umgebung von Baltimore ist reich an grossen Naturschönheiten.)

   Ich freue mich sehr, nun endlich auch ein Bild
von Ihnen zu besitzen, durch die Güte von Prof.
Craig.

   Darf ich Sie bitten, gelegentlich Prof. Mayer und
Scheibner meine herzlichen Grüsse und Empfehlungen
zu vermitteln?

                Ihr aufrichtig und dankbar ergebener

                        E. Study.

Namen- und Sachverzeichnis

Hecht
Gottfried Wilhelm Leibniz

**Mathematik und Naturwissenschaften
im Paradigma der Metaphysik**

Nach Gottfried Wilhelm Leibniz (1646-1716)
ist alles Wissen perspektivisch. Universalität
und Pluralität sind die wesentlichen
Charakteristika des Leibnizschen Schaffens,
und zwar in einem Maße, daß sich in ihnen
das Universum nicht nur theoretisch
erschließt, sondern zugleich vervollkommnet.
Die Biographie erfaßt den Leibnizschen
Gedankenkosmos in diesem Sinne.
Im Zentrum stehen dabei Mathematik,
Naturwissenschaften und Technik.
Leibniz schuf die Grundlagen der Differential-
und Integralrechnung, entwickelte eine
Rechenmaschine und trug viel zu neuzeitli-
chen Auffassungen in Biologie, Chemie und
Geologie bei. Eine bedeutende Rolle spielte
er in der Wissenschaftspolitik seiner Zeit, bei
der Gründung von Akademien und bei der
Herausgabe wissenschaftlicher Periodika.
So entstehen die Konturen des Bildes eines
enzyklopädischen Geistes, für den Wissenschaft mehr war als bloßer Erkenntnisgewinn
von natürlichen oder gesellschaftlichen
Gegenständen. In Leibniz' Denken ist
zugleich der Elan des Zeitalters der Aufklärung präsent, das er entscheidend mitge-
prägt hat.

Von **Hartmut Hecht,**
Berlin

1992. 156 Seiten.,
mit 33 Bildern.
14,5 x 21,5 cm.
Kart. DM 28,80
ISBN 3-8154-2025-3

(TEUBNER-ARCHIV
zur Mathematik, Suppl. 2)

Preisänderungen vorbehalten.

B. G. Teubner Verlagsgesellschaft
Stuttgart · Leipzig

Adam Ries
Coß

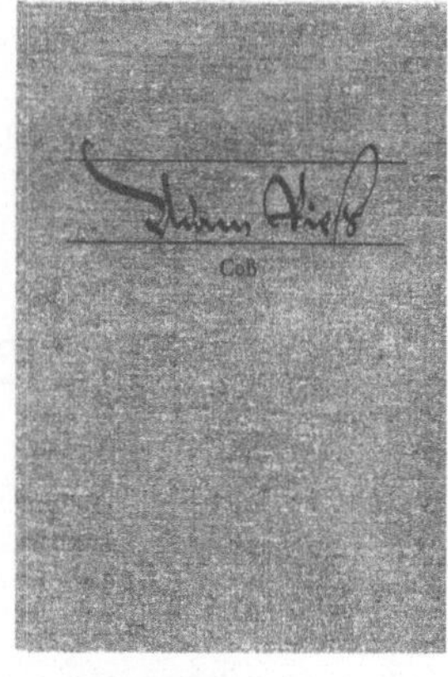

Anläßlich des 500. Geburtstages des
weltweit bekannten Rechenmeisters Adam
Ries veröffentlicht die B. G. Teubner Verlagsgesellschaft Stuttgart · Leipzig eine umfassende Edition, den Faksimiledruck der
»Coß«, zweier von Adam Ries (geboren 1492)
in Staffelstein, gestorben 1559 in Annaberg)
handschriftlich verfaßter Werke der Frühzeit
der Algebra. Dieses großformatige Manuskript ist noch immer unveröffentlicht.
Neben dem Faksimiledruck wird im gleichen
Schuber ein von den Professoren Wolfgang
Kaunzner, Regensburg und Hans Wußing,
Leipzig, erarbeiteter Kommentarband ediert.
Darin wird der Leser sowohl über Leben,
Wirkungsstätten und Werk von Adam Ries
informiert als auch über die Frühgeschichte
der Rechenmeister bis hin zu den Nachwir-
kungen des »Coß«-Manuskriptes. Außerdem
enthält der Kommentarband ausführliche
Texterläuterungen, Transliteration ausgewähl-
ter Passagen, Literaturhinweise, Fotos sowie
einen Ausblick auf Ziele der weiteren
Adam-Ries-Forschung.

Von **Adam Ries,**
Jubiläumsedition
Faksimile · Kommentarband

Herausgegeben und
kommentiert von
Wolfgang Kaunzner,
Regensburg, und
Hans Wußing, Leipzig

1992. Faksimile mit 534
Seiten sowie ein Kommentar-
band mit 138 Seiten und
78 Bildern. 22,8 x 33 cm.
Geb. im Schuber DM 480,–
ISBN 3-8154-2026-1

(TEUBNER-ARCHIV zur
Mathematik, Suppl. 3)

Preisänderungen vorbehalten.

B. G. Teubner Verlagsgesellschaft
Stuttgart · Leipzig